"十四五"国家重点出版物出版规划项目·重大出版工程

中国学科及前沿领域2035发展战略丛书

学术引领系列

国家科学思想库

中国机器人与智能制造2035发展战略

"中国学科及前沿领域发展战略研究（2021—2035）"项目组

科学出版社

北　京

内 容 简 介

制造业是我国国民经济主体和国家综合实力的根本保障。本书从国家战略需求出发，对国内外制造强国战略进行深入调研，在此基础上力图厘清制造业特别是高端制造业以及机器人、智能制造技术发展的新需求、新特点、发展瓶颈等，提出机器人与智能制造的科学挑战、优先发展方向、关键核心技术。本书还以航空、航天、航海等若干典型高端制造业为例，研究机器人与智能制造技术和行业发展瓶颈的关系，提出促进机器人与智能制造前沿领域发展的政策建议。

本书为相关领域战略与管理专家、科技工作者、企业研发人员及高校师生提供了研究指引，为科研管理部门提供了决策参考，也是社会公众了解机器人与智能制造发展现状及趋势的重要读本。

图书在版编目（CIP）数据

中国机器人与智能制造2035发展战略 ／ "中国学科及前沿领域发展战略研究（2021—2035）" 项目组编. — 北京：科学出版社，2024. 6. —（中国学科及前沿领域2035发展战略丛书）. -- ISBN 978-7-03-078761-3

I. TP242.2

中国国家版本馆CIP数据核字第2024B9T545号

丛书策划：侯俊琳 朱萍萍
责任编辑：张 莉 姚培培 ／ 责任校对：邹慧卿
责任印制：赵 博 ／ 封面设计：有道文化

科学出版社 出版
北京东黄城根北街 16 号
邮政编码：100717
http://www.sciencep.com

北京市金木堂数码科技有限公司 印刷
科学出版社发行 各地新华书店经销

*

2024年6月第 一 版 开本：720×1000 1/16
2025年1月第二次印刷 印张：17
字数：270 000

定价：128.00 元
（如有印装质量问题，我社负责调换）

"中国学科及前沿领域发展战略研究（2021—2035）"

联合领导小组

组　长　常　进　窦贤康

副组长　包信和　高瑞平

成　员　高鸿钧　张　涛　裴　钢　朱日祥　郭　雷

　　　　杨　卫　王笃金　周德进　王　岩　姚玉鹏

　　　　董国轩　杨俊林　谷瑞升　张朝林　王岐东

　　　　刘　克　刘作仪　孙瑞娟　陈拥军

联合工作组

组　长　周德进　姚玉鹏

成　员　范英杰　孙　粒　郝静雅　王佳佳　马　强

　　　　王　勇　缪　航　彭晴晴　龚剑明

《中国机器人与智能制造 2035 发展战略》

项　目　组

组　　长 丁　汉

专家组成员（排名不分先后）

熊有伦　李培根　任露泉　王　曦　林忠钦　郭东明

朱　荻　雒建斌　蒋庄德　谭建荣　杨华勇　梅　宏

欧阳明高　邓宗全　贾振元　王耀南　毛　明

刘　宏　朱向阳　洪　军　梅雪松　尹周平　刘辛军

朱利民　高海波　杨桂林　周华民　彭芳瑜　李迎光

张开富　赵宏伟　孙玉文　李秦川　张振宇　刘连庆

陶　飞　陶　波　蔺永诚　曹华军　王福吉

秘书组成员（排名不分先后）

陶　波　杨吉祥　张小明　白　坤　李文龙　赵　欢

吴　豪　张　云　林起崟　李新宇　许剑锋　蒋　平

袁　烨　赵兴炜　龚泽宇　白　龙　叶　冬　黄　涛

张小俭　张春江　耿韶宁　张　永　黄诺帝

联 络 人 陶　波

总　　序

　　党的二十大胜利召开，吹响了以中国式现代化全面推进中华民族伟大复兴的前进号角。习近平总书记强调"教育、科技、人才是全面建设社会主义现代化国家的基础性、战略性支撑"①，明确要求到 2035 年要建成教育强国、科技强国、人才强国。新时代新征程对科技界提出了更高的要求。当前，世界科学技术发展日新月异，不断开辟新的认知疆域，并成为带动经济社会发展的核心变量，新一轮科技革命和产业变革正处于蓄势跃迁、快速迭代的关键阶段。开展面向 2035 年的中国学科及前沿领域发展战略研究，紧扣国家战略需求，研判科技发展大势，擘画战略、锚定方向，找准学科发展路径与方向，找准科技创新的主攻方向和突破口，对于实现全面建成社会主义现代化"两步走"战略目标具有重要意义。

　　当前，应对全球性重大挑战和转变科学研究范式是当代科学的时代特征之一。为此，各国政府不断调整和完善科技创新战略与政策，强化战略科技力量部署，支持科技前沿态势研判，加强重点领域研发投入，并积极培育战略新兴产业，从而保证国际竞争实力。

　　擘画战略、锚定方向是抢抓科技革命先机的必然之策。当前，新一轮科技革命蓬勃兴起，科学发展呈现相互渗透和重新会聚的趋

---

① 习近平. 高举中国特色社会主义伟大旗帜 为全面建设社会主义现代化国家而团结奋斗——在中国共产党第二十次全国代表大会上的报告.[M] 北京：人民出版社，2022：33.

势，在科学逐渐分化与系统持续整合的反复过程中，新的学科增长点不断产生，并且衍生出一系列新兴交叉学科和前沿领域。随着知识生产的不断积累和新兴交叉学科的相继涌现，学科体系和布局也在动态调整，构建符合知识体系逻辑结构并促进知识与应用融通的协调可持续发展的学科体系尤为重要。

擘画战略、锚定方向是我国科技事业不断取得历史性成就的成功经验。科技创新一直是党和国家治国理政的核心内容。特别是党的十八大以来，以习近平同志为核心的党中央明确了我国建成世界科技强国的"三步走"路线图，实施了《国家创新驱动发展战略纲要》，持续加强原始创新，并将着力点放在解决关键核心技术背后的科学问题上。习近平总书记深刻指出："基础研究是整个科学体系的源头。要瞄准世界科技前沿，抓住大趋势，下好'先手棋'，打好基础、储备长远，甘于坐冷板凳，勇于做栽树人、挖井人，实现前瞻性基础研究、引领性原创成果重大突破，夯实世界科技强国建设的根基。"[①]

作为国家在科学技术方面最高咨询机构的中国科学院和国家支持基础研究主渠道的国家自然科学基金委员会（简称自然科学基金委），在夯实学科基础、加强学科建设、引领科学研究发展方面担负着重要的责任。早在新中国成立初期，中国科学院学部即组织全国有关专家研究编制了《1956—1967 年科学技术发展远景规划》。该规划的实施，实现了"两弹一星"研制等一系列重大突破，为新中国逐步形成科学技术研究体系奠定了基础。自然科学基金委自成立以来，通过学科发展战略研究，服务于科学基金的资助与管理，不断夯实国家知识基础，增进基础研究面向国家需求的能力。2009 年，自然科学基金委和中国科学院联合启动了"2011—2020 年中国学科发展战略研究"。

---

① 习近平. 努力成为世界主要科学中心和创新高地 [EB/OL]. (2021-03-15). http://www.qstheory.cn/dukan/qs/2021-03/15/c_1127209130.htm[2022-03-22].

2012 年，双方形成联合开展学科发展战略研究的常态化机制，持续研判科技发展态势，为我国科技创新领域的方向选择提供科学思想、路径选择和跨越的蓝图。

联合开展"中国学科及前沿领域发展战略研究（2021—2035）"，是中国科学院和自然科学基金委落实新时代"两步走"战略的具体实践。我们面向 2035 年国家发展目标，结合科技发展新特征，进行了系统设计，从三个方面组织研究工作：一是总论研究，对面向 2035 年的中国学科及前沿领域发展进行了概括和论述，内容包括学科的历史演进及其发展的驱动力、前沿领域的发展特征及其与社会的关联、学科与前沿领域的区别和联系、世界科学发展的整体态势，并汇总了各个学科及前沿领域的发展趋势、关键科学问题和重点方向；二是自然科学基础学科研究，主要针对科学基金资助体系中的重点学科开展战略研究，内容包括学科的科学意义与战略价值、发展规律与研究特点、发展现状与发展态势、发展思路与发展方向、资助机制与政策建议等；三是前沿领域研究，针对尚未形成学科规模、不具备明确学科属性的前沿交叉、新兴和关键核心技术领域开展战略研究，内容包括相关领域的战略价值、关键科学问题与核心技术问题、我国在相关领域的研究基础与条件、我国在相关领域的发展思路与政策建议等。

三年多来，400 多位院士、3000 多位专家，围绕总论、数学等 18 个学科和量子物质与应用等 19 个前沿领域问题，坚持突出前瞻布局、补齐发展短板、坚定创新自信、统筹分工协作的原则，开展了深入全面的战略研究工作，取得了一批重要成果，也形成了共识性结论。一是国家战略需求和技术要素成为当前学科及前沿领域发展的主要驱动力之一。有组织的科学研究及源于技术的广泛带动效应，实质化地推动了学科前沿的演进，夯实了科技发展的基础，促进了人才的培养，并衍生出更多新的学科生长点。二是学科及前沿领域的发展促进深层次交叉融通。学科及前沿领域的发展越来越呈现出多学科相互渗透的发展态势。某一类学科领域采用的研究策略和技术体系所产生的基础理论与方法论成果，可以作为共同的知识基础适用于不同学科领域的多个研究方向。三是科研范式正在经历深刻变革。解决系统性复杂问题成为当前科学发展的主要目标，导致相应的研究内容、方法和范畴等的改变，形成科学研究的多层次、多尺度、动态化的基本特征。数据驱动的科研模式有力地推动了新时代科研范式的变革。四是科学与社会的互动更加密切。发展学科及前沿领域愈加重要，与此同时，"互联网+"正在改变科学交流生态，并且重塑了科学的边界，开放获取、开放科学、公众科学等都使得越来越多的非专业人士有机会参与到科学活动中来。

"中国学科及前沿领域发展战略研究（2021—2035）"系列成果以"中国学科及前沿领域 2035 发展战略丛书"的形式出版，纳入"国家科学思想库－学术引领系列"陆续出版。希望本丛书的出版，能够为科技界、产业界的专家学者和技术人员提供研究指引，为科研管理部门提供决策参考，为科学基金深化改革、"十四五"发展规划实施、国家科学政策制定提供有力支撑。

在本丛书即将付梓之际，我们衷心感谢为学科及前沿领域发展战略研究付出心血的院士专家，感谢在咨询、审读和管理支撑服务方面付出辛劳的同志，感谢参与项目组织和管理工作的中国科学院学部的丁仲礼、秦大河、王恩哥、朱道本、陈宜瑜、傅伯杰、李树深、李婷、苏荣辉、石兵、李鹏飞、钱莹洁、薛淮、冯霞，自然科学基金委的王长锐、韩智勇、邹立尧、冯雪莲、黎明、张兆田、杨列勋、高阵雨。学科及前沿领域发展战略研究是一项长期、系统的工作，对学科及前沿领域发展趋势的研判，对关键科学问题的凝练，对发展思路及方向的把握，对战略布局的谋划等，都需要一个不断深化、积累、完善的过程。我们由衷地希望更多院士专家参与到未来的学科及前沿领域发展战略研究中来，汇聚专家智慧，不断提升凝练科学问题的能力，为推动科研范式变革，促进基础研究高质量发展，把科技的命脉牢牢掌握在自己手中，服务支撑我国高水平科技自立自强和建设世界科技强国夯实根基做出更大贡献。

"中国学科及前沿领域发展战略研究（2021—2035）"
联合领导小组
2023 年 3 月

前　言

　　制造业是我国国民经济主体和国家综合实力的根本保障，我国制造业规模从 2010 年开始已连续十余年位居世界第一，为我国国民经济建设和国防安全提供了重要保障，有力支撑了航空、航天、航海等国家战略性产业自主创新。然而，我国先进制造技术水平以及创新能力尚落后于世界先进水平，还远不是制造强国，主要表现在：高性能复杂产品制造所需的关键装备和核心工艺不能自主可控，关键产品制造长期受制于人，成为制约我国高端制造业发展的"痛点"和"卡脖子"难题。因此，突破高端制造所需的关键装备和核心工艺，实现从制造大国向制造强国的跨越，实现航空、航天、航海等高端制造业的自主可控迫在眉睫。

　　随着计算机网络、人工智能（artificial intelligence，AI）、大数据、人机交互等新一代信息技术快速发展，信息技术与先进制造技术不断融合发展，先进制造逐渐向以智能感知、自适应、自学习、自决策为主要特征的智能制造方向发展。智能制造是先进制造发展的必然阶段，为我国制造业跨越式发展提供了历史性机遇。与此同时，随着制造对象尺度越来越大、产品结构越来越复杂、产品服役性能越来越高，以机床加工方式为核心的传统智能制造模式面临重大挑战，在超大工作空间内连续作业、超大尺寸工件全场景范围的精确测量、狭小空间范围内灵巧作业等方面体现出不足。相对于传统的数控机床，机器人化智能制造装备具有运动灵活度高、工作空间大、拓扑结构灵动可变、多机并行协调作业能力强等优势，且易于与多模态感知、人工智能、人机交互等技术无缝集成，能够适应更加复杂多变的加工环境，提升制造系统灵巧性和人机交互能力。因此，以机器人作为制造装备执行体的机器人化智能制造，正逐渐成为大型复杂构件智能制造的新模式，代表着智能制造重要的前沿方向。

本书从国家战略需求出发，通过组织科研一线的中青年科研人员对国内外"制造强国"战略进行深度调研，并邀请机器人与智能制造领域的院士、知名教授、行业专家等进行了多次深入研讨，在此基础上力图厘清制造业特别是高端制造业以及机器人、智能制造技术发展的新需求、新特点、发展瓶颈等，提出机器人与智能制造的科学挑战、优先发展方向、关键核心技术。本书以航空、航天、航海等若干典型高端制造业为例，深入研究了机器人与智能制造技术同该行业发展瓶颈的关系，提出了促进行业发展的智能制造新战略、新模式、发展政策与建议，在此基础上形成了比较系统的机器人与智能制造发展方向咨询报告。本书的形成过程如下：2020 年 2 月 19 日，"中国机器人与智能制造 2035 发展战略"项目组通过线上会议组织召开了项目启动会，审议并形成开题报告，成立项目专家组和秘书组；2020 年 7 月 22 日，通过线上线下相结合的方式，组织召开了智能制造学科发展前沿战略研讨会，梳理了智能制造学科前沿的热点方向，初步形成了智能制造学科战略发展方向；2020 年 11 月，在无锡组织召开机器人与智能制造发展战略高端论坛，专题探讨了机器人技术在智能制造学科发展的热点、前沿科学问题；2021 年，本书的撰写经过多次迭代，并得到本领域院士、知名教授和行业专家的审阅指导，于 2021 年 12 月形成终稿。

在本书研讨与撰写过程中，由专家组提出总体框架和编写大纲，相关领域专家学者参与了书稿的撰写工作，一批青年学者对文稿进行了编辑整理，最后由邀请的主审专家对文稿进行了审阅并提出了修改建议，在此对他们的辛勤工作表示诚挚谢意。机器人与智能制造是当前制造领域的重要研究热点，其涉及领域多、发展速度快，限于作者的研究水平和时间，本书中的疏漏不可避免，希望广大读者批评指正。

丁　汉

《中国机器人与智能制造 2035 发展战略》项目组组长

2021 年 12 月

摘　　要

　　制造业是立国之本、兴国之器、强国之基,打造具有国际竞争力的制造业,是我国提升综合国力、保障国家安全、建设世界强国的必由之路。智能制造是先进制造发展的必然阶段,是面向产品全生命周期,实现泛在感知条件下的信息化制造。智能制造旨在将人类智慧物化在制造活动中并组成人机合作系统,使得制造系统能进行感知、推理、决策和学习等智能活动,并通过人与智能机器的合作共事,扩大、延伸和部分地取代人类专家在制造过程中的体力和脑力劳动,提高制造系统的柔性(flexibility)、适应性(adaptability)与自治性(autonomy)。智能制造是复杂工况下高性能产品制造的有效手段,也是现代制造业数字化、信息化、网络化发展的主流方向。

　　智能制造重塑了制造业技术体系、生产模式、发展要素以及价值链,实现了高性能产品规模化定制生产,成为世界各国抢占制造技术制高点的突破口。2013 年,德国提出"工业 4.0"战略,2014年美国提出"工业互联网"国家战略,重点发展智能制造以确保其制造业的全球领导地位,目标是建立高度灵活的个性化和数字化的产品与服务生产模式,推动现有制造业向智能化方向转型,实现制造装备系统的实时感知、动态控制和信息服务。面对历史机遇与挑战,2015 年我国发布了"制造强国"战略第一个十年行动纲领,将体现信息技术与制造技术深度融合的智能制造作为主攻方向，加快制造技术从自动化向智能化升级，力争在十年内构建出我国智能制造生态体系，支撑我国在 2025 年进入制造强国第二方阵，迈入制造强国行列，2035 年位居第二方阵前列成为名副其实的制造强国，2045 年进入制造强国第一方阵，成为具有全球影响力的制造强国。智能制造既是我国由制造大国到制造强国跨越的必由之路，也是实现我国从制造大国向制造强国战略目标转变的重要保障。

　　智能制造的发展离不开数字制造、机器人、工业物联网和人工智能等关键核心技术。数字制造是智能制造的"大脑"，设计技术、虚拟仿真技术、控制技术、车间管理机制、协同技术都离不开数字制造。机器人是智能制造的"四肢"，智能制造的最后核心目标是走向人机共融，通过人与智能机器的合作共事，扩大、延伸和部分地取代人类专家在制造过程中的体力和脑力劳动，提高制造装备和系统的适应性与自治性。共融机器人（Coexisting-Cooperative-Cognitive Robots, Tri-Co Robots）技术可能会成为引领全球变革的颠覆性技术之一。工业物联网在于如何使机器性能得到最大限度的发挥，通过无处不在的传感带来大数据以提供制造过程分析的数据基础，再通过视觉、力觉、触觉、听觉等多模态感知融合，并结合人工智能算法对人类行为进行表征、决策和再现，实现人类智慧与经验向机器迁移和沉淀。通过无处不在的机器人、无处不在的传感、无处不在的智能，实现无处不在的制造。

　　近年来，我国在机器人与智能制造领域取得了较为显著的成果，取得了一批基础研究成果，攻克了长期制约我国产业发展的智能制造技术，如机器人技术、智能感知技术、工业通信网络技术、机械制造工艺技术、数控技术与数字化制造、复杂制造系统、智能信息处理技术等；攻克了一批长期严重依赖进口并影响我国产业安全的核心高端装备系统，如自动化控制系统、高端加工中心等；建设了一批相关的国家重点实验室、国家工程技术研究中心、国家级企业技术中心等研发基地，培养了一大批长期从事相关技术研究开发工作的高技术人才。智能制造专项稳步推进，大批制造业与互联网融合发展试点示范项目取得显著成效，智能制造标杆企业／工厂建设成效显著，建成了多家全球制造业标杆工厂，并建设了两批全国智能制造标杆企业，大幅提升了传统制造行业生产水平。

随着信息技术与先进制造技术的高速发展，我国智能制造装备的发展深度和广度日益提升，以新型传感器、智能控制系统、工业机器人、自动化成套生产线为代表的智能制造产业体系初步形成，一批具有知识产权的重大智能制造装备实现突破。然而，制约我国智能制造快速发展的突出矛盾和问题依然存在，主要表现在以下几个方面。第一，高端装备对外依存度高。目前我国装备制造业难以满足制造业发展的需求，高端装备关键技术自给率低，主要体现在缺乏先进的传感器等基础部件，精密测量技术、智能控制技术、智能化嵌入式软件等先进技术自主可控率低。第二，关键工艺软件主要依赖进口。航空航天航海、电子制造领域的国产工业软件性能存在较大差距，90%的核心工艺软件被国外垄断，严重依赖进口。第三，工业化与信息化融合程度低。智能制造是以信息技术、自动化技术与先进制造技术全面结合为基础的，而我国制造业"两化"融合程度相对较低，应用于提高产品质量、实现节能减排、提高劳动生产率的智能化技术缺乏。第四，智能制造人才缺口大。人才承担着推动智能制造业技术发展、创新制造模式的重要职能。伴随着传统制造企业向智能制造企业的快速转型升级，我国智能制造人才呈现出供需不匹配、高精尖人才和跨界融合人才紧缺等问题。

智能制造本质上是智能技术与制造技术的深度融合。当前，智能制造技术呈现以下发展趋势。第一，工业互联网技术成为制造业智能化的动力引擎，工业大数据、边缘计算、工业区块链、云边协同、5G 等将成为智能制造重要使能技术。第二，建模与仿真广泛应用于产品设计、生产及供应链管理的整个产品生命周期，数字孪生技术飞速发展。第三，智能制造系统已逐步具备自适应能力和人机交互功能，这得益于传感器、人工智能等信息技术的快速发展。第四，数据安全技术日趋重要，提高数据全生命周期安全性、增加企业上云信任度和意愿，将成为中国企业智能化升级决策的重要依据。第五，机器人化智能制造成为智能制造未来重要发展方向，工业机器人作为制造执行体在生产过程中得到了日趋广泛的应用，人机共融或人机协作制造成为智能制造的重要特征。第六，智能制造系统的制造资源逐渐开始实现自主决策，先进制造企业通过嵌入式软件、无线连接和在线服务的启用，整合新的"智能"服务业模式。第七，智能工厂成为智能生产的主要载体，新一代人工智能技术与先进制造技术的融合将使生产线、车间、工厂发生革命性变革。

在新一轮工业革命的驱动下，机器人研究正成为全球高科技竞争的热点，世界各工业强国均将机器人列入优先发展的产业技术。2010 年 9 月，欧盟"用于工业机器人自适应控制的即插即用组件和方法"（Plug-and-Produce Components and Methods for Adaptive Control of Industrial Robots，COMET）计划启动（历时 30 个月），实现了 50 μm 的铣削加工精度目标。2011 年，美国开始推行"先进制造业伙伴计划"，投资 28 亿美元开发基于移动互联网技术的智能机器人。2012 年 9 月，欧洲"硬质材料小批量生产的工业机器人"（Hard Material Small-Batch Industrial Machining Robot，HEPHESTOS）合作计划启动（历时 38 个月），旨在利用商业化工业机器人在路径规划、轨迹生成以及跟踪控制等技术层面的优势完成难加工材料的高品质加工（涵盖铣削、磨削和抛光等）。2012 年 10 月，韩国发布了《机器人未来战略 2022》，支持扩大韩国机器人产业并推动机器人企业进军海外市场。2013 年，麦肯锡全球研究所发布了《引领全球经济变革的颠覆性技术》报告，将机器人列入 12 项技术之中，认为机器人将影响全球制造业战略格局。同年，美国发表了《从互联网到机器人：美国机器人发展路线图》，断言机器人是一项能像网络技术一样对人类未来产生革命性影响的新技术，具有改变一个国家未来的巨大潜力。同年，德国提出"工业 4.0"战略，支持发展基于机器人技术的智能制造系统。2014 年 6 月，欧盟启动全球最大的民用机器人研发的"火花"计划，在 2020 年前投入 28 亿欧元研发民用机器人，以增强欧洲工业竞争力。此外，以"掌控第四次工业革命"为主题的 2016 年达沃斯论坛提出，机器人是新工业革命中的核心推动技术之一。为加快我国机器人基础研究、技术开发和产业应用发展，2016 年自然科学基金委和科学技术部先后发布了"共融机器人基础理论与关键技术研究"重大研究计划和"智能机器人"国家重点研发专项。为提升"中国制造"的品质和"中国创造"的影响力，需要使用机器人代替稀缺的能工巧匠，并创造各种功能强大的智能制造装备。

　　机器人化智能制造是智能制造的前沿发展方向。人类向深空、深海领域探索的不断推进，以及我国"一带一路"建设的不断推进，对航空、航天、航海装备制造能力提出了更高的要求。数控机床作为当代制造的主要装备，在实现复杂曲面零件高效高精度制造中扮演着十分重要的角色。然而，随着制造对象尺度越来越大、产品结构越来越复杂、产品服役性能越来越高，以机床加工方式为核心的传统智能制造模式面临重大挑战，而人工制造方式显然也难以满足生产效率和品质需求。一方面，对超大尺寸构件制造而言，机床由于受限于主轴行程以及难以灵活移动，无法实现在超大工作空间内连续作业，现有测量仪器也难以实现超大尺寸工件全场景范围的精确测量，从而妨碍了人类对超大尺寸构件制造机理与精度控制的认知。另一方面，对于超高服役性能产品制造而言，其复杂功能结构通常需要形性一体化制造，促使制造模式从传统"零部件并行分散加工再集成装配"向"单工位一体化制造"转变。机床由于具有庞大的刚性本体，也难以适应在狭小空间范围内进行灵巧作业。如何突破复杂结构、复杂工况下大型构件高品质制造瓶颈是我国高端制造业面临的严峻挑战，亟待创新加工手段，构建新型智能制造系统。近年来，以机器人作为制造装备执行体的机器人化智能制造正逐渐成为大型复杂构件智能制造的新趋势。随着共融机器人、人工智能、大数据、人机交互技术等新一代信息技术与先进制造的深度融合，机器人化智能制造将突破机器人化智能制造系统的柔顺性、自律性和人机共融能力。在航空、航天、航海等国家战略领域，大型复杂曲面零件高效高性能制造具有广阔的应用前景，代表着智能制造的前沿发展方向。因此，以加工制造机器人为代表的机器人化智能制造装备是实现国家竞争制胜目标的重要突破口。

本书在充分调研美国、德国、日本、韩国等制造技术强国以及我国机器人与智能制造学科发展历程、研究成果与创新能力的基础上，提出了机器人与智能制造的五个趋势研判：① 机器人与机械学、材料学、数学、力学、信息科学、生物医学等多学科强烈共振，形成了具备与作业环境、人和其他机器人自然交互能力的新一代"共融机器人"；② 智能制造技术、机器人技术与信息技术不断深度融合，促使先进制造技术纷纷涌现，孕育着新的制造原理和概念，形成了创新原动力；③ 新一代信息技术与制造业深度融合，引发制造装备、系统与模式的重大变革，制造模式向人机共融、泛在制造、无人化制造等方向发展；④ 人工智能推动制造系统进化，新一代人工智能技术与先进制造技术的融合，促使智能制造朝自决策、自学习、自进化方向发展；⑤ 利用机器人灵巧、顺应和协同等特点，将人类智慧和知识经验融入制造过程，通过机器人化智能制造实现非结构环境下的自律制造。在此基础上，本书分析了机器人与智能制造的四个科学问题：① 非结构动态环境下人机共融与多机协同作业机制；② 多能场复合制造工艺智能创成与形性演变机理；③ 模型与数据融合驱动的制造装备自律运行原理；④ 智能制造系统物质流－能量流－信息流协同耦合机理。在此基础上，探讨了机器人与智能制造的五项关键技术：① 全场景多模态跨尺度感知与人机协同制造；② 非结构动态环境下多机器人协同自律控制；③ 在线测量—加工—监测一体化闭环制造技术；④ 人－信息－物理制造系统数字孪生建模；⑤ 不确定与不完全信息下制造系统多目标智能决策。结合国内外研究现状与趋势，指出了机器人与智能制造的五大发展方向：① 非结构环境下人－机－环境共融制造；② 非友好作业环境下机器人化智能制造；③ 基于泛在信息感知与操作融合的泛在制造；④ 全生命周期绿色低碳制造；⑤ 全要素全流程互联互通制造。从国家产业发展需求与战略需求方面，分析了机器人与智能制造的 11 个研究前沿：① 共融机器人；② 智能化数控加工；③ 精密与超精密智能制造；④ 特种能场智能制造；⑤ 智能成型制造；⑥ 复杂机械系统智能装配；⑦ 柔性微纳结构跨尺度制造；⑧ 智能制造运行状态感知；⑨ 工业互联网与制造大数据；⑩ 数字孪生使能的智能车间与智能工厂；⑪ 机器人化智能制造。最后，探讨了未来 5～15 年的重点和优先发展领域方向：① 人－机－环境自然交互的共融机器人；② 新材料构件高效智能化加工新原理与控形控性制造；③ 智能化绿色化精准复合成形制造理论与技术；④ 大型/超大型空天装备高性能装配基础理论与技术；⑤ 大数据与数字孪生模型驱动的制造系统运行优化理论和方法；⑥ 大型复杂构件机器人化智能制造。

总体而言，我国机器人与智能制造的发展在汲取欧美等发达国家智能制造经验的基础上，必须遵循客观规律，立足国情、着眼长远，加强统筹谋划，积极应对挑战，抓住全球制造业分工调整和我国机器人与智能制造快速发展的战略机遇，全力补齐我国机器人与智能制造发展的短板，引导我国企业在机器人与智能制造方面走出一条具有中国特色的发展道路。为实现上述目标，我国机器人与智能制造在学科发展、人才培养、基础平台和管理体制等方面的发展建议如下。一是成立"国家智能制造领导小组"议事协调机构，统筹顶层规划、科技研发与人才培养、金融财税政策、国际合作交流等我国智能制造战略路线图制定与实施中的重大事项。二是在航空航天、轨道交通、高档机床、船舶海洋、动力电池和新能源汽车等基础性战略性产业，由骨干企业推动机器人与智能制造协同研发，组建创新联合体，夯实智能制造技术、装备与关键部件的自主创新能力。三是以"共融机器人"为主题，设立国家2030重大专项，深化共融机器人在服务国家重大需求、服务国民经济主战场、服务人民生命健康等领域的作用。四是为中小企业产业升级，助力供给侧结构性改革，提供解决方案，打造智能制造生态体系，构建智能制造服务平台，培育智能制造新模式。五是加强智能制造人才队伍建设，既要培养和选拔战略科学家、学术型领军人才等高端人才，也要培养技术型、技能型职业化的大国工匠。六是加强国际合作交流，积极参与机器人与智能制造前沿领域国际标准的建设，提升在行业联盟、学术机构和组织中的国际影响力。

Abstract

The manufacturing industry is the foundation for the development and revitalization of a nation. It is imperative for China to develop internationally competitive manufacturing industry to enhance its comprehensive national strength, ensure national security, and rejuvenate as a major power worldwide. As an inevitable stage through the advances of manufacturing technology, intelligent manufacturing is oriented to the whole product life cycles and realizes information-based manufacturing technology through ubiquitous perception. By integrating human intelligence and manufacturing process into a coexisting and cognitive human-machine system, it can endow manufacturing systems with intellectual capabilities such as perception, reasoning, decision-making, and learning. Moreover, the collaboration between human and intelligent machines will improve the flexibility, adaptability, and autonomy of manufacturing systems by expanding, extending, and partially replacing the physical and mental works of human experts in the manufacturing process. In general, intelligent manufacturing is an effective means for manufacturing high-performance products under complex working conditions, representing the mainstream direction of digitalization, informatization, and networking development of the modern manufacturing industry.

Intelligent manufacturing has reshaped the manufacturing

technology system, production mode, development factors and value chain, which pushes the production of high-performance products to be mass customized. Currently, intelligent manufacturing has been a breakthrough to seize the commanding highland of manufacturing technology worldwide. Germany proposed "Industry 4.0" in 2013. Accordingly, in 2014, the United States proposed the national strategy, "Industrial Internet", which focused on the development of intelligent manufacturing to ensure its global leadership in the manufacturing industry. The goal was to establish a highly flexible personalization and digitalization mode of products and services and promote the existing manufacturing industry to transition into the intelligent mode. Moreover, the realization of real-time perception, dynamic control and information service of manufacturing equipment systems was also the target of this initiative. In 2015, China released the first ten-year action plan for the manufacturing power strategy, based on the opportunities and challenges in manufacturing technology. The key direction is the deep integration of information technology and manufacturing technology to push the advances of intelligent manufacturing, aiming to accelerate the transition from automation to intelligent manufacturing technology and strive to build China's intelligent manufacturing ecosystem in ten years. This strategy can support China in entering the second tier of manufacturing power in 2025, ranking top among the second tier to become a veritable manufacturing power in 2035, and becoming a member of the top tier of manufacturing power in 2045. Finally, China will become a manufacturing power with global influence. Intelligent manufacturing is not only the necessary way, but also an important guarantee for the strategic transformation to upgrade China from a manufacturer of quantity to one of quality.

Intelligent manufacturing involves four core technologies: digital manufacturing, robotics, industrial Internet of things (IoT), and artificial intelligence (AI). Among them, digital manufacturing is the "brain", encompassing a fully integrated approach that manufacturers can leverage to achieve design technology, virtual simulation technology, control technology, shop floor management mechanisms, and collaborative technology. these elements constitute integral components in the contemporary landscape of the advanced manufacturing. Robots are the "limbs" of intelligent manufacturing by progressing towards human-machine collaborations. The adoption of collaboration between humans and intelligent machines will improve the adaptability and autonomy of manufacturing systems, which can be achieved by expanding, extending and partially replacing human experts in the manufacturing process. In addition, Coexisting-Cooperative-Cognitive Robotics (Tri-Co Robots) will be one of the disruptive technologies of the intelligent manufacturing which will lead to the global change, Finally, IoT maximizes machine performances. The sensing ability of IoT systems builds a strong data foundation during manufacturing processes. Then, it is capable to reproduce human behaviours by imitation learning combined with artificial intelligence algorithms that take several different sensory modalities (e.g. vision, force, touch, and sound) into account. Ultimately, it leads to the migration of human wisdom and experience to machines. Ubiquitous manufacturing will be achieved through ubiquitous robotics, ubiquitous sensing, and ubiquitous intelligence.

In recent years, China has made remarkable achievements in robotics and intelligent manufacturing, ranging from basic research to key technologies that have restricted China's industrial development for a long time, such as robotics technology, intelligent perception technology, industrial communication network technology, mechanical manufacturing process technology, numerical control and digital manufacturing technology, complex manufacturing system and intelligent information processing technology. A number of core high-end equipment systems that have consistently affected China's industrial security have been conquered, such as automatic control systems and high-end manufacturing centers. A number of relevant R & D bases, such as national key laboratories, national engineering technology research centers and national enterprise technology centers, have been built, and a large number of researchers and professionals engaging in relevant fields have gained training experiences. The special project of intelligent manufacturing has been steadily promoted. A large number of pilot demonstration projects integrating the development of the manufacturing industry and Internet have achieved remarkable results, leading to not only upgraded production level of traditional manufacturing industries but also benchmarking enterprises in the intelligent manufacturing.

With the rapid development of information technology and advanced manufacturing technology, the depth and breadth of the development of China's intelligent manufacturing equipment are increasing day by day. The intelligent manufacturing industrial system represented by new sensors, intelligent control systems, industrial robots, and completely automatic production lines has taken shape, and breakthroughs have been made in a batch of major intelligent manufacturing equipment with intellectual property rights. However, the prominent contradictions and problems that restrict the rapid development of intelligent manufacturing in China still exist, mainly as follows. 1) High-end equipment has high external dependence. At present, China's equipment manufacturing industry is having difficulty meeting the requirements of the development of the manufacturing industry, and the self-sufficiency rate of key technologies of high-end equipment is low, which is mainly reflected in the lack of advanced sensors and other essential components. In addition, advanced technologies such as precision measurement technology, intelligent control technology, and intelligent embedded software have a low self-control rate. 2) Key manufacturing process software mainly relies on imports. There is a large gap in the performances of domestic industrial software versus their foreign counterparts in the fields of aerospace, navigation and electronics manufacturing, and 90% of the core manufacturing process software is monopolized by foreign countries and heavily depends on imports. 3) The integration of industrialization and informatization is still insufficient. Intelligent manufacturing is based on the comprehensive combination of information technology, automation technology, and advanced manufacturing technology. However, the integration degree of these technologies in China's manufacturing industry is relatively low, and there is a lack of intelligent technology that can improve product quality, achieve energy conservation and emission reduction, and improve labor productivity. 4) There is a shortage in talents with expertise in intelligent manufacturing. Talents play an important role in promoting the development of intelligent manufacturing technology and innovating manufacturing mode. With the rapid transformation and upgrading of traditional manufacturing enterprises to intelligent manufacturing enterprises, talents and manpower in Chinese intelligent manufacturing still face challenges such as supply and demand mismatch, and the shortage of highly skilled talents and talents with multidisciplinary expertise.

Intelligent manufacturing is essentially a deep integration of intelligent technologies and manufacturing technologies. At present, primary trends for the development of intelligent manufacturing are as follows. 1) Industrial Internet becomes a major drive for the implementation of intelligent manufacturing industries. Industrial big data, edge computing, industrial blockchain, cloud-edge collaboration, and 5G communication will be the key enabling technologies for intelligent manufacturing. 2) Modeling and simulation technologies have been extensively used throughout product lifecycles, including design, production, and supply chain management, digital twin technology is advancing at a rapid pace.

3) Intelligent manufacturing systems, benefiting from achievements of information technologies, are able to support preliminary self-adaption and human-machine interactions. 4) Data security becomes increasingly important. Chinese enterprises' transitions towards intelligent decision-making mostly depend on the willingness of uploading their information to cloud servers, and the data security for lifecycles. 5) Industrial robots will be important components for next-generation manufacturing systems. The robotization of intelligent manufacturing is becoming a crucial direction for the future development of intelligent manufacturing, where human-machine fusion and human-robot collaboration are the two promising research fields. 6) Resources in intelligent manufacturing systems start to be assigned by self decision-making. Advanced manufacturing enterprises are trying to develop a new service-oriented model by equipping manufacturing resources with embedded software, wireless connection, and online service. 7) Intelligent factories become the main carrier for intelligent production. The integration of artificial intelligence and advanced manufacturing technologies will challenge traditional concepts of production line, shop floor, and factory, thereby leading the industrial production to a new service-oriented mode.

Driven by a new round of industrial revolution, robotics research is becoming a hot spot in the global high-tech competition. Robotics has been regarded as a priority industrial technology in the major world powers. In September 2010, the European Union (EU) COMET program was launched (which lasted for 30 months), which was dedicated to the development of a plug-and-produce robotic processing system to achieve the target of $50\,\mu m$ milling accuracy. In 2011, the United States began to implement the "Advanced Manufacturing Partnership Program", investing 2.8 billion US dollars in developing intelligent robots based on mobile Internet technology. In September 2012, the

European cooperation program "Hard Material Small-Batch Industrial Machining Robot (HEPHESTOS)" was launched (which lasted for 38 months), aiming to use industrial robots to realize path planning, trajectory generation, and tracking control to complete the machining of difficult-to-machine material (which covered milling, grinding, polishing, etc.). In October 2012, the Republic of Korea released the "Korea Advanced Robot Industry Vision and Strategy 2022", which supported the development of the robot industry in the Republic of Korea and promotes robot companies to enter overseas markets. In 2013, the McKinsey Global Institute released the report "Disruptive Technologies: Advances that Will Transform Life, Business, and the Global Economy", where robot technology was among the 12 disruptive technologies, and the report declared that robots would affect the global manufacturing strategy. In the same year, the United States published "A Roadmap for US Robotics: from Internet to Robots", asserting that robot technology is a new technology that can have a revolutionary impact on the future of human, and have great potential to change the future of a country. Also, Germany proposed the "Industry 4.0" plan to support the development of intelligent manufacturing systems based on robots. In June 2014, the European Union launched the "Spark" program for civilian robot research and development, investing 2.8 billion euros in research and development of civilian robots by 2020 to enhance European industrial competitiveness. In addition, the 2016 Davos Forum with the theme of "Mastering the Fourth Industrial Revolution" believed that robotics is one of the core enabling technologies in the new industrial revolution. In order to accelerate the basic research, technology development, and industrial applications of robots in China, in 2016, the National Natural Science Foundation of China and the Ministry of Science and Technology successively released the major research plan "Research on Basic Theory and Key Technologies of Tri-Co Robots" and the key research and development project of "Intelligent Robots". In order to improve the quality of "Made in China" and the influence of "Created in China", it is necessary to replace the scarce "skilled craftsmen" with robots and create various powerful intelligent manufacturing equipment.

Robotized intelligent manufacturing is the frontier of the development of intelligent manufacturing. With the continuous advancement of human exploration into deep space and deep sea fields, as well as the progress of "the Belt and Road", more challenging requirements have been proposed for the manufacturing capabilities of aviation, aerospace and marine equipment. As the main equipment of modern manufacturing, Computer Numerical Control (CNC) machine tools play a very important role in realizing highly-efficient and high-precision manufacturing of complex curved parts. However, with the increasing size of workpiece, more and more complex product structure and higher service performances of products, the existing intelligent manufacturing mode with machine tools is facing significant obstacles, and the manufacturing mode based on manual operation is obviously difficult to satisfy the production efficiency and quality requirements. On the one hand, for the manufacturing of super large-sized components, the machine tool cannot achieve continuous operation in the super-large working space due to the limitation of the spindle motion scope and the difficulty of flexible movement, as well as the incapability of current metrology tools for measurements in a large area. On the other hand, for the manufacturing of ultra-high-performance products, their complex functional structures usually require integrated manufacturing, which is a transition from the traditional "parallel manufacturing of parts and then integrated assembly" to "single-station integrated manufacturing". Due to the large rigid body, it is difficult for machine tools to achieve dexterous operations in a narrow space. How to break through the bottleneck of manufacturing complex structures and high-quality manufacturing of large components under complex working conditions is a severe challenge faced by the manufacturing industry. Therefore, it is urgent to innovate manufacturing processes and build a new intelligent manufacturing system. In recent years, robotized manufacturing with robot as the actuator of manufacturing equipment has gradually become a new trend for intelligent manufacturing of large and complex components. With the in-depth integration of new-generation information technologies such as Tri-Co Robots, big data artificial intelligence, and human-computer interaction techniques with advanced manufacturing, it is anticipated that there will be significant breakthroughs in the flexibility, self-discipline and human-machine integration capabilities of robotic manufacturing systems. The high-efficiency and high-performance manufacturing of large-scale complex curved parts in national strategic fields of aviation, aerospace and navigation has broad application prospects. Therefore, intelligent manufacturing equipment represented by manufacturing robots is an important breakthrough to achieve the goal of national competitiveness.

On the basis of thorough investigation of the development history, research achievements and innovation capabilities of robotics and intelligent manufacturing in the United States, Germany, Japan, the Republic of Korea and other manufacturing technology powerhouses as well as China, this report proposes five trends of robotics and intelligent manufacturing, namely: 1) the strong resonance between robots and mechanical materials, mathematical mathematics, information sensing, biomedicine and other disciplines, promotes the formation of a new generation of "Tri-Co Robots" , which are endowed with the abilities to interact with the operating environment, human and other robots; 2) the deep integration of intelligent manufacturing technology, robotics and information technology promotes the emergence of advanced manufacturing technology, breeds new manufacturing principles and concepts, and forms the source of innovation; 3) the deep integration of the new generation of information technology and the manufacturing industry leads to significant changes in manufacturing equipment, systems and modes, and the manufacturing modes are shifting towards human-machine integration, ubiquitous manufacturing, unmanned manufacturing, etc; 4) artificial intelligence promotes the evolution of manufacturing systems and the integration of the new generation of artificial intelligence technologies with advanced manufacturing techniques is driving intelligent manufacturing towards new focal points in autonomous decision-making, self-learning, and self-evolution; 5) by utilizing the characteristics of robotic dexterity, adaptability and cooperation, human experience, wisdom and knowledge are integrated into the manufacturing process, and autonomous manufacturing in the unstructured environment is realized through robotized intelligent manufacturing. On the basis of the above vision, four scientific problems of robotics and intelligent manufacturing are analyzed: 1) human-machine integration and multi-machine cooperative operation mechanism in the unstructured dynamic environment; 2) intelligent creation and morphological evolution mechanism in multi-energy field composite manufacturing process; 3) self-discipline operation principle of manufacturing equipment driven by process knowledge and monitoring information; 4) collaborative coupling mechanism of material flow, energy flow and information flow in the intelligent manufacturing system. On the basis of this, this report analyzes the five key technologies of robotics and intelligent manufacturing: 1) full-scene multimodal cross-scale perception and human-machine collaborative manufacturing; 2) multi-robot collaborative self-discipline control in unstructured dynamic environment; 3) online measurement-processing-monitoring closed-loop manufacturing technology; 4) digital twin modeling of human-information-physical manufacturing system; 5) multi-objective intelligent decision making of manufacturing systems under uncertain and incomplete information.

Based on the research status and trend in China and the worldwide, this report points out five major development directions of robotics and intelligent manufacturing: 1) human-machine-environment collaborative manufacturing in the unstructured environment; 2) robotic manufacturing in the unfriendly working environment; 3) ubiquitous manufacturing based on the fusion of ubiquitous information perception and operation; 4) green and low-carbon manufacturing in the whole life cycle; 5). interconnection of all manufacturing elements and processes. From the aspects of national industrial development and strategic needs, this report analyzes eleven research frontiers of robotics and intelligent manufacturing: 1) Tri-Co Robots; 2) intelligent NC machining; 3) precision and ultra-precision intelligent manufacturing; 4) special energy field intelligent manufacturing; 5) intelligent forming manufacturing; 6) intelligent assembly of complex mechanical systems; 7) cross-scale manufacturing of flexible micro/nano structures; 8) intelligent manufacturing operational status awareness; 9) industrial Internet and manufacturing big data; 10) intelligent shop and intelligent factory enabled by digital twin; 11) robotized intelligent manufacturing of large complex components. Lastly, we discuss the priority development directions in the next 5-15 years for key areas: 1) Tri-Co Robots with the natural interaction ability of human-machine-environment; 2) novel principle of efficient and intelligent manufacturing for new material components with the control of shape and performance; 3) theory and technology of intelligent, green and precise composite forming manufacturing; 4) basic theory and technology of on-orbit assembly for large/super large space structures; 5) optimization theory and method of manufacturing system driven by big data and digital twin; 6) robotic intelligent manufacturing of large complex components.

In general, based on the experience of intelligent manufacturing in the developed countries and regions such as EU, US, Japan, and the Republic of Korea, we must follow objective laws, national conditions, focus on the long term, strengthen overall planning, and actively respond to challenges on intelligent manufacturing development. Particularly, based upon the situation of our country, it is imperative for the Chinese manufacturing industry to take the opportunity during the adjustment of the global division of manufacturing and the rapid development of robotics and intelligent manufacturing to address its weaknesses, and guide the companies to develop a roadmap with Chinese characteristics in robotics and intelligent manufacturing. In order to achieve the above goals, the following suggestions are made in terms of discipline construction, personnel training, research platform and administrative management system. 1) Establish a "National Intelligent Manufacturing Leading Group" agency to coordinate top-level planning, scientific research, personnel training, financial policies, international cooperation and strategic roadmap formulation of our country's intelligent manufacturing. 2) Promote the collaborative research and development of robots and intelligent manufacturing in the industries of aerospace, rail transportation, high-end machine tools, ships and marines, power batteries and new energy vehicles, and form an innovation consortium to consolidate the independent innovation capabilities of intelligent manufacturing technology, equipment and key components. 3) Set up a national 2030 major project with the theme of "Tri-Co Robot", and fully utilize the role of "Tri-Co Robots" in serving the major needs of the country, and serving the main field of the national economy, people's life and health. 4) Provide solutions for the industrial upgrading of small-and medium-sized enterprises, build an intelligent manufacturing ecosystem and service platform, and cultivate a new model of intelligent manufacturing. 5) Strengthen the construction of talent teams for intelligent manufacturing, not only including high-end talents such as strategic scientists and academic leaders, but also including skilled and professional engineers. 6) Strengthen the international cooperation, and actively participate in international standards, alliances, academic institutions and organizations in the frontier field of robotics and the intelligent manufacturing to enhance the international influence.

目　　录

总序 / i

前言 / vii

摘要 / xi

Abstract / xix

第一章　机器人与智能制造前沿领域科学意义与战略价值 / 1

第一节　机器人与智能制造研究科学与工程意义 / 1

一、制造业是立国之本、兴国之器、强国之基，支撑了航空、
航天、航海等战略性领域的自主创新 / 1

二、与信息技术进行深度融合是先进制造的主流发展方向，
智能制造为我国制造业跨越式发展提供了历史性机遇 / 3

三、机器人化智能制造为突破大型复杂构件高性能制造提供了
新的手段 / 3

四、机器人化智能制造涉及多学科交叉研究，已成为制造学科
基础研究前沿 / 5

第二节 机器人与智能制造前沿领域的研究范畴 / 7

一、智能数控加工 / 8

二、精密与超精密制造 / 9

三、特种能场制造 / 9

四、智能成型制造 / 10

五、复杂机械系统智能装配 / 10

六、柔性微纳结构跨尺度制造 / 11

七、智能制造运行状态感知 / 12

八、工业互联网与制造大数据 / 12

九、智能车间与智能工厂 / 13

十、机器人化智能制造 / 13

第三节 机器人与智能制造前沿领域的战略价值 / 15

一、完善机器人与智能制造基础理论 / 15

二、突破机器人与智能制造关键技术 / 15

三、实现机器人与智能制造重大应用 / 16

四、形成机器人与智能制造人才培养新体系 / 16

五、构建机器人与智能制造国家级创新平台 / 16

第二章 机器人与智能制造前沿领域的发展现状及趋势 / 18

第一节 机器人的发展历程及其趋势研判 / 18

第二节 智能制造发展历程及其趋势研判 / 26

一、智能制造是先进制造发展的必然趋势，为我国制造业跨越式发展
提供了历史性机遇 / 26

二、智能制造技术、机器人技术与信息技术不断深度融合，促使先进制造技术纷纷涌现，孕育着新的制造原理和概念，形成了创新原动力 / 29

三、新一代信息技术与制造业深度融合，引发制造装备、系统与模式的重大变革，制造模式向人机共融、泛在制造、无人化制造等方向发展 / 29

四、人工智能推动制造系统进化，新一代人工智能技术与先进制造技术的融合，促使智能制造朝自决策、自学习、自进化方向发展 / 30

第三节　智能制造重点领域发展现状分析 / 31

一、智能化数控加工 / 31

二、精密与超精密智能制造 / 34

三、特种能场智能制造 / 38

四、智能成型制造 / 42

五、复杂机械系统智能装配 / 46

六、柔性微纳结构跨尺度制造 / 51

七、智能制造运行状态感知 / 55

八、工业互联网与制造大数据 / 60

九、智能车间与智能工厂 / 64

第四节　机器人化智能制造成为智能制造发展主攻方向 / 69

第三章　关键科学问题、关键技术问题与发展方向 / 73

第一节　机器人与智能制造科学问题 / 73

一、非结构动态环境下人机共融与多机协同作业机制 / 73

二、多能场复合制造工艺智能创成与形性演变机理 / 74

三、模型与数据融合驱动的制造装备自律运行原理 / 75

四、智能制造系统物质流－能量流－信息流协同耦合机理 / 75

第二节　机器人与智能制造关键技术 / 76

一、全场景多模态跨尺度感知与人机协同制造 / 76

二、非结构动态环境下多机器人协同自律控制 / 78

三、在线测量－加工－监测一体化闭环制造技术 / 79

四、人－信息－物理系统数字孪生建模 / 80

五、不确定与不完全信息下制造系统多目标智能决策 / 80

第三节　机器人与智能制造发展方向 / 81

一、非结构环境下的人－机－环境共融制造 / 81

二、非友好作业环境下的机器人化智能制造 / 83

三、基于泛在信息感知与操作融合的泛在制造 / 84

四、全生命周期绿色制造 / 86

五、全要素全流程互联互通制造 / 88

第四节　机器人与智能制造研究前沿 / 90

一、共融机器人 / 90

二、智能化数控加工 / 99

三、精密与超精密智能制造 / 107

四、特种能场智能制造 / 117

五、智能成形制造 / 128

六、复杂机械系统智能装配 / 137

七、柔性微纳结构跨尺度制造 / 158

八、智能制造运行状态感知 / 175

九、工业互联网与制造大数据 / 182

十、数字孪生使能的智能车间与智能工厂 / 192

十一、机器人化智能制造 / 203

第五节 未来 5～15 年重点和优先发展领域 / 208

一、人‐机‐环境自然交互的共融机器人 / 208

二、新材料构件高效智能化加工新原理与控形控性制造 / 210

三、智能化绿色化精准复合成形制造理论与技术 / 212

四、大型/超大型空天装备高性能装配基础理论与技术 / 213

五、大数据与数字孪生模型混合驱动的制造系统运行优化理论和方
法 / 215

六、大型复杂构件机器人化智能制造 / 216

第四章 机器人与智能制造前沿领域发展政策建议 / 218

参考文献 / 222

关键词索引 / 225

第一章

机器人与智能制造前沿领域
科学意义与战略价值

第一节　机器人与智能制造研究科学与工程意义

一、制造业是立国之本、兴国之器、强国之基，支撑了航空、航天、航海等战略性领域的自主创新

制造业是我国国民经济主体和国家综合实力的根本保障，我国制造业规模从 2010 年开始已连续 13 年位居世界第一。在全球 500 余种主要工业品中，我国有 220 余种产量位居世界第一，对保障国计民生、促进国民经济快速发展功不可没。2020 年，我国制造业增加值达 26.6 万亿元，占我国 GDP 的 26.2%，对工业总产值的贡献率达到 84.9%，对世界制造业贡献的比重接近 30%（王政，2022）。就制造业规模而言，我国已是制造大国。制造业的强势崛起也为国防安全提供了有力保障，有力支撑了航空、航天、航海等国家战略性领域的自主创新。2006 年，中央首次提出"提高自主创新能力，建设创新型国家"，并颁布了《国家中长期科学和技术发展规划纲要（2006—2020

年)》，实施了核心电子器件、高端通用芯片及基础软件产品，数控机床，大型飞机，载人航天与探月工程等一系列国家重大科技专项，促进了军民重大战略产品、关键共性技术和重大工程的跨越式发展。航空方面，C919 大飞机成功进入量产阶段，歼 -20、运 -20 等世界一流装备列装，克服了我国空军装备的代差问题，使我国成为全球第二个独立装备第四代战机的国家；航天方面，我国在深空探测、载人航天、探月工程、卫星反导等领域取得了举世瞩目的成就，嫦娥五号载回月壤标志着我国完成了探月工程"绕、落、回"三步走规划，北斗卫星导航系统的全面布局保障了我国拥有独立的先进导航定位能力；海洋工程方面，海军下水了包括航空母舰、055 型驱逐舰、094 型战略核潜艇在内的世界顶级战舰，军用舰艇总吨位达 130 万 t，居世界第二，"奋斗者"号万米载人潜水器成功坐底马里亚纳海沟，刷新了我国载人深潜新纪录。

以航空、航天、航海装备为代表的高端制造业体现着国家科学技术的核心竞争力，体现了国家重大需求。在航空领域，预测到 2030 年我国大约还需要新增干线、支线客机，以及以歼 -20、运 -20 等为代表的先进战机及运输机数千架；在航天领域，计划到 2030 年综合空间技术达世界航天强国前列，我国航天器发展路线图表明，未来十年，我国载人航天工程、探月工程、深空探测工程需数十个大型航天器舱体；在航海领域，为保障领海主权与海洋权益，我国海军在南海、东海、北海三大舰队各需装备数艘 10 万 t 级先进国产航空母舰，同时需装备包括 055 型驱逐舰、052D 型驱逐舰在内的数十艘先进驱、护舰船，年造舰总吨位长期保持 30 万 t 以上。人类向深空、深海等领域的探索以及"一带一路"建设的不断推进，对航空、航天、航海装备制造能力提出了更高的要求。然而，由于我国高性能复杂产品制造所需的关键装备、核心工艺和工业软件尚不能自主可控，我国航空、航天、航海装备等战略产业核心产品的高品质制造能力正面临前所未有的发展机遇与挑战，亟待突破高端制造所需的关键装备和核心工艺，实现从制造大国向制造强国的跨越，实现航空、航天、航海等领域高端制造业的自主可控。

二、与信息技术进行深度融合是先进制造的主流发展方向，智能制造为我国制造业跨越式发展提供了历史性机遇

人类社会生产先后发展了自动化制造、数字化制造、智能化制造等先进制造模式，以满足日益发展变化的生产制造需求。不论是 20 世纪初自动控制生产线、电动机和制造装备闭环控制深度结合实现制造的自动化，20 世纪中叶将数字建模、数字控制与自动编程技术与制造深度结合实现制造的数字化，还是 21 世纪的今天人工智能、智能感知、大数据等新一代信息技术与制造深度融合实现制造的智能化，信息技术在制造模式演变过程中扮演了十分重要的角色，与信息技术进行深度融合是先进制造的主流发展方向。

智能制造重塑了制造业技术体系、生产模式、发展要素以及价值链，实现了高性能产品规模化定制生产，成为世界各国抢占制造技术制高点的突破口。2013 年德国提出"工业 4.0"战略，2014 年美国提出"工业互联网"国家战略，重点发展智能制造以确保其制造业全球领导地位。面对历史机遇与挑战，2015 年，我国发布了"制造强国"战略第一个十年行动纲领，将体现信息技术与先进制造深度融合的智能制造作为重点发展方向，力争用十年时间构建出我国智能制造生态体系。

未来，随着共融机器人、人工智能大数据、人机交互技术等新一代信息技术与先进制造的深度融合，机器人化智能制造将具备更高的灵巧性、顺应性和协同能力。在航空、航天、航海等国家战略领域，大型复杂构件高效高性能制造具有广阔的应用前景（熊有伦，2013）。

三、机器人化智能制造为突破大型复杂构件高性能制造提供了新的手段

数控机床作为当代制造的主要装备，在实现复杂曲面零件高效高精度制造中扮演着十分重要的角色。然而，随着制造对象尺寸越来越大、产品结构越来越复杂、产品服役性能越来越高，以机床加工方式为核心的传统智能制造模式面临重大挑战，而人工制造方式显然也难以满足生产效率和品质需求。

一方面,对于超大尺寸构件制造而言,机床由于受限于主轴行程以及难以灵活移动,无法实现在超大工作空间内连续作业,现有测量仪器也难以实现超大尺寸工件全场景范围的精确测量,从而妨碍了人类对超大尺寸构件制造机理与精度控制的认知;另一方面,对于超高服役性能产品制造而言,其复杂功能结构通常需要形性一体化制造,促使制造模式从传统"零部件并行分散加工再集成装配"转变为"单工位一体化制造"。机床由于具有庞大的刚性本体,难以适应在狭小空间范围内进行灵巧作业。如何突破复杂结构、复杂工况下大型构件高品质制造瓶颈是我国高端制造业面临的严峻挑战,亟待创新加工手段,构建新型智能制造系统。

近年来,以机器人作为制造装备执行体的机器人化智能制造正逐渐成为大型复杂构件智能制造的必然趋势,作为智能制造研究的一个重要突破口已引起世界工业强国的高度关注。欧盟自2010年起连续资助了COMET(772万欧元)、HEPHESTOS(335万欧元)和MEGAROB[①](434万欧元)三期机器人加工主题的重大项目,分别针对高精度(≤50 μm)、硬质材料(钢、铬镍铁合金)、超大零件(10 m以上),致力于开发即插即用(plug-and-produce)机器人加工系统,实现50 μm的铣削加工精度目标。2017年,美国成立了先进机器人制造研究院(Advanced Robotic Manufacturing Research Institute,ARM),投入2.5亿美元致力于航空航天等先进制造领域机器人技术的创新应用,2019年公布设立的11项重大项目中有4项是关于大型复杂构件的机器人化智能制造。相比于传统的数控机床,机器人化智能制造装备具有运动灵活度高、工作空间大、拓扑结构灵动可变、多机并行协调作业能力强等优势,且易于与多模态感知、人工智能、人机交互等技术无缝集成,能够适应更加复杂多变的加工环境,提升制造系统的灵巧性和人机交互能力。以机器人作为制造装备的执行体,并且配以强大的感知功能,基于工艺知识模型与多传感器反馈信息对运行参数进行滚动优化,将突破传统制造装备仅关注各运动轴位置和速度控制的局限,形成装备对工艺过程的主动控制能力。同时,可根据产品制造需求通过轨道、轮式、爬壁等自主移动平台

① 开发灵活、可持续和自动化的平台,使用移动平台上的球形机器人和激光跟踪仪对大中型复杂部件进行高精度制造操作(Development of Flexible, Sustainable and Automated Platform for High Accuracy Manufacturing Operations in Medium and Large Complex Components Using Spherical Robot and Laser Tracker on Overhead Crane,MEGAROB)。

构建形式多样的多机器人协同或镜像加工系统，辅以主动感知、自主寻位等技术，可突破加工尺度、地域和时间限制，具有操作空间灵活、多品种加工适应性强、可大范围多机协作等优势，为实现大型复杂构件高性能制造提供了创新手段。目前国内外机器人化智能制造仍然处于初期阶段，走自主创新之路，研制机器人化智能制造装备，掌握制造工艺软件，是解决我国战略性领域关键零部件高性能制造受制于人的问题、实现制造业向高端转变的必经之路。

四、机器人化智能制造涉及多学科交叉研究，已成为制造学科基础研究前沿

机器人化智能制造主要研究机器人在制造过程中的环境感知、机器人自主决策与自律适应，旨在实现人－机器人－加工对象自然交互的制造新模式。传统制造通过机械化、标准化生产，将人的工作"机器"化；机器人化智能制造则将机器的思维"人"化。机器人化智能制造使得制造主体——机器人具有自感知、自学习、自决策功能，操作具有灵巧性、顺应性、多尺度，并结合现有专家工艺知识经验与机器智能优势，能在非结构化甚至异构环境下完成制造。《麻省理工科技评论》(*MIT Technology Review*)将机器人化智能制造中的灵巧机器人列为 2019 年全球十大突破性技术榜单之首；《科学机器人》(*Science Robotics*)自 2016 年创刊以来，持续报道机器人与智能制造研究的前沿进展；2013 年，德国发布《工业 4.0 战略》(Forschungsunion and acatech，2013)，希望让机器人接管工厂；2018 年 10 月，美国发布了《美国先进制造业领导力战略》(美国国家科学技术委员会，2018)，把先进工业机器人美国先进制造业国家战略计划(National Science and Technology Council，2022)确定为使美国在数字设计和制造方面处于领先地位的优先技术方向。

机器人化智能制造作为智能制造的主攻方向，具有操作柔顺性和灵巧性高、作业空间大、系统自律性好等特点和优势，被公认为是实现大型复杂构件高性能制造的利器。如图 1-1 所示，机器人加工通过变拓扑和变刚度机制实现高重构性，与多功能末端执行器结合实现高灵活性，通过自主移动平台

拓展制造系统的空间尺度，并可在深腔、受限、狭小等复杂三维空间内实现"灵巧制造"；通过"手－眼协调""力－位反馈"等高效智能感知和行为顺应的自律机制，与泛在信息融合技术无缝集成，对制造装备、工件工具、工艺参数等制造要素进行全场景、多模态感知融合，构建"机器人－末端执行器－加工工件"制造系统，实现非结构化环境下"顺应制造"；通过"人－机""机－机"高效协作机制，增强机器人系统开放性、交互性，构建单机器人柔性制造系统或者多机器人协同制造系统，通过人工智能提高制造系统的学习和交互能力，促进制造工艺优化和制造系统进化，实现机器人与机器人、人、环境共融的"协同制造"。

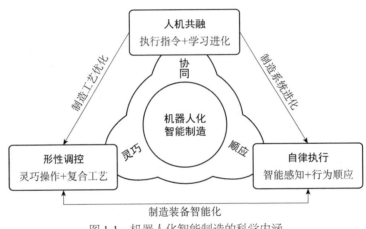

图 1-1　机器人化智能制造的科学内涵

机器人化智能制造与材料科学、数学、信息科学等多个基础学科强烈共振，又与传感、通信和人工智能等技术深度融合，最终将通过无处不在的机器人、无处不在的传感、无处不在的智能，实现无处不在的制造。从灵巧、顺应和协同三大方面突破传统机器人制造领域的壁垒，实现基础科学与机器人化智能制造技术的深度交融，从而极大地提高我国在航空、航天、航海等领域大型构件及复杂零件的制造水平，带来制造技术的变革，继而推动制造业革命和科学技术的进步。同时，机器人化智能制造亦会反向支撑多学科（如信息科学、医学、生命科学等）的横纵向跨越式发展。机器人化智能制造涉及多学科交叉融合研究，同时支撑多学科协同发展，已成为制造学科基础研究前沿。

第二节　机器人与智能制造前沿领域的研究范畴

机器人的研究范畴可归结为操作臂、海陆空、人机共融。操作臂代表传统工业机器人，海陆空代表无人机、智能车与水下机器人，人机共融涵盖康复机器人、仿生机器人、拟人机器人等。机器人在解决国家和社会发展面临的产业升级、社会老龄化、医疗/健康服务、国防安全、科考与资源开发等众多挑战中发挥着重要的作用，按照代替人、服务人和拓展人的理念融入人类生活的方方面面。特别是在制造业产业升级方面，随着制造对象尺寸越来越大、产品结构越来越复杂、产品服役性能越来越高，以机床加工方式为核心的现有制造模式受限于主轴行程，难以实现在超大工作空间内连续作业，而人工制造方式显然也难以满足生产效率和品质需求。机器人与数控技术的结合正在使制造模式发生新的变革，使制造业迸发出新的活力。

智能制造是面向产品全生命周期、实现泛在感知条件下的信息化制造，旨在将人类智慧物化在制造活动中并组成人机合作系统，使得制造系统能进行感知、推理、决策和学习等智能活动，并通过人与智能机器的合作共事，扩大、延伸和部分地取代人类专家在制造过程中的体力和脑力劳动，提高制造系统的适应性与自治性。智能制造是复杂工况下高性能产品制造的有效手段，是现代制造业数字化、信息化、网络化发展的主流方向，也是先进制造发展的必然阶段。智能制造正在引领和推动新一轮工业革命，重塑制造业的技术体系、生产模式、发展要素及价值链，实现社会生产力的整体跃升。

机器人化智能制造是指以机器人或机器人化装备作为制造执行体，旨在利用机器人灵活性、开放性、易重构、可并行协同作业等优势，将人类智慧和知识经验融入感知、决策、执行等制造活动中，赋予机器人化智能制造装备在线学习与知识进化能力，可在超大工作空间或者狭小封闭空间内高效执行制造任务，有效解决现有制造系统"达不到""够不着""做不了"三大制造难题，在航空、航天、航海等国家战略领域，大型复杂构件高性能制造具有广阔的应用前景。相对于传统的机床制造，机器人化智能制造具有作业空间大、操作柔顺性和灵巧性高、系统自律性好等优势。机器人化智能制造兼具机器人灵活性与制造过程数字化控制双重优势，是智能感知、自主学习、自主决策、自律控制等先进技术的最优载体，拓展了传统数控机床的制造范围，是智能制造的前沿研究方向。

机器人化智能制造离不开数字制造、机器人、工业物联网和人工智能等关键核心技术。数字制造是智能制造的"大脑"，设计技术、虚拟仿真技术、控制技术、车间管理机制以及协同技术都离不开数字制造。机器人是智能制造的"四肢"，智能制造的最后核心目标是走向人机共融，共融机器人技术可能会成为引领全球变革的颠覆性技术之一。工业物联网在于如何使机器性能得到最大限度的发挥，通过无处不在的传感带来大数据以提供制造过程分析的数据基础，再通过视觉、力觉、触觉、听觉等多模态感知融合并结合人工智能算法对人类行为进行表征、决策和再现，实现人类智慧与经验向机器迁移和沉淀。机器人与智能制造前沿领域涵盖的研究范畴主要包括以下几个方面。

一、智能数控加工

智能数控加工是指在传统机械设计和精密制造技术基础上，集成现代先进控制技术、精密测量技术和计算机辅助设计（computer-aided design，CAD）/计算机辅助制造（computer-aided manufacturing，CAM）应用技术的先进机械加工技术，在同一机床上实现多种加工工艺的柔性自动化高精度高效加工。主要的研究方向有：开发智能化高档数控系统，实现复杂零件多工序加工过程的工艺优化、智能决策与质量管控；研究复杂曲面零件高效高精加工方法，揭示复杂零件多工序加工质量创成与演变规律，推动复杂曲面零件加工由高精度、高效率向高性能转变；研究航空航天等关键构件的高形位精度加工装备与技术，实现大型薄壁零件加工稳定性的闭环监测与调控，以及镜像加工"铣削－支撑"多轴系统运动控制协同的零件尺寸高精度控制。

二、精密与超精密制造

精密与超精密制造主要包括微细加工、超微细加工、光整加工、精整加工等加工技术。超精密加工是在 20 世纪 60 年代发展起来的精度极高的一种机械加工技术，到了 20 世纪 80 年代，超精密加工的加工精度达到 10 nm 的水平，表面粗糙度达到 1 nm 的水平。目前，精密与超精密制造技术仍在突破精度限制，甚至达到了原子级别。精密与超精密制造是加工过程中的最后一环，是降低工件表面粗糙度、去除损伤层、获得高形状精度和表面完整性的终加工手段，决定了高端装备关键零部件的服役性能。与此同时，以超精密加工技术为支撑的三代半导体器件，为电子、信息产业的发展奠定了基础。例如，单点金刚石车削用于半导体基片等光学模具与非球面光学镜片的复杂精密面形生成。超精密加工技术还广泛应用于磁盘驱动器磁头、磁盘基板、硅基传感器等零件的加工。随着超精密加工设备（如精密主轴部件、滚动导轨、静压导轨、微量进给驱动装置、精密数控系统、激光精密检测系统等）逐渐成熟，超精密加工技术在工业生产中的渗透率不断扩大，成为制造业中尖端且不可或缺的核心技术。

三、特种能场制造

特种能场制造泛指用电能、热能、光能、电化学能、化学能、声能及特殊机械能等能量达到去除或增加材料目的的制造方法，从而实现材料被去除、变形、改变性能或被镀覆等，其定义和范畴是基于"材料加工所采用的能量种类"来确定的。相对来讲，以非机械力（声、光、电、磁、化学、离子束、电子束及水射流等）为主的加工工艺，或具备非直接接触特征的加工工艺，或工作于超常情况下（如高速冲击变形）的加工工艺，均被称为特种能场制造。特种能场制造的兴起源于 20 世纪 20 年代的各种新材料、新结构的使用，尤其是高温、高硬度合金以及陶瓷等难加工材料与结构。于是，各种不受限于难加工材料硬度、脆性或传热特性的能量场，包括电化学、电火花、超声波、电弧、离子束、水射流及激光等工艺被研发出来，获得一定范围的推广和重视。现代科技的进步要求制造业跨越传统制造与特种能场制造的壁垒，以声、光、电、磁、化学、离子束、电子束及水射流等特种能场融合的战略来更优地解决工程问题。系统研究特种能场制造的工程方法之一是智能能量场制造。该工程方法将能量场、物质和信息看作工程优化的自由度，从而在根本上消除制造方法之间的壁垒。

四、智能成型制造

智能成型制造是指综合利用数理建模与数值模拟、人工智能、大数据分析等现代信息技术，实现在成型制造过程中产品几何形状与组织性能的精准优化与调控，主要研究成型制造全过程的多尺度建模仿真、高精高效数值计算与优化方法、物理信息系统融合、成型加工外场与材料形性参数的在线感知与物理场重构、成型工艺模型的自学习与进化、面向复杂时变工况的自适应调控等，进而发展现代信息技术与成型制造"工艺－组织－性能"深度结合的成型制造理论、方法及技术。材料成型智能化为实现高质量、低成本、短周期、高性能精确成型提供了可行途径，对解决我国资源消耗、环境保护、劳动力等生产成本上涨，以及改变成型加工行业粗放发展模式等均具有重要的意义。智能技术还能通过知识发现、数据挖掘等手段促进设计数据的重用，促进产品设计质量的提高。智能技术能够构造成型过程的质量闭环控制，提高产品的成型精度。智能成型装备具有面向实际工况的智能决策与加工过程的自适应调控能力，可以有效抑制成型过程中产品质量的波动，降低产品不良率。

五、复杂机械系统智能装配

从机械系统（产品）生产制造角度出发，装配作为产品生产制造的最后一环，决定着产品的最终质量与服役性能。装配是零件按照技术要求基于基准界面进行组装、调试、检验形成机械系统的过程；静连接装配以达到近连续体性能为目标，动连接装配以保障准确空间位置和运动关系为目标。装配工作量占整个机械系统研制工作量的 20%～70%，平均为 45%，装配时间占整个制造时间的 40%～60%（张琪，2021）。随着机械系统（产品）朝复杂化、轻量化、精密化等方向发展，其服役环境越来越恶劣化和极端化，尤其是现代精密机电装备不断追求高效率、高精度和高可靠性，系统内部各种物理过程的非线性、时变特征更为突出，过程之间的耦合关系更为复杂，装调难度越来越大，装配环节对产品性能的保障作用日益凸显。物联网、大数据等新一代信息技术与高性能装配技术融合而形成的复杂机械系统智能化高性能装配，其研究范畴以保障机械系统装配性能及服役过程性能稳定性为目标，研究装配精度在空间域、时间域的形成、保持与演变机理，装配性能形成的多尺度行为及其时变机理，性能驱动的装配工艺与装配界面反演设计方法，装配多元数据在线实时感知与检测技术，装配性能智能预测与控制技术，装配工艺智能规划与产线虚拟定义和动态重组技术，人机协同装配自动化执行装备与智能装配系统等，最终达到实时监测装配状态，通过数据分析挖掘工艺参数与产品性能关联关系，实现智能工艺决策和自动化装配操作。

六、柔性微纳结构跨尺度制造

柔性微纳结构跨尺度制造是信息技术产业的核心和基石，是计算机、网络、通信、自动控制、高技术武器等众多领域的现代产品赖以发展的基础，是事关国家经济发展、国防建设、信息现代化的基础性、战略性产业。随着晶体管特征尺寸逐渐接近极限，近年来科学家从功能集成的角度提出"超越摩尔定律"（more than Moore's law），从硅基微电子发展到聚合物基柔性电子，应用领域从信息处理扩展到光电器件、生物传感、人机交互、健康医疗等，正在变革整个电子制造技术与产业。柔性电子是将有机/无机薄膜电子器件制作在柔性塑料或薄金属基板上的新兴电子技术，以其独特的柔性/延展性以及高效、低成本制造工艺，在信息、能源、医疗、国防等领域具有广阔的应用前景，如柔性显示、穿戴式电子、柔性能源、智能蒙皮等。微纳制造是一个集微观尺度科学研究和宏观系统设计及控制于一体的多学科"集成"科学和技术，是世界各国必争的科技前沿，对发展国民经济、保障国民健康与国防安全、促进前沿科学进步等都有着重要的作用。"后摩尔时代"低能耗芯片、类生命体制造、人机共融制造等先进微纳制造技术的发展将极大地促进我国新兴产业的发展，为国家中长期科技发展做出重要贡献。

七、智能制造运行状态感知

随着航空航天、国防、交通、能源和信息等领域高端装备功能朝多样化、极端化和精准化方向发展，新材料与新结构不断获得应用，其核心零部件精度与性能指标不断提升，使得制造技术由高精度、数字化向高性能、智能化发展。目前，我国精密测量核心技术、设备研发层面能力严重不足，关键核心部件研发能力薄弱，国产高端精密测量仪器长期滞后缺乏。为满足我国航空航天零部件高性能高精度制造要求，迫切需要研究复杂曲面零部件高效率高精度测量设备与技术，这对提高我国数字化智能化制造能力和整体技术水平具有重大意义。智能制造运行状态感知需要突破一系列基础理论与关键技术难题，其研究范畴主要包括多模态感知驱动的加工－测量一体化制造装备与技术，以及复杂零件三坐标测量机及其测量技术。其中，多模态感知驱动的加工－测量一体化制造装备与技术以实现复杂零件高性能、高效率加工为目标，重点研究集加工状态监测、加工过程实时控制、加工质量在机测量与补偿等功能于一体的智能加工技术与装备。复杂零件三坐标测量机及其测量技术以实现复杂曲面高效高精度检测为目标，重点研究关键核心部件制造与装配、测量路径规划软件和设备误差测量与补偿等。

八、工业互联网与制造大数据

工业互联网是新一代信息通信技术与先进制造技术深度融合的新型基础设施、应用模式和工业生态。通过工业互联网平台汇聚工业中人、机、物等全产业链、全价值链的数据，利用大数据分析技术和人工智能技术，分析挖掘工业运行的机理规律，制定决策，形成闭环，赋能制造业，构建全新的制造和服务体系，为工业的数字化、网络化、智能化发展提供了实现途径。面向未来，我国应将工业互联网与制造大数据技术深度融合，发展工业互联网的智能制造新模式，赋能传统制造业；加强工业互联网平台的安全技术，保障工业互联网稳定可靠运行；发展工业大数据分析技术，实现对工业生产过程和工业设备运行状态的实时监测、发展趋势预测和异常溯源；开发隐私保护技术，打破数据孤岛，实现企业数据在工业互联网上的安全可靠共享。在新的历史阶段，促进制造业在全球技术革新和产业变革中取得竞争优势。

九、智能车间与智能工厂

智能生产是智能制造的主线和核心功能系统。智能工厂是智能生产的主要载体，通过运用信息物理技术、大数据技术、虚拟仿真技术、网络通信技术等先进技术，构建智能化生产系统、网络化分布生产设施，实现生产过程的智能化。智能工厂根据行业的不同可分为离散型智能工厂和流程型智能工厂，追求的目标都是生产过程的优化，大幅度提升生产系统的性能、功能、质量和效益。流程工业在我国国民经济中占有基础性的战略地位，产能高度集中，且数字化网络化基础较好，最有可能在新一代智能制造领域率先实现突破。智能车间是智能工厂的核心部分，主要通过网络及软件管理系统控制数控自动化设备，实现互联互通，通过实时感知状态与数据分析，构建自动决策和精确执行命令的经营管理境界的车间。智能车间与智能工厂的主要研究范畴包括：制造系统建模与分析、基于物联网实时数据的智能生产调度、大数据驱动的智能车间运行分析与决策、数字孪生使能的智能车间、服务型制造与社群化制造，以及可持续制造系统。新一代人工智能技术与先进制造技术的融合将使生产线、车间、工厂发生革命性的大变革。在今后相当长的一段时间内，企业的生产能力升级，也就是生产线、车间、工厂的智能升级将成为推进智能制造发展的一个主要战场。

十、机器人化智能制造

机器人化智能制造是指以机器人作为装备执行体的机器人化智能制造系统。相比于数控机床，机器人具有运动灵活度高、工作空间大、并行协调作业能力强等优势，且易于集成多模态传感器，能够适应复杂的加工环境。以机器人作为装备的执行体，可根据应用需要配备长行程导轨或轮式自主移动平台等构建形式多样的多机器人移动加工系统，并辅以主动感知、自主寻位、自律跟踪控制技术，在超大构件高效并行加工中具有显著优势。针对大型复杂构件超大长厚比结构带来的结构弱刚性以及机器人本体的结构弱刚性问题，亦可通过构建双机镜像或者协作加工机制，提升系统刚度，保障作业精度与加工质量。研究前沿方向包括：精密零件机器人化灵巧制造、超大型构件机器人化集群自律制造、复杂结构件的机器人化控形控性制造。

随着人工智能、大数据、传感、纳米化、生物化等机器人化新技术的不断快速涌现及其与制造技术的深度融合，制造科学不仅演变为一个与多学科深度交叉融合的学科，更是插上了快速发展的翅膀。新的技术一方面让加工变得更加高效，另一方面也促进了制造模式的变革。比如，以机器人作为装备的执行体，并辅以主动感知、自主寻位等技术，在航空、航天、航海装备等行业超大复杂曲面构件高效并行加工中具有显著的优势，以机器人作为装备执行体的机器人化智能制造正逐渐成为大型复杂构件高效高品质制造的新趋势。然而，目前的工业机器人精度和刚度特性与数控机床仍有比较大的差别，机器人在柔韧性、响应特性、智能决策能力等方面与人类相比仍有比较大的差距，人工可实现的制造任务机器人仍然无法胜任。近年来，在自然科学基金委重大研究计划"共融机器人基础理论与关键技术研究"以及科学技术部"智能机器人"国家重点研发计划等资助下，将机器人技术与智能制造技术深度结合，目前已经实现了多个机器人协作加工大型复杂构件，解决了有无问题，但距离高品质加工制造的现实需求仍然有一定的差距。未来，有望通过人工智能技术、机器人技术与制造技术的深度融合，结合新型传感、大数据等人工智能技术提升机器人系统的柔顺性和人机共融的能力，实现"能工巧匠"型机器人化智能制造。在此基础上，可支撑构建新的制造模式，建立新的制造理论体系和制造方法，为航空航天、能源、交通等国家战略领域关键部件自主可控的高品质制造提供基础理论和关键技术支撑。

第三节　机器人与智能制造前沿领域的战略价值

机器人与智能制造已成为做大做强"中国制造""中国创造"的突破口，是推动我国实现高质量发展的重要支撑。我国机器人与智能制造发展在汲取欧美等发达国家先进制造业振兴经验的基础上，必须遵循客观规律，立足国情，着眼长远，加强统筹谋划，积极应对挑战，抓住全球制造业分工调整和我国智能制造快速发展的战略机遇，全力补齐我国机器人与智能制造的发展短板，引导研究与产业走出一条具有中国特色的发展道路（中国工程院，2017）。目前，推动我国机器人与智能制造前沿研究直接关系到制造业提质增效、转型升级，其战略价值主要体现在以下几个方面。

一、完善机器人与智能制造基础理论

机器人与智能制造基础理论涵盖了新型传感理论、智能控制与优化理论、设计过程智能化理论、制造过程智能化理论等。通过研究未来智能制造所需的理论框架与关键共性技术，深入探索机器人化智能制造理论模型与误差控制方法，将从运动学/动力学及能量传递机理/机制、人机混合智能增强等角度构建机器人与智能制造综合性能（柔顺、灵巧、机智等）保障机制，建立机器人化智能制造新原理新方法，持续深入开展高性能智能制造的基础研究与应用研究。

二、突破机器人与智能制造关键技术

聚焦智能制造重点领域，将有利于突破和发展智能制造基础共性技术和"卡脖子"技术，加强核心工业软件、智能制造装备、互联网、云计算、大数据和人工智能等基础共性和领域核心技术的攻关与产业化，形成机器人与智能制造标准体系，提高装备制造集成创新水平和企业核心竞争力（国家发展和改革委员会，2017）。同时能够推动具有核心自主知识产权的成果应用和产业化，提升智能制造装备、核心智能部件的技术水平和产业规模，夯实智能制造发展的基础，提升制造业总体创新水平。

三、实现机器人与智能制造重大应用

发展智能制造不仅要从应用侧推动智能工厂/车间建设、发展智能制造新模式，还要从供给侧打造智能制造生态体系。围绕企业智能制造发展需求、依托国家重大工程项目打造机器人与智能制造重大应用，将有利于推动高校、科研院所及不同领域企业在装备、自动化、软件、信息技术等方面的紧密合作、协同创新，构建相关智能制造服务平台，完善产业体系发展机制，提高传统制造业设计、制造、工艺、管理水平，推动生产方式向柔性、智能、精细化转变。

四、形成机器人与智能制造人才培养新体系

机器人与智能制造的发展离不开人才的支持，依托高等院校、科研院所、智能制造供应商搭建多层次的机器人与智能制造人才培养体系，将有助于突破人才培养中专业边界、课堂边界与校企边界的知识壁垒，推进机器人与智能制造学科交叉与产学研深度融合，加速填补机器人与智能制造人才缺口，分类培养技术研发型拔尖创新人才、产业应用型人才与高端管理型人才，构建智能制造科研人才专家库，建设能够承担智能制造技术研发及产业化应用的创新人才队伍。

五、构建机器人与智能制造国家级创新平台

通过将机器人与智能制造作为主攻方向，有助于推动协同各部门落实与智能制造相关的工作，使中央政府、地方政府、行业、企业围绕国家战略形

成系统推进、层层落实的智能制造组织实施领导体系，打造国家级的创新平台。将智能制造作为经济、科技和金融融合发展的主要结合点，有效促进三者的深度融合、良性循环，形成"政产学研用金"协同的智能制造发展生态环境。同时，中国制造业界要不断扩大与世界各国制造业界的交流，实行更高水平的开放，要和世界制造业的同行们共同努力，共同推进新一代智能制造，共同推进新一轮工业革命。

第二章

机器人与智能制造前沿领域的发展现状及趋势

第一节　机器人的发展历程及其趋势研判

纵观科技发展史，机械放大了人的四肢能力，计算机拓展了人的大脑功能，机器人则模仿了人的综合能力，是具有感知、认知和自主行动能力的智能化装备。它将人类智慧物化于机器中并组成人机合作系统，使得机器能进行感知、推理、决策和学习等智能活动，通过人与智能机器的合作共事，扩大、延伸和部分地取代人类执行作业任务。如今，机器人在解决国家和社会发展面临的产业升级、社会老龄化、医疗/康复服务、国防安全、科考与资源开发等众多挑战中发挥着重要的作用，其战略需求主要体现在以下四个方面。①为提升"中国制造"的品质和"中国创造"的影响力，需要使用机器人代替稀缺的能工巧匠，并创造各种功能强大的智能制造装备。因此，以加工、操作机器人为代表的制造装备是实现国家竞争制胜目标的重要突破口。②人类寿命和生活品质的不断提升使得助老助残与康复医疗问题日益突出，需要使用机器人提供个性化的医疗/康复服务。作为增进民生福祉的重要手段，以康复、辅助机器人为代表的服务机器人正成为人类的生活伙伴。③人类难以生存于战争、灾害、核辐射等危险环境中，需要特种机器人代替人类去执行高危任务。因此，机器人是保障国家和人类社会安全的重要新装备。④深海、极地、太空、地心、纳米世界等极端环境的科学探索越来越多，而人类难以直接工作于这类环境中，同样需要特殊机器人去实现远程交互作业。因此，机器人是在人类不可达世界进行科学探索与资源开发利用的重要使能工具（国家自然科学基金委员会工程与材料科学部，2021）。

机器人是力学、机构学、材料学、自动控制、计算机、人工智能、光电、通信、传感、仿生学等多学科交叉和技术综合的产物，机器人学的每一轮变革无不依赖于这些学科在关键科学技术瓶颈上的突破（Goldberg，2019）。2014年，《科学》（Science）推出机器人特刊，论文充分反映了以柔性、软体、变形为主要特征的最新机器人技术与软材料、柔性电子、固体力学、仿生学、计算科学等学科的交叉融合。现代机器人集当今世界先进科技成果于一体，代表着当代科技与学科发展的前沿，其研发和应用水平是衡量一个国家科技创新能力和高端制造业综合实力的重要标志。在当今世界由工业经济向知识经济转变的重要历史时期，机器人研究正成为世界各国在高科技竞争中的焦点、热点和战略制高点。

随着人工智能技术、新一代信息网络技术的加速渗透，全球机器人市场需求、技术创新与产业应用呈现出新的发展态势。工业机器人虽然已广泛应用于各大门类工业领域，但主要在结构化环境中执行各类确定性任务，面临操作灵活性不足、在线感知实时作业弱等问题；服务机器人是应对未来全球人口老龄化趋势加剧问题的核心手段，存在无法接收抽象指令、难以与人有效沟通、人机协调合作能力不足、安全机制欠缺等问题；特种机器人是代替人类在极地、深海、太空、核辐射、军事战场、自然和人为灾害等危险甚至不可达区域执行任务的重要手段，存在依赖离线编程、在动态未知环境中依赖人类远程操作等问题。机器人在智能和自主方面与人存在巨大差距，机器人的进一步发展必然要寻求作业能力的提升、人机交互能力的改善、安全性能的提高。机器人学与机械材料、数学力学、信息传感、生物医学等多学科强烈共振，形成了具备与作业环境、人和其他机器人自然交互能力的新一代共融机器人。

1. 结构方面

探究机器人对任务及环境的适应性机制，为机器人创新设计提供理论基础。对于刚柔耦合机器人，当出现大变形问题时，传统的基于小变形假设的建模方法已不再有效。在柔性机器人动力学领域，利用压电智能材料进行机器人柔性机械臂的振动控制是一大热点，机电耦合问题不可忽视。因此，针对刚柔耦合机器人和柔性机器人，目前需要解决的是考虑刚柔耦合、大变形、碰撞和变拓扑、多物理场耦合等关键因素的建模、分析和高效计算科学问题。对于软体机器人，现有材料在应力、应变、响应速度、寿命等方面存在一定的缺陷，尚不能满足软体机器人的需要。同时，软物质材料在电、磁、光、热、酸碱度等外加能场作用下的宏观大变形规律，以及在被动受力时的非线性本构关系是软体机器人设计的重要依据，目前尚未完全明确。软体机器人的设计方法还不成熟，如何平衡灵活性、承载能力和可靠性等指标还存在困难。为进行优化设计，需要流体力学、运动学、动力学、电子力学、热力学、化学动力学的同步分析。因此，为研发出高性能的柔性、软体机器人，国际上越来越重视实验研究方法的发展和学科的交叉融合。

2. 感知和交互方面

研究多传感融合处理、动态复杂环境的实时认知、人的行为意图准确判读，以及自然的人机交互协作等技术。机器人技术已经有 60 多年的发展，但一直未能脱离基于预编程/遥操作的自动化机器范畴。为满足新兴制造业、民生服务业、特种行业的新需求，机器人技术需要更加精准地感知环境，更加自然地与人交互协作，更加自主地智能决策，因此人机感知和交互方面的研究也愈发聚焦于感知与决策、灵巧作业和人机物融合等几个方面。在感知与交互方面，现有机器人适用于在静态、结构化、确定性的无人环境中完成固定时序、重复性作业，因此需要研究在自然（非人工）、不可预知、复杂的有人环境中如何主动传感、认知及规划决策来完成动态可变的作业。在灵巧作业方面，已有机器人主要针对刚性单一对象完成简单的抓取移动等操作，但面对复杂组合体、软性物体甚至生物活体的操作或服务，需要研究如何通过感知、驱动、控制和学习等方法适应更高的操作复杂度，实现更强的操作技巧，以应对动态及不确定性环境。主动感知与自然交互问题将普遍存在于机器人辅助康复训练、机器人辅助外科手术、军用特种机器人及工业生产中的人机协同作业等领域。因此，人机共享空间、物理接触、安全及良好的交互体验至关重要，这就必须借助多传感融合的方式深入研究人的行为意图与机器人状态的主动感知、人与机器人多通道双向信息交流、协同感知与交互控制、智能融合与行为协作。因此，感知和交互方面的总体发展趋势是：在信息获取源头上，从单一传感分离处理发展到多传感融合分析；在工作方式上，从机器人的被动控制与执行发展到主动感知环境与自主学习；在人机交互方式上，从人机隔离的遥操作发展到人机紧密接触的主动感知行为意图并进行交互决策规划与控制；在传感信息分析的方式上，从基于精确模型的模式识别与控制发展到基于自主学习的认知计算与基于数据的建模与控制。

3. 控制方面

研究机器人自主控制、群体机器人分布协同控制的多态分布体系架构。未来机器人需要面向动态、非结构化、人机共融的复杂环境，对机器人的智能化和自主性提出新的挑战。从自主控制的角度看，需要解决机器人行为的抽象表示与一般化建模、以环境感知交互及自主动作实施为特征的智能行为模型、行为的智能计算模型与计算方法等问题。针对刚柔耦合体复杂结构组成的灵巧作业机器人，需要探析刚柔耦合体的行为表征、灵巧人指抓取等动作机理、仿生灵巧任务协调控制与自适应学习机理等。为使机器人自主完成大规模复杂任务，当前的趋势是异构群体机器人分布协同控制，通过结构和功能的互补互助形成机器人集群作业能力。从群体智能的角度看，需要着重研究通过个体间及个体与环境的局部互动行为，如何形成复杂而精巧的群体智能的机理，并从群体感知、群体认知、群体博弈、群体动力等方面，研究群体智能应用于群体机器人的方法和实现。为实现机器人自主控制及多域异构群体机器人协同控制，需要多态分布体系架构的操作系统进行资源和行为管理，实现标准化、模块化、平台化。以机器人操作系统为技术路线，还必须解决多态性与分布架构问题，实现以资源管理和行为管理功能为核心的层次式架构、基于云计算的可扩展架构、面向分布计算环境的实时架构，以及支持人机共融的分布协同架构。

近年来，我国在机器人基础理论与核心技术方面取得了长足进步。通过强化顶层设计，汇聚了一批一流人才和多学科团队，加强了国内外合作交流，突出了学科交叉与创新；同时，在中国科学院与自然科学基金委的指导下，我国机器人领域始终围绕国家和行业重大需求开展基础理论与关键技术研究。例如，面向智能制造，以"刚‐柔‐软机构的顺应行为与可控性"这一科学问题为突破点；面向康复医疗，以"人‐机‐环境多模态感知与自然交互"这一科学问题为突破点；面向国防安全，以"机器人群体智能与操作系统架构"这一科学问题为突破点；面向学科前沿，探索机器人领域的新概念、新方法与新原理，实现人‐机‐环境的深度共融。相关研究取得了显著进展，推动了工业机器人、服务机器人和特种机器人领域的理论和技术发展，为我国高端制造、康复医疗、国防安全等国家重大需求提供了坚实的理论和技术支撑，产生了重要的国际影响，有力地支撑了国家探月工程、嫦娥六号至七号任务、火星探测等国家重大工程，也应用于"'天宫二号'在轨维修空间灵巧机械手"（总装 921 型号）和"空间站实验舱机械臂"型号项目。

具体而言，我国机器人在以下三个方面形成了具备国际竞争力的特色方向。

1. 加工制造机器人方向

制造业是立国之本、兴国之器、强国之基。航空航天、国防等战略领域的大型复杂构件具有尺寸超大（长达 50 m），型面复杂（扭曲、变厚非对称），弱刚性（长厚比高达 1000∶1）等特点，其高品质制造是亟待解决的国际难题。机器人操作灵活、工作空间大、并行协调作业能力强、可重构性好，可为大型构件加工提供"变革性"手段。将机器人用于加工可以充分发挥机器人在灵巧性上的优势，但其运动精度与刚度难以满足加工需求，为此需要解决机器人灵巧性与高精度高刚度之间的矛盾。通过机器人本体创新设计、工艺优化、感知与智能控制弥补机器人刚度与精度上的不足，用于大型复杂构件的高端制造，实现大型构件制造核心技术及装备自主可控。针对大型复杂构件高性能制造这一国际难题，我国相关研究团队研究了"能工巧匠"型加工机器人设计理论及高刚度高精度性能保障机制，发明了高性能加工制造机器人新装备，提出了两种机器人协同加工新原理——面向弱刚性构件的双机器人镜像加工新原理和面向大型构件的多机器人原位顺应加工新原理，突破了大型构件机器人加工全场景跨尺度测量、自律跟踪控制、自适应高精度加工等关键核心技术，研发了大型复杂机器人镜像加工系统和多机器人协同"测量－操作－加工"一体化系统。在国际上首次提出的多轴联动高性能加工机器人和"全向移动平台＋高刚度机械臂＋轻量化五轴加工功能部件"的加工机器人新装备，在我国载人航天舱体设备安装支架端面铣削、卫星原位整体组合加工中得到应用验证，加工后检测最大误差为 0.040 mm，达到国际先进水平。自主研制的用于 ARJ21-700 型飞机全机三段大部件机器人化自动对接系统，是国内民用飞机首次采用自主研制的自动化对接装配系统，打破了民用飞机自动化装配技术与装备长期被欧美国家垄断的局面。研发的双机器人镜像铣装备，应用于 C919 飞机机身蒙皮和运载火箭燃料贮箱箱底加工，打破了外国公司对该技术的垄断。在大型弱刚性壁板零件加工试验中，可将壁厚稳定控制在 2 mm±0.1 mm，达到国际先进水平。研发的国内首台套大型风电叶片多机器人智能制造系统，改变了我国大型风电叶片表面光整加工制造模式。研发的多机器人协同磨抛加工系统，首次实现了高铁白车身腻子涂层平整度测量与自适应机器人打磨一体化作业。上述这些，实现了航空航天、能源、轨道交通等国家支柱行业大型复杂构件的高性能制造。

2. 康复辅助机器人方向

根据《2006 年第二次全国残疾人抽样调查主要数据公报》，我国现有各类肢体残疾患者超过 2400 万人，其中截肢患者达 226 万人。每年新增脑卒中患者约 250 万人，其中 80% 的患者存在肢体功能障碍，仅脑卒中疾病给我国造成的经济负担每年就高达 400 亿元。肢体残疾患者的运动功能重建已成为当今社会发展的迫切需求。面向运动功能重建和修复的生机电一体化机器人主要包括智能上肢／下肢假肢、外骨骼机器人、康复机器人等。该领域现有的机器人系统，一方面缺乏类人化设计，运动对称性差，长期穿戴容易导致二次伤害；另一方面与人之间缺乏交互感知，不能有效复现人体自由度，导致康复效果差、能耗高。因此，结构－感知－控制的生机电一体化技术已成为康复辅助机器人领域实现感知和行为层面与人融合的核心瓶颈。这一瓶颈面临两个核心难题：一是生机电融合的行为意图解析与自然交互，即机器人如何融合多元感知信息进而理解人的意图，配合人体运动，提升人机协调运动能力；二是探索人体复杂运动的内在机理，基于灵巧机构和高效驱动，实现运动功能修复与重建，提高人机耦合系统能效。针对医疗康复领域重大需求，国内相关研究团队研究人机感知运动融合的下行和上行两条关键主线，突出"聪敏"（即准确感知人体意图）、"体贴"（即顺应人体运动）等关键特点，提出了基于效能优化的逆动力学求解方法，解决了人机强耦合系统一体化建模问题；提出了可减少代谢消耗的穿戴式机器人设计制造新原理和运动能量再生新机制；建立了前驱动柔顺机构的传动模型，揭示了串/并联构型与主/被动功能联系，探索新型变刚度关节，实现了顺应人体运动的"体贴"特点；针对人到机器人的下行通道，提出了基于高密度表面肌电信号的运动单元动作电位序列分解方法，以及基于电容传感的人机接口新方法，为下肢运动意图解码提供了全新手段，实现了准确感知人体意图的"聪敏"特性；针对从机器人到人的上行通道，提出了基于幻肢图的神经电刺激信号空域编码方法，实现了从触觉传感信号到神经系统的空间选择性传递，从而实现了人与机器人双向神经接口感知融合和信息交互。基于耦合系统动力学、柔顺机构设计、神经接口技术等基础研究突破，自主研制出一系列人体运动能力增强机器人典型样机，并实现了初步的示范应用，彻底改变了我国在假肢领域技术和产品的落后局面。相关成果得到国际同行的广泛应用：为残奥会跳高金牌获得者赵体良、国家残奥轮椅女篮等残疾人运动员提供高性能动力下肢假肢；获得"科技冬奥"项目支持，研制出第一个国产液压阻尼高弹性运动假肢，服务 2022 年北京冬残奥会中国国家残奥运动队的日常训练和比赛。

3. 机器人群体智能方向

机器人群体智能主要依靠物化为软件的智能算法实现。面向机器人在国防安全领域的应用需求，针对单体智能水平较低、无人装备"烟囱林立"、群体弱（无）智能等挑战，研究"分工合作"型群体机器人与操作系统，创新群体机器人的群体智能集成模式和操作系统的"角色""场景"等核心概念与多态分布体系架构，实现异构跨域群体机器人的资源一致抽象和多态管理，建立面向群体智能和协作行为的分布式控制与互操作、互理解方法，研制群体智能机器人操作系统原型版本，实现"一套软件"适配陆海空天各域机器人和无人系统、"一套软件"管理大规模异构机器人群体的协同行为和群体智能，为多域异构群体机器人"分工合作"提供基础软件平台，成为机械化、信息化、智能化融合的重要基础。开展空－地协同探索与救援群体无人系统、空－天－海协同海洋权益维护群体系统等典型应用验证，打通从基础概念研究、系统架构设计、关键技术攻关到试验验证的创新链条。针对群体智能机器人操作系统开展规模化异构无人集群试验，面向"三化"融合开展重大国防应用，"绝影"四足机器人获《科学机器人》封面文章发表；四足机器人产品形成特种应用系列，在全球范围内率先实现四足机器人的产业化应用。

为了满足人类对机器人需求的不断提升，机器人的设计理念和组成元素正在发生重大变革。其中，提升环境适应性、驱动能力和感知能力是机器人永恒的主题，围绕这三个主题，国际上开展了新原理、新方法的一系列工作，并取得了显著成果。在环境适应性方面，机器人从刚体到软体的转变，克服了传统机器人刚度难以调节、灵活性差等问题。然而，由于缺少对软体机器人变刚度控制与刚柔耦合系统的深入研究，所以难以发挥出软体机器人潜在的本质优势。在驱动方面，人工肌肉作为新的一类软体驱动材料，近些年得到了研究者的广泛关注，如形状记忆合金、水凝胶、人工肌肉纤维、介电弹性体等已成功应用于软体机器人系统，但在驱动行程、维度、效率等方面仍然存在难以突破的关键问题，制约了软体驱动材料的实用化发展进程，因此亟须研发具有高效驱动能力的软体驱动材料与控制方法。在感知方面，传统的感知方式虽然可以实现机器人对不同信息的感知能力，但与生物感知相比，仍然存在巨大差距。为了复制生命体感知的奥秘，研究人员开始尝试从仿生甚至类生的角度去研发柔性传感器件，并取得了多项重要突破。为了满足机器人对信息传感时效性和清晰度的需求，仍然需要在响应速率、成像质量、感知信息多样性等方面开展研究，开发具有高性能信息获取能力的传感系统。围绕机器人环境适应性提升、驱动性能增强、载体材料颠覆性突破，国内相关研究团队凝聚多学科交叉力量，形成重大原创成果，覆盖《自然》（Nature）、《科学》和《细胞》（Cell）主刊。在环境适应性提升方面，提出了刚－柔－软机器人极端环境自适应原理与实现方法，研制了具有强极端环境适应能力的深海作业软体机器人，该机器人在马里亚纳海沟万米级极端环境下开展作业，展示出机器人的超强环境适应能力。在运动性能增强方面，首次发现随着电容降低，纤维人工肌肉驱动性能反而增强的反常现象，提出了基于电渗效应的纤维人工肌肉快速驱动原理和设计方法，实现了人工肌肉从双极到单极的转变，奠定了高效能动力人工肌肉设计的全新理论基础。在载体材料颠覆性突破方面，提出了生命系统和机电系统在分子、细胞尺度融合建立类生命机器人的理念，推动机器人载体由刚性非生命向柔性生命介质转变，首次实现以活体细胞为功能单元的可控类生命驱动和生物本征感知成像。

第二节　智能制造发展历程及其趋势研判

一、智能制造是先进制造发展的必然趋势，为我国制造业跨越式发展提供了历史性机遇

图 2-1 展示了智能制造的发展趋势与发展方向。

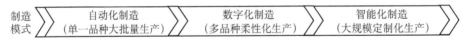

图 2-1　智能制造的发展趋势与发展方向

20 世纪中叶，受全球政治和军事环境影响，航空、航天、航海装备迅猛发展，对核心产品关键零部件（如航空发动机、大型舰船螺旋桨等）的几何

形态、制造精度等提出了极高的要求。1952 年,美国帕森斯公司和麻省理工学院合作研制了世界上第一台数控机床——三坐标立式铣床,揭开了数控加工技术的序幕。在计算几何、多体动力学、工程控制论等基础科学理论跨越式发展的助推下,数控技术与制造深度结合实现高速、高精、规模和大批量制造,标志着制造模式进入数字化制造时代。数字化制造赋予制造系统前所未有的在线感知能力、精确控制能力、计算分析能力,有助于揭示和定量描述制造过程中的能量与材料相互作用机理、动态演变规律,制造的质量、稳定性以及解决复杂制造任务的能力均获得质的飞跃。

随着高品质制造个性化、定制化需求日益强烈,人们对制造过程感知、控制和执行的适应性、自治性和柔性均提出了更高的需求。智能制造是面向产品全生命周期,实现泛在感知条件下的信息化制造,它重塑了制造业技术体系、生产模式、发展要素以及价值链,实现了高品质产品规模化定制生产,成为世界各国抢占制造技术制高点的突破口。

全球各国都聚焦智能制造领域,推动智能制造领域的大力发展,提高本国在智能制造领域的全球竞争力。美国提出"美国先进制造业领导力战略",旨在保持本国在制造业价值链上的高端位置和全球领导者地位;德国提出"国家工业战略2030",用以维护和确保德国在工业领域的世界领先地位;日本提出"社会5.0",转型为利用大数据的新一代制造业(METI,2019);英国提出"英国工业2050战略"(UKRI,2015),推进制造和服务融合、提升高技术制造等以重振制造业为核心的发展战略,均以智能制造为主要抓手,力图抢占全球制造业新一轮竞争制高点。我国作为制造大国,制造业领域正处于创新升级的重要历史关头。我国提出"制造强国"战略第一个十年行动纲领以及《"十四五"智能制造发展规划》,二者均明确提出推动建设制造强国,完成"中国制造"由大变强的战略任务。

当前,在全球制造业变革的历史机遇下,我国在发展规划中强调主动融入新一轮科技革命和产业变革,加快发展智能制造,是由大变强、全面创新升级的必由之路。我国的智能制造正处于转变发展方式、优化经济结构、转换增长动力的攻关期。站在新一轮科技革命和产业变革与我国加快高质量发展的历史性交汇点,要坚定不移地以智能制造为主攻方向,推动产业变革和优化升级,推动制造业产业模式和企业形态根本性转变,以"创新"带动

"革新",提高质量、效率、效益,助力碳达峰碳中和,促进我国制造业迈向全球中高端价值链(周济,2018)。

与世界制造业第一梯队国家相比,我国智能制造发展水平整体较低,但是在某些领域以及城市,我国智能制造业已经成型并处于领先水平。《世界智能制造中心发展趋势报告(2019)》数据显示,我国城市在智能制造领域的科研水平方面与发达国家城市有一定差距,然而,在智能制造技术人才数量排名上,上海、北京、深圳、广州均跻入世界前十,我国大量的技术型人才为领域发展提供了保障。在智能制造相关专业机构数量方面,北京居于全球首位,上海、重庆、天津和广州进入榜单前十。在智能制造企业数量方面,苏州以多达6653家智能制造企业的数量稳居全球第一。科研人才培养与大量的专业机构、制造业企业,为产研融合发展提供巨大潜力,带动整体智能制造大力发展。

智能制造领域发展日益呈现信息化、智能化特点,其技术、装备、系统、行业等方面正发生颠覆性跨越。在技术方面,未来以大数据与云计算为基础的互联网技术平台将在智能制造场景中应用,以此突破数字孪生、车间与工厂的智能化、人机制造系统共融等制造技术。在装备方面,新一代技术变革将让制造装备更加智能化,具有自我感知、自主规划和决策、维护、优化、容错、网络集成等能力;在系统方面,通过机器人与先进制造技术融合,以及以智能服务为核心的产业模式和业态变革,机器人与智能制造云和工业智联网正成为实现制造系统网络化与智能化发展的重要支撑。在行业方面,目前我国已在智能制造技术与产业领域进行了重点投入和产业布局,初步形成了区域性的智能制造特色产业。我国在智能制造领域表现出强大的产业活力。自2010年以来,中国制造业产值一直高居全球第一。为了推动智能制造产业的大力发展,提高我国在智能制造领域的国际竞争力,我国批准了一批国家级智能制造项目,支持地方智能制造产业园区的建设,形成了中部城市和东南沿海城市的智能制造产业带。我国兴建的智能制造产业带核心城市为未来的中国智能制造发展提供了不竭的动力。我国作为制造大国,制造业市场需求与创新技术的发展为我国的智能制造发展提供了契机。近几年,我国在智能制造领域的政策支持、科技创新、人才培养等方面有了极大的进步。

二、智能制造技术、机器人技术与信息技术不断深度融合，促使先进制造技术纷纷涌现，孕育着新的制造原理和概念，形成了创新原动力

广义而论，智能制造是一个大概念，是一个不断演进的大系统。智能制造作为制造技术、机器人技术、信息技术深度融合的产物，其诞生和演变与信息化发展相伴。对应于信息化技术发展的三个阶段，智能制造在演进发展中，可总结、归纳和提升出三种智能制造的基本范式，即数字化制造、数字化网络化制造——"互联网＋制造"、数字化网络化智能化制造——新一代智能制造。

新一代智能制造技术以特种能场制造、精密与超精密制造等先进制造技术为基础。智能制造技术当前正逐渐朝以大数据、云计算等互联网技术为基础，以数字孪生、车间与工厂智能化、人机相互合作为特征的趋势发展。具体表现为，首先将搭建以新一代5G为基础的计算、通信软件平台，然后在此平台上加速大数据、云计算、区块链等互联网技术在智能制造场景中的应用。同时，人与机器人制造系统作为制造过程中最重要的组成部分，制造系统与人协同共事、相互合作至关重要。特种能场制造、精密与超精密制造为智能制造技术的基础。特种能场制造主要是指利用电能、热能、电化学能、声能及上述能量的复合等进行加工的方法，具有可发挥各能量场的优势、实现优势互补的特点；精密与超精密制造是降低工件表面粗糙度、去除损伤层、获得高形状精度和表面完整性的终加工手段，决定了高端装备关键零部件的服役性能。以上先进制造技术均是全球制造产业变革的战略制高点之一，是实现智能制造技术的基础。

三、新一代信息技术与制造业深度融合，引发制造装备、系统与模式的重大变革，制造模式向人机共融、泛在制造、无人化制造等方向发展

互联网技术成为智能制造的动力引擎，5G契合了传统制造企业智能制造转型对无线网络的应用需求，能满足工业环境下设备互联和远程交互应用需

求。行业级工业互联网平台将率先探索出市场化商业模式，工业大数据将成为智能制造和工业互联网发展的核心。基于大数据的工业智能将带来更多服务型应用场景，工业区块链将服务于数据安全及分布式智能生产网络，通过集成化与智能化生产，提高企业效率；通过标准化与网络化生产，降低企业生产成本。

具有预测、感知、分析以及决策等功能的各种类型的制造装备统称为智能制造装备，是在装备数控化的基础上提出的一种更为先进、能使生产效率以及生产的精准程度得到一定程度提升的装备。未来，随着共融机器人、人工智能大数据、人机交互技术等新一代信息技术与先进制造的深度融合，智能制造系统的柔顺性和人机共融能力将得以突破。通过泛在感知技术，可对制造装备、工件工具、工艺参数等制造要素进行全场景、实时多模态融合感知，并借助制造装备操作的行为顺应能力，实现适合大型、复杂、多品种小批量的航空航天领域零件"即插即用"式的泛在制造。随着人工智能的进一步深度发展，智能装备朝自决策、自进化、自律控制的方向发展，无人化制造成为制造业的发展趋势。

四、人工智能推动制造系统进化，新一代人工智能技术与先进制造技术的融合，促使智能制造朝自决策、自学习、自进化方向发展

以智能服务为核心的产业模式和形态变革是新一代智能制造系统的主题。新一代人工智能技术的应用，将使得制造业实现从以产品为中心向以用户为中心的根本性转变，产业模式从大规模流水线生产转向规模定制化生产，产业形态从生产型制造转向生产服务型制造，完成深刻的供给侧结构性改革。

智能制造云和工业智联网是新一代智能制造系统的重要支撑。"网"和"云"带动制造业从数字化向网络化、智能化发展，其重点是智联网、云平台、网络安全三个方面。系统集成将智能制造各功能系统和支撑系统集成为新一代智能制造系统。系统集成是新一代智能制造最基本的特征和优势，新一代智能制造内部和外部均呈现系统"大集成"，具有集中与分布、统筹与精准、包容与共享的特性。

制造资源自主决策优化将促成车间与工厂的智能化。未来应加强云制造中云计算研究，发展云制造服务的高维多目标组合优化方法，加大对云制造服务的评估方法研究，不断为云用户提供更加优质的智能服务，提升智能制造的水平，增强智能制造即服务的内涵。随着生产调度朝协同化、柔性化和大规模化方向发展，针对生产调度中的组合优化问题，尤其是多领域及实时调度问题，开发出能实现大规模、柔性化生产调度的智能算法，已成为生产调度发展的一个重要研究方向。

第三节　智能制造重点领域发展现状分析

本节对智能制造的重点领域发展现状进行分析，包括智能化数控加工、精密与超精密智能制造、特种能场智能制造、智能成型制造、复杂机械系统智能装配、柔性微纳结构跨尺度制造、智能制造运行状态感知、工业互联网与制造大数据、智能车间与智能工厂。

一、智能化数控加工

自 20 世纪 50 年代美国帕森斯公司与麻省理工学院合作研制了世界上第一台数控机床以来，数控加工技术已经历了数十年的发展。随着全球经济的发展，市场竞争日趋激烈，为了保持产品在市场上的竞争力，产品的开发周期、生产周期越来越短，促使工业产品越来越朝多品种、小批量、高质量、低成本的方向发展，具有复杂曲面的产品越来越多，广泛应用于模具、工具、能源、交通、航空航天、航海等领域。近年来，随着计算机技术、自动控制技术的发展，以及智能加工系统在复杂曲面加工中的广泛应用，复杂曲面加工技术有了突破性发展，智能工艺规划和加工过程监控成为"工业 4.0"时代智能制造的重要组成部分。

复杂曲面零件的数控加工既是零件的几何成形过程，也是复杂的动态物理切削过程。随着航空发动机、航天推进器等对转速要求的提升，叶盘、叶片等零件逐渐由直纹面向复杂自由曲面发展，具有大曲率、刀轴矢量剧变、轮廓精度和表面质量要求高的特点。在复杂曲面零件加工中，由复杂曲面几何、高频切削力扰动、时变加工动力学等耦合因素影响的加工质量保障机制十分复杂。特别是随着高档数控机床切削速度不断提高，单一层面的工艺规划极易导致加工过程失稳、几何误差失控、加工表面完整性破坏，严重影响零件的使役性能，甚至导致零件报废。复杂曲面零件高效高精智能加工对智能化数控系统与数控加工的研究需求主要体现在两个方面：基于加工质量约束的零件加工智能工艺规划，基于机理模型和数据驱动相结合的复杂零件多工序加工过程质量监测与控制。

当前与复杂曲面数控加工密切相关的 CAM 系统（如 NX、MasterCam）等大都仅从几何学层面考虑加工路径规划，尽量避免局部加工干涉和全局碰撞，而忽视了加工路径运动学特性及切削过程动态特性对精密复杂曲面零件成形精度、加工表面微观形貌对零件使役性能的影响。依据机床制造商的通用数据库或凭常规切削经验所设定的加工参数又相对保守，难以对影响零件使役性能的表面质量进行控制，致使高档数控机床的许多优良加工特性难以发挥。这不但造成制造企业的高速加工设备依旧在常规工况下运行，也严重限制了精密复杂曲面零件成形精度和加工效率的提高及对表面质量的精确调控。综合考虑数控加工过程中的几何学约束、奇异性限制、运动学性能以及切削力、加工变形及颤振等动态切削特性的影响，基于加工质量约束进行多目标工艺规划，才能充分发挥高档数控机床加工的潜能，提高复杂曲面零件的加工效率及成形精度。国内外学者对智能规划技术开展了广泛的研究，通过综合考虑实际加工过程的资源约束、过程约束和结果约束，结合历史加工数据和仿真数据，基于启发式或元启发式搜索算法，建立了多种智能工艺规划模型。例如，利用人工神经网络、模糊理论等，建立刀具轨迹、刀轴矢量、进给率等系统输入与零件表面质量、切削力、加工效率等输出参数的关系，根据优化目标的不同，最大限度地提高材料去除率，保证零件的表面完整性，或最小化加工成本，提高能源效率，最大限度地缩短机床闲置时间。对于复杂曲面零件，还需要建立基于特征的历史加工数据模型，有效实现模型重用，快速生成满足加工机床、刀具、刀具路径、加工参数、加工过程特征和加工结果数据之间内部约束的智能工艺规划方法。

　　高性能精密复杂曲面零件的数控加工不仅对加工路径的拓扑几何形状、运动学性能提出了更高的要求，还对动态切削过程的监测和控制极为严格。然而，复杂曲面零件在实际加工过程中加工质量的影响因素众多，受到刀具、机床、残余应力、刀具–工件振动、装夹布置、随材料去除引起的时变加工动力学、加工过程中的温度变化等多因素的耦合作用。基于切削机理方面的研究，难以综合考虑以上因素对最终加工质量的影响。为解决这一困难，越来越多的研究采用传感器等感知手段获得现场的加工信息，建立基于真实数据驱动的复杂零件多工序加工质量预测与调控模型，弥补了解析模型和有限元仿真模型的能力短缺，从而能够响应实际复杂曲面零件的加工状态，实现对零件加工质量的预测与控制，提高复杂曲面的加工质量和加工效率。传统上，加工监测的信号包括振动、温度、切削力等，通过信号线缆传输至处理系统。随后针对不同信号来源，采用特征提取方法对原始信号进行分析，并通过对信号分类，得到加工过程的状态。随着传感和计算机技术的发展，研究人员已实现无线数据采集和数据传输，并将机器学习算法应用到传统加工过程中。通过有监督的机器学习算法（如支持向量机、决策树、朴素贝叶斯法、人工神经网络等），能够处理复杂的加工参数优化问题，通过对加工过程监测信号的处理，能够自主判别主轴扭矩过载、切削力过大、颤振、刀具磨损和其他问题，并能实现多种加工条件约束下的工艺参数优化，实现加工参数的智能化调整以达到最佳的零件加工质量。

　　然而，智能化数控加工的研究仍存在瓶颈，主要难点体现在两个方面：一是机床自主学习、生成知识的能力尚未取得实质性突破，现有的工艺决策过于依赖人类专家进行理论建模和数据分析，缺乏真正的智能，导致知识的积累艰难而缓慢，且技术的适应性和有效性不足；二是数控加工质量保障机制十分复杂，仅依靠数据知识而脱离加工机理的深度融合，难以保障自适应决策和优化的准确性与鲁棒性。因此，智能数控系统发展的趋势在于结合深度学习等机器学习算法，增强自主学习能力，同时研究数据与机理混合驱动的，具有预测、反馈、自学习、自优化校正的制造系统智能决策系统新架构及新方法。

　　复杂曲面智能数控加工技术领域是机械制造的重要组成部分，我国在该领域虽然已经取得了长足的进展，但是与国际先进水平仍然存在一定差距，主要表现在以下几个方面。①高档多轴数控机床与数控系统主要依赖于进口。复杂零件曲面结构的多样化、复杂化及高精度化需要依靠多轴数控切削加工来实现。我国对多轴数控机床的研究与开发起步较晚，虽然已经开发了一些高档多轴数控机床与系统，但在质量、功能和性能等方面还有待提高，其中一些关键零部件，特别是支承系统、驱动系统和控制系统、在线检测系统主要还是依赖进口。近年来，我国虽然在复杂型面建模和切削加工方面的研究取得了一定的成果，但仍需要努力提升多轴联动复杂型面加工的实用性。②CAM 软件的开发，特别是在基础研究和商品化方面同国际先进水平仍存在较大差距。为了适应竞争日益激烈的市场环境，满足生物、医疗、光学、微电子、航空航天等行业高精密复杂零件的加工要求，CAD/CAM 软件正逐步走向集成化、自动化、智能化，同时要满足高速加工和高精度加工要求。目前支持五轴高速加工的 CAM 软件很少，该技术主要由瑞士和德国的少数公司掌握。③复杂型面检测技术及仪器设备的研究有待加强。复杂型面的加工虽然是按照零件设计中所描述的结构特征及结构尺寸进行的，但加工过程中复杂型面的形成过程非常复杂，往往会出现干涉现象。由于复杂形状的零件具有形状复杂的功能表面，在检测与这些功能表面有关的零件结构参数时，传统的检测方法难以实现，需要采用激光干涉仪、光学测头等更有效的检测方法得到零件在法剖面及端截面内的截形，但一些高档的检测设备仍然依赖进口。

二、精密与超精密智能制造

如图 2-2 所示，加工精度的概念随着科技的发展而不断更新，目前精密制造是加工的形状精度从 1 μm 至 0.1 μm、表面粗糙度 Ra 从 0.1 μm 至 0.01 μm 的制造技术总称；超精密制造是加工的形状精度达 100 nm 以下、加工表面粗糙度 Ra 达 10 nm 以下的制造技术总称。

目前主要通过切削、磨削与抛光来实现精密与超精密制造：超精密切削是指使用金刚石等超硬材料作为刀具的切削加工技术，其加工表面粗糙度 Ra 可达几十纳米，包括超精密车削、镗削、铣削及复合切削〔激光辅助加工

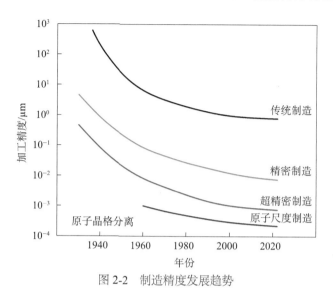

图 2-2　制造精度发展趋势

（laser assisted machining，LAM）及超声辅助加工等］。超精密磨削是指利用细粒度或超细粒度的固结磨料砂轮以及高性能磨床实现材料高效率去除、加工精度达到或高于 100 nm、加工表面粗糙度 Ra 小于 25 nm 的加工方法，是超精密加工技术中能够兼顾加工精度、表面质量和加工效率的加工手段。超精密抛光是利用微细磨粒的机械作用和化学作用，在软质抛光工具或化学液、电/磁场等辅助作用下，为获得光滑或超光滑表面，减少或完全消除加工变质层，从而获得高表面质量的加工方法，加工精度可达到数纳米，加工表面粗糙度 Ra 可达到 0.1 nm 级，超精密抛光是目前最主要的终加工手段。

　　超精密加工的发展经历了如下三个阶段。① 20 世纪 50 年代至 80 年代为技术开创期。美国率先发展了以单点金刚石切削为代表的超精密加工技术，美国联合碳化物公司、荷兰飞利浦公司和美国劳伦斯利弗莫尔国家实验室陆续推出各自的超精密金刚石车床，用于铜、铝等软金属加工，加工形状大多只限于轴对称形状的工件，如非球面镜等。② 20 世纪 80 年代至 90 年代进入民间工业的应用初期。美国的摩尔公司与普若泰克公司、日本的东芝公司和日立公司、欧洲的克兰菲尔德公司等在政府支持下将超精密加工设备商品化，开始用于民用精密光学镜头的制造。这一时期还出现了可加工硬质金属和硬脆材料的超精密金刚石磨削技术及磨床。随后美国劳伦斯利弗莫尔国家实验室研制出大型光学金刚石车床，实现了大型零件的超精密加工。③ 20 世纪 90

年代后，民用超精密加工技术逐渐成熟。超精密加工广泛应用于汽车、能源、医疗器材、信息、光电和通信等产业，设备精度逐渐接近纳米级，可加工工件的尺寸逐步增大。随着数控技术的发展，还出现了超精密五轴铣削和飞切技术，可加工非轴对称非球面等复杂零件。

我国在最近二十年投入了大量的人力物力，在精密与超精密智能制造技术方面获得了长足发展。但是，由于在 21 世纪初国内没有广泛开展超精密加工技术合作研究，目前国内研发单位各自为政，相互之间的交流与合作比较少，且自主研发水平相对较弱。除此之外，国内的超精密加工设备功能部件发展滞后，还比较依赖于进口，也没有建立起一套比较完备的设备体系和标准。国内目前虽然可以生产超精密加工的设备，但是其精度、稳定性等参数还不够好，并且对于超精密加工设备的控制系统以及软件与发达国家还有着很大的差距。目前，对于复杂曲面高性能零件，国内通常采用手工磨抛、砂带磨抛、磨料流磨抛、磁流变抛光、机器人磨抛等方式达到表面质量要求。手工磨抛效率低、劳动强度大、质量不稳定、加工周期长、容易带来粉尘吸入的职业病，无法满足批量生产的要求；砂带磨抛、磨料流磨抛、磁流变抛光、机器人磨抛等均采用机械加工的方法，达不到化学机械抛光的水平，也难以满足复杂曲面大尺寸变化范围（几十厘米到几百厘米）的要求，并且加工路径复杂、工艺复杂、加工周期长、成本高。

在科学技术发展越来越重要的今天，与国防、军工行业、高科技行业等息息相关的超精密加工技术与设备必然需要加速发展。国内的精密与超精密机床的总体性能、精度指标和稳定性仍需提升，具体需从如下几个方面进行研发。

（1）针对精密制导、星空探测、红外光电和精密医疗等领域的精密零部件高品质制造，需研究高精度能场诱发与调控、场辅助超精密制造材料去除、场作用下材料失效、高质量表面成形机理，突破场辅助超精密低损伤制造前沿工艺技术；针对用于实现宏观尺寸零件纳米量级加工精度的高端制造装备核心功能部件，揭示电-磁-气-固-热耦合作用下多源微扰动的产生机理，阐明微扰动的传递规律及其对纳米精度加工装备关键部件运动稳定性的影响，研究基于动刚度增强的运动稳定性保障机制，为突破高速高精主轴及超精密运动工作台设计、高性能主动减振等装备研发提供理论基础。

（2）自主开发超精密加工核心部件。在静压支承运动部件方面，实现纳米级高精度气体静压主轴设计、加工、装配与检测，实现亚微米级超精密水平和垂直液体静压导轨设计、加工、装配与检测，实现高精度高刚度液体静压转台设计、加工、装配与检测；开发关键功能模块，包括高精度圆弧刃金刚石刀具、空气弹簧隔振床身、高精度驱动控制系统、精密恒压液压站、机床状态监测系统等；攻克关键工艺的自主研发，包括薄壁壳体类零部件工艺研发、复杂自由曲面零件超精密加工工艺开发，建立超精密切、磨、抛加工工艺专家数据库；研究机床集成与机电耦合控制，对整机进行多学科分析与优化设计，对机床运动部件进行集成与机电联调，进行五轴联动精密运动控制。

（3）发展复杂曲面高性能零件化学机械抛光新装备是实现复杂曲面高性能零件绿色环保化学机械抛光的保障。化学机械抛光液的组分及其比例决定了化学机械抛光过程中化学腐蚀和机械磨削的协同作用，会对抛光质量和效率产生至关重要的影响。在发展新型高效低损伤绿色环保化学机械抛光液方面，我国仍需继续增强核心竞争力。

（4）车床性能高精密检测、评价与优化，包括机床几何精度检测、评价与优化提升，机床多轴联动加工精度检测、评价与优化提升，机床可靠性测试、评价与优化提升，机床环境适应性测试、评价与优化提升。面向更小尺度、更复杂对象纳米制造过程机理研究的重大需求，形貌参数的快速、非破坏性、精确测量重大需求，以基于偏振 X 射线锥形散射的纳米结构三维形貌测量与设备、超快椭偏测量系统与原位测量应用实验研究为切入点，发展以定量测量为目的、面向纳米制造机理阐述的测量技术与仪器，为极端条件与多场耦合下制造科学基础研究提供新方法与新手段，实现我国在微纳米精度制造领域在线测量技术与设备方面由"并跑"到"领跑"的跨越。

（5）精密超精密制造智能化包括：三维电子数字化仿真设计、制造过程全参数的量化、制造过程工艺标准化、多维多元智能的模块化。这四要素相辅相成、互相结合方能实现精密超精密加工的智能化。设计仿真思维数字化是智能化的前提。虚拟制造（virtual manufacturing，VM）是在产品设计、制造的物理实现之前，利用计算机模拟、仿真、虚拟现实技术，使人体会、感觉到未来产品的性能，从而做出前瞻性决策与优化实施方案的技术。虚拟制造不是直接建立智能化思维模型，而是将动态仿真与拟实环境相结合，使开发人员通过视觉、思维、感知来判断拟实环境中产品的功能状况。两者可交互互动，把人与计算机较完善地结合成一体，使人的智慧得到充分发挥和应用，引发产品开发的新突破。制造过程全参数量化是智能化的核心。全面属性感知、实时准确传输汇聚和高效智能分析处理最终实现"人-机-物"三元合一的应用需求，是信息化、数字化的合成，是智能制造的核心，解决了精密超精密制造零件要素的精确量化感知、要素的精确化实现和智能化的应用。

三、特种能场智能制造

本部分主要围绕激光加工、电加工、超声加工、电子束与离子束加工、射流加工等方向，介绍特种能场智能制造研究的发展历程、发展趋势及竞争力。

（一）激光加工

激光是 20 世纪一项重大科学技术发明，具有亮度高、方向性强、单色性好、相干性的特点，被称为"最快的刀""最准的尺""最亮的光"。1917 年，爱因斯坦预言了"受激辐射的光放大"（简称激光）。1953 年，美国物理学家查尔斯·汤斯（Charles Townes）用微波实现了激光器的前身：微波受激发射放大。1957 年，戈登·古尔德（Gordon Gould）创造了 laser（激光）这个单词，从理论上指出可以用光激发原子。1960 年，美国科学家西奥多·梅曼（Theodore Maiman）制造出了世界上第一台可以工作的红宝石激光器。1962年，美国通用电气（GE）公司、国际商业机器（IBM）公司和林肯实验室相继在一个月内制造了砷化镓半导体激光器。1964 年，汤斯（Townes）、巴索夫（Brasov）和普罗霍罗夫（Prokhorov）由于在激光研究方面的贡献共享了诺贝尔物理学奖。激光技术与加工技术相结合，为人类改变世界提供了崭新的工具，是焊接、切割、表面处理、高性能复杂构件制造和精密制造的主流手段，被誉为"万能加工工具"和"未来制造系统通用的加工手段"，带动了先进制造业的发展，对工业智能化进程产生了深远影响。近年来，激光加工领域逐渐成为前沿研究领域。我国激光技术科研主要力量集中在科研院所和高等学校，而企业实力相对薄弱。目前，在我国与激光相关的 30 个国家级研究平台中，仅存精密超精密加工国家工程研究中心和国家半导体泵浦激光工程技术研究中心，其他 28 个均依托科研院所和高校建设。2017 年，国家自然科学基金资助与激光紧密相关的项目有 415 项，资助经费近 3 亿元，中国科学院半导体研究所等 4 家科研院所和西安交通大学等 6 所大学列资助经费额度的前 10 位，占总支出额的 44%；2017 年，国家自然科学基金支持光电领域重大科研仪器研制项目共 26 项，资助经费约为 1.8 亿元，依托单位为 14 所大学和 8 家科研院所（"我国激光技术与应用 2035 发展战略研究"项目综合组，2020）。

国内外研究各具特色，我国在激光与材料作用机理、加工过程工况监测等方面具有国际先进水平，相关理论研究处于国际领先地位，在工艺、过程控制等方面的研究也基本与国际先进水平持平，因此我国目前实际拥有不俗的激光制造能力。此外，我国在激光器及其相关配套设备方面的研发（如武汉锐科光纤激光技术股份有限公司、大族激光科技产业集团股份有限公司等企业）与国外先进水平（如普雷茨特、勒斯姆勒等企业）之间的差距也在逐步缩小，但核心部件仍面临被禁运的风险。综上，我国在激光加工领域基础较好，相关研究具有一定的前沿性，具有较强的国际竞争力，但隐患是核心零部件仍然依赖进口，且关键技术被封锁。

（二）电加工

电加工经过各国学者的研究，经历 70 多年的发展成为主要包括电火花加工、电化学加工和二者兼有的电化学复合加工的一种加工技术，广泛应用于各种制造领域。随着现代工业的迅速发展，许多装备朝着高、精、尖方向发展。例如，高端装备关键零部件向工作环境极端化、尺寸精密微细化发展，使得电加工从常规加工领域逐渐推进到精密加工领域以及微细制造领域，加工过程将从自动化、数控化发展至信息化、智能化。同时电化学复合加工优势互补，相辅相成，增强了加工能力，扩大了加工范围，可以全面实现高质量、高效率、低成本的加工要求。在工业化和信息化的深度融合以及市场创新驱动下，电加工朝绿色、智能、超常、融合、服务优质方向发展。

在电火花加工技术装备的自动化、智能化、可靠性综合方面，瑞士阿奇夏米尔集团、日本沙迪克株式会社等公司都进行了长期深入的研究与开发，占领了高端市场。我国与其尚存在一定差距，且还没有高精度的双轴全浸液转台，导致多轴电火花加工装备关键功能部件严重依赖进口。在电化学加工理论与技术研究方面，欧美处于领先地位，已具备较为完整的电化学加工工艺体系，成为重大装备研发的重要支撑技术。与之相比，我国在相关理论与技术研究方面起步较晚，在新型难加工材料电加工理论与新工艺、复杂结构高精度电加工装备、微细电加工新方法新工艺等方面的研究相对滞后。

（三）超声加工

超声加工利用超声波的机械效应、空化效应、热效应实现加工目的，问世于 1907 年，超声振动被用于切削加工中。20 世纪 50 年代初，美国科研人员科恩成功研制出了世界上第一台可长时间运行的超声波加工设备。当前，超声加工技术正处于蓬勃发展的阶段，在航空航天领域难加工材料（钛合金、高温合金、复合材料）切削、弱刚性结构件（深小孔加工与薄壁型零件）加工、3C 产品脆性材料（玻璃、陶瓷、铝碳化硅材料）加工、抗疲劳表面强化领域和生物活体组织（骨骼、软组织和结缔组织）微创手术领域开展了大量研究，研究深度与应用广度都在不断提升。超声电火花复合加工、超声复合磁力研磨加工、高速超声切削、椭圆超声振动加工、旋转超声加工，以及超声辅助增材制造、焊接、微塑性成形等技术成为未来研究发展的潮流。

超声加工技术在难加工材料、脆性材料、高性能构件等高效精密制造领域突破了许多关键性的工艺问题，取得了非常好的效果。超声波加工技术作为一种新兴的特种加工方法受到国内外研究者和工程技术人员的广泛关注，在测量、清洗、育种、医疗、材料成型、机械加工等领域的应用不断增多。超声加工技术相关研究机构与航空、航天、兵器、交通运输、船舶等行业的领军企业保持密切的合作。超声加工技术已在多个国家级重点项目中发挥了重要作用，取得了可观的经济效益。

（四）电子束与离子束加工

电子束与离子束加工利用电子束 / 离子束与物质相互作用来实现材料的

成型与改性。其中，电子束曝光技术、电子束选区熔融增材制造技术以及电子束焊接技术作为电子束加工中的核心技术，近年来发展迅猛。电子束曝光技术是利用电子束在涂有对电子敏感的高分子聚合物的晶片上直接描画或投影复印图形的技术。该技术是从扫描电子显微镜术基础上发展起来的。电子束选区熔融增材制造技术最初由阿卡姆公司提出并进行商业化，其工作原理为：高能量密度的电子束首先对粉末进行快速扫描预热，随后沿固定路径扫描，在指定位置熔融粉末，并重复铺粉—预热—选区熔化过程。电子束焊接技术具有传统焊接工艺难以媲美的优势与特点，以高能量、高密度的汇聚电子束作为能量来源，是实现构件之间精密焊接的新型特种加工技术。另外，离子束加工技术具有去除率高、非接触式加工模式、工件无承重、无边缘效应、对材料无深度损伤等优点。电子束与离子束加工的发展趋势主要围绕加工尺度、精度、效率等方面开展。具体来说，电子束曝光技术在 20 世纪 80 年代以前主要进行曝光方式的研究，80 年代以后则主要进行高速、高精度电子束曝光机的研究。另外，电子束选区熔融增材制造技术在成形活性金属和脆性金属间化合物材料及含空间内流道精密零件、微桁架 / 多孔零件方面具有独特的优势，国内外知名企业与院校均投入了大量的人力和物力进行开发研究。国外电子束焊接技术的研究进展，主要以美国、欧盟、乌克兰、日本等为代表。

在电子束与离子束加工方面，日本和德国的企业掌握了装备的绝对主导权，该技术已成为我国的"卡脖子"技术。在工艺开发及应用方面，我国已基本与欧洲，以及美国、日本等顶尖研究机构处于同等水平，但在新原理的工艺（如聚焦电子束诱导沉积和纳米尺度三维打印）方面的研究较少。此外，在高端电子束加工抗蚀剂及导电聚合物方面，我国主要依赖进口。在电子束选区熔融增材制造、焊接等方面，我国虽起步较晚，但在国家的大力支持和产业需求的驱动下，近些年已经取得了长足进步，实现了部分装备的国产化。

（五）射流加工

射流加工是一项以"柔"克刚的冷加工技术，"水滴石穿"充分体现出秉性柔弱的水所蕴含的威力。早在 20 世纪 30 年代，人们就开始采用水射流技术采煤，并在 1968 年美国科学家诺曼·弗兰兹（Norman Franz）博士首次发明出高压水射流切割实验装置，于 1971 年美国制造出世界上第一台商用超高压纯水射流切割机。为了提高射流的切割能力，国外竞相在高速喷射的水流中注入磨料颗粒，从而产生高的切割能力，该技术即为磨料水射流加工技术。1976 年，哈特（Hart）研制出一种磨料水射流喷嘴装置。在人们的不断努力开发下，磨料水射流加工技术得到迅速发展，并成功应用于清洗、除锈、切割、破岩等领域。此外，超声振动辅助磨料水射流抛光、磨料水射流三维复杂零件加工、激光－水射流复合加工、水射流辅助破岩及水射流清洗等技术也应运而生，显著推动了先进制造业的快速发展。射流加工技术的应用在最近十多年里逐渐遍及工业生产及人们生活的各个方面，许多高校、企业等竞相开发研究射流加工装备，目前，日本丰田汽车公司和美国福特汽车公司均已将水射流切割机用于生产。美国已研制出以脉冲射流结合机器人技术的扫雷装置并在安哥拉得到实践应用。水射流切割技术也让水下维修潜水艇、大型船舰和水下拆弹成为可能。

射流加工技术正由二维加工发展至三维甚至多维加工，美国霍夫曼公司已推出六轴数控磨料射流切割技术。我国近 20 年在射流加工技术的研究、开发和应用中取得较快进展，五轴联动数控水切割机、机器人水切割机、超高压水清洗机、数控水切割加工中心等前沿产品全面进军国际市场。中国中铁股份有限公司合作开发成功首台超高压水辅助切割盾构机。南京大地水射流有限公司研制成功超高压数控万能水切割机，使我国成为世界上第 5 个能生产该机床的国家。2019 年，高能南京环保科技股份有限公司成功研发出了国内首项应用超高压水射流技术，并将其应用于废旧轮胎破碎装备。

四、智能成型制造

材料成型是通过温度场、压力场等能场作用，利用熔化、塑性变形、扩散、相变等各种物理和化学变化，保持材料质量不变或有少量的增减，改变材料的形状与尺寸，并控制零件的最终性能的加工过程。材料成型与其他制造方法的最主要的不同点在于，材料最终微观组织和性能受到成型过程的影响，涉及非常复杂的物理、化学过程。材料成型过程不仅能赋予零部件复杂的形状与精确的尺寸，而且能赋予其满足高标准、高性能的应用价值。通过对材料微观组织结构的精确调控，材料成型制造能够显著提高原材料的使用性能，实现其他制造方式难以获得的高精度高性能成型制造，这不仅显著减少了材料用量以达到轻量化目的，而且使零部件具有更高的可靠性和稳定性。

狭义的材料成型智能化技术指综合利用人工智能、数值模拟、传感与数据处理等现代信息技术，实现加工过程产品几何形状与材料组织性能精确设计与控制的一类先进材料加工技术。20 世纪 90 年代美国国防部就提出了智能化材料加工（intelligent processing of materials）的概念，美国国防部、美国国家能源部、美国钢铁研究院等部门与科研机构相继实施了多项智能化材料加工项目，其主要特征包括：①在设计层面，应用专家系统、工艺数据库、数值模拟等智能技术，根据材料成分、组织和性能要求，设计并优化出切实可行的加工工艺。上述智能技术既可以采用历史数据和人工知识构建的经验模型，也可以采用能够准确描述材料成形过程中物理和化学变化的理论计算模型。这些模型在计算机辅助工程中集成，虽然不能直接取代新加工技术的开发，但是为新工艺的研发和工艺过程优化提供了创造性的工具。②在制造层面，通过精密传感器对成形过程进行实时检测，对加工过程、产品质量进行闭环控制，实现精确制造。加工过程检测与控制既涉及物理场的过程变量（如温度、压力、速度等），也包括加工质量（如产品精度、材料组织结构性能等）。传统加工过程中的温度、压力、速度等一般采用预定值设置，并保证控制精度，无法对工况变化、加工过程的扰动等进行精确响应。智能技术建立起加工质量（产品精度与材料性能）和加工条件（加工能量场）的精确模型，对加工过程进行动态控制。

智能化材料加工的概念经提出后，在国际上产生了较大反响，日本、德国、韩国①等都相继开展了相关研究，在锻造、铸造、碳纤维增强复合材料成形、热等静压、焊接等成形方法上均取得了一些代表性成果，但是其进一步发展受到材料成形加工基础理论、计算机模拟精度、高精度在线传感技术，特别是人工智能与信息技术发展水平的限制。

近年来，这些技术的发展与关键问题的逐步解决为材料成形智能化技术的深入发展提供了先决条件。在材料加工基础理论方面，形变机理、本构模

---

① Korea-Manufacturing Technology-Smart Factory [EB/OL]. https://www.privacyshield.gov/ps/article?id= Korea-Manufacturing-Technology-Smart-Factory[2023-11-29].

型等得到进一步发展，特别是在材料微观结构组织演变、材料加工过程的非线性等问题上研究得更为深入，对加工过程中产品精度的保持机制、材料结构与性能的演变机理都获得了更清晰的认识。在计算机模拟方面，材料性能的跨尺度模拟方法、集成材料计算方法等的出现，计算机计算能力的提高，并行计算技术的应用，以及模拟方法的成熟等，使得材料微观组织结构的精确模拟、材料相关性能的预测、缺陷的产生及演化分析等成为可能。在线传感技术方面，高精度的温度、压力、位置等传感器广泛应用，如三维光学非接触式测量可以实现加工过程的产品形状的动态测量，材料微观结构演变借助超声、射线、涡流等方法实现在线感知逐步成为可能。

智能制造是制造业和信息技术深度融合的产物，数字化、网络化以及智能技术的快速发展是材料成形智能化技术能够取得突破的关键，也赋予了材料成形智能化更为宽广的内涵。

在数字化方面，CAD、CAM、计算机辅助工程（computer aided engineering，CAE）、计算机辅助工艺设计（computer aided process planning，CAPP）等数字化设计与制造工具在材料成形领域广泛使用，并从二维模型、线框模型发展到三维模型、实体模型，实现了更准确的设计和仿真模拟；伺服技术的应用使成形制造过程中的信号从模拟信号发展到数字化信号，实现了对速度、压力、温度等变量的精确控制；计算机控制技术、嵌入式系统的发展也为实现复杂的智能模型提供了支撑和载体。装备逐渐可具有自主决策、自适应生产环境变化的能力。例如，奥地利恩格尔公司的智能注塑机具有自调节功能，其通过智能传感器采集海量的数据，进而对数据进行挖掘、分析，实现对生产过程中细微变化的感知，并自动采取补偿措施以平衡环境和生产条件等的波动，提高生产工艺的稳定性。在注塑机启动或更换材料时，通过人机交互系统，智能注塑机能够获得最优的工艺参数，并给出建议或自动设置，从而节省试模时间并提升机器的使用寿命和能量效率。

在网络化方面，工业以太网、现场总线、无线技术等的发展为设备的互联互通、传感器与设备的及时通信、设备与系统集成、人与物理系统的融合提供了支撑。大量数据在生产过程中积累，对数据进行分析与应用成为可能，越来越多的机构和企业开始部署大数据战略，挖掘企业新的核心竞争力。大数据分析的解决方案已经逐渐成熟，并开始推广普及。另外，云平台与云服务将材料成形智能化技术从设计、制造环节扩展到需求分析、客户服务等，带来新的生产模式和商业模式。例如，国内的博创智能装备股份有限公司开发和构建了基于云计算的塑料注射成形智能装备与服务平台，实现了制造商、用户之间的互联互通，为大数据挖掘分析决策提供了数据来源并实现了深度挖掘、分析、决策，承载着各种远程监控、故障分析、诊断与解决方案支持等云服务；同时自动生成装备运行与应用状态报告，提供信息推送、在线监测、远程升级、健康状态评价等服务。

人工智能技术的发展日新月异，从早期的逻辑推理、专家系统/归纳学习，发展到如今的机器学习、深度学习、迁移学习以及侧重生产应用的群体智能、混合智能技术。借助于混合智能技术，将人的感知、推理、归纳和学习等能力与物理模型的搜索、计算、存储等优势结合起来，使人机之间形成相互协作的融合关系，使二者在不同的层次上各显其能，创造出性能更强的智能形态。在材料成形的设计阶段（如产品设计、模具设计），可以实现基于互联网群体智能模式的定制创新设计，建立基于互联网群体智能客户定制的设计平台，实现基于云群体智能的产品选择、客户参与设计的实时跟踪。例如美国欧特克（Autodesk）公司开发了计算机辅助设计系统 Dreamcatcher，该系统使用机器学习技术，利用云计算创建数千个虚拟原型不断迭代，并根据客户指定的标准，诸如材料类型、功能要求、性能限制、成本限制等约束条件，对限制条件和功能的分类索引进行搜索，在已有的设计方案中寻找最接近客户需求的设计，并创建个性化的设计空间以满足不同的功能性设计需求。

近 30 年来，随着我国经济的高速发展，我国材料成形产业发展迅速，产业规模不断扩大，形成了包括原料、装备、生产的完整产业链结构，成为我国制造业的重要组成部分，支撑着国民经济发展与国防建设。近年来，国内汽车工业以及工程机械等领域的旺盛需求极大地推动了铸造、锻造、注塑等材料成形行业的发展。我国铸造、锻造和塑料制品的年产量均位居全球第一。以塑料成形为例，我国已经成为世界上最大的塑料制品消费国，同时中国的注塑机产量已经连续 18 年排名世界第一，占全球注塑机总产量的 70%。

此外，我国新兴材料成形技术与产业起步和发展较好。新兴材料成形方法包括增材制造、复合材料成形等。相对于传统成形技术，新兴材料成形方法能够在很大限度上从传统成形工艺及装备的约束中解放出来，更有效地利用材料复合优势，制造具有高比强度、高比模量、可设计性强以及良好的抗疲劳特性的复合材料零部件。目前，新兴材料成形技术在我国航空航天、交通运输、高层建筑、机电行业、化学工业、竞技体育等领域均有一定程度的应用。例如，增材制造的整体化钛合金构件在航空航天领域获得装机，增材制造的随形冷却模具也已成为众多模具企业应对易变形产品的常备技术；复合材料模压成型工艺特别适合汽车工业要求批量大、精度高、互换性好的特点，是目前汽车复合材料工业中最为普遍采用的成型工艺。

可以认为，我国材料成形产业已步入由大转强的新发展时期。但是总体上，我国材料成形制造产业仍然存在集中度低、创新能力弱等问题，包括：①材料、产品、工艺、制造环节脱离，集成研发与产品创新不足，我国在该方面与国际先进水平还有较大的差距，高端产品研发能力弱；②成形装备的产量和市场占有率虽已跃居世界前列，但自主创新能力薄弱，导致国产成形装备更多的是中低端产品；③相比于发达国家，我国关于新能源与节能技术的开发与研究起步较晚，新能源与节能技术的研发与应用滞后，不利于行业的可持续发展；④材料成形行业的民营、小微企业多，导致大部分企业的研发能力弱，高水平的工艺技术人员欠缺，生产数据、知识的再利用程度低。这些表明我国材料成形制造领域有研发投入不足，专业技术人才匮乏，引发重复建设、产能过剩、无序竞争等突出问题，亟待通过智能制造创新驱动，改变材料成形的生产模式与产业形态，实现产业升级与可持续发展。

五、复杂机械系统智能装配

机械装配是随着对产品质量的要求不断提高和生产批量增大而发展起来的技术。机械制造业发展初期，产品主要是单件生产，装配多用锉、磨、修刮、锤击和拧紧螺钉等操作，使零件配合和连接起来。18世纪末期，随着产品批量的增大和加工质量的提高，零部件的标准化和互换性得到了发展，出现了互换性装配，19世纪初至中叶，采用互换性装配技术的产品逐步增多，互换性装配从最初应用于小型武器和钟表生产扩展到汽车工业。20世纪初，福特汽车公司建立了采用运输带的移动式汽车装配线。1906年英国出现了公差国家标准，公差和互换性的出现使得零件的加工与装配可以分离开来。随着互换性生产、移动式装配线和公差制度的发展，大批量生产中开始出现自动化或半自动化装配。20世纪60年代，伴随着数字控制技术，出现了自动装配机和自动装配线，进一步推动了自动化装配技术的发展；同时机器人在70年代开始被应用于产品装配中，出现了柔性自动化装配技术。

计算机的发展和普遍应用极大地促进了机械装配技术的快速发展。产品装配技术与计算机技术、网络技术和管理科学的交叉、融合、发展及应用形成了数字化装配技术。广义的数字化装配技术涉及与装配相关的结构设计、工艺技术、装配工装、测量技术等。20世纪80年代出现了应用计算机模拟人进行装配工艺编制，并自动或交互生成装配工艺文件的技术，即计算机辅助装配工艺规划技术。光学检测技术和计算机优化技术结合，出现了计算机辅助装调技术，即将计算机辅助技术应用于复杂光学系统装调中，其通过光学检测工具（如激光干涉仪等）获取光学系统的测量参数，在此基础上通过分析计算，获取光学系统各个元件的装调参数。数字化样机的出现促进了数字化预装配技术的形成。数字化预装配是利用数字化样机对产品可装配性、可拆卸性、可维修性进行分析、验证和优化的技术。虚拟装配技术是在虚拟现实与数字化预装配技术相互融合的基础上发展起来的，继承和发展了数字化预装配技术。虚拟装配技术通过综合利用虚拟现实技术、计算机图形学、人工智能技术和仿真等技术，在虚拟环境下对产品的装配过程和装配结果进行仿真与分析，从而检验、评价和预测产品的可装配性，并对产品的装配顺序、装配路径、装配方法、装配资源、人因工程等相关问题进行辅助分析和决策。

随着信息技术和人工智能的发展，信息技术、人工智能与制造技术的深度融合使得智能化成为业界追求的目标，智能化成为自动化发展的必然方向。随着智能制造技术的发展，智能装配技术诞生了。2007年，美国国家标准与技术研究院（National Institute of Standards and Technology，NIST）主办的装配技术研讨会第一次提出了"智能装配"的概念。NIST认为，智能装配是一种将人机协作和模型驱动技术融入装配系统当中，以提高生产效率、装配柔性、制造反应能力和产品质量的装配模式。然而智能装配偏重于智能工具的开发和集成，是在只考虑装配环节的情况下被提出来的，所以智能装配具有一定的局限性，它更像一种"灵巧装配"模式，不能满足在智能制造环境下对智能装配的要求。随后，美国联邦航空管理局（Federal Aviation

Administration，FAA）和美国国家航空航天局（National Aeronautics and Space Administration，NASA）便制定了包括"数字化装配缺陷控制、一致性保障"等在内的战略研究计划，不断将人机协作和模型驱动技术融入装配系统当中，更加专注于智能装配工具的开发与集成。

智能装配技术是物联网、大数据等新一代信息技术与装配技术融合，实时监测装配状态，通过数据分析挖掘工艺参数与产品性能关联关系，实现智能工艺决策和自动化装配操作的技术总称，是一种新的装配模式。在智能制造阶段，生产要素高度集成，装配效率和质量的提升对智能装配工艺设计提出了新要求，急需一种新的装配工艺设计模式，能够全面考虑日益增多的装配约束，通过软硬件环境支持，智能分析装配工艺任务，建立并行和协同工作机制，从而实现更短装配时间、更低装配成本以及更高装配质量等多目标的优化设计；装配过程质量控制需要准确、高效的智能装配检测技术，急需研制基于多物理场融合的测量技术，实现在线实时检测和状态全面感知，从而为产品装配过程质量控制提供数据支持；装配性能精准调控需要智能装配工艺决策技术提供支撑，急需建立基于检测数据的智能决策支持技术，研发基于多代理模型的智能决策支持系统，从而为装配性能的精准调控提供支撑；装配精度、质量及稳定性的可靠实现，急需个性化、集成化、智能化的装配工艺装备与装配执行装备等。可见，智能装配是实现智能制造的必然选择。随着机械系统（产品）朝复杂化、轻量化、精密化等方向发展，其服役环境越来越恶劣化和极端化，尤其是现代精密机电装备不断追求高效率、高精度和高可靠性，系统内部各种物理过程的非线性、时变特征更为突出，过程之间的耦合关系更为复杂，装调难度越来越大，装配环节对产品性能的保障作用正日益凸显。复杂机械系统的高性能装配不能仅局限于产品的初始装配性能，更应该考虑产品服役全生命周期的装配性能稳定性问题。一种新兴的装配模式——复杂机械系统智能化高性能装配应运而生，成为智能制造的前沿研究领域，更是实现智能制造的必然选择。

自20世纪90年代日本倡导成立"智能制造系统"（Intelligent Manufacturing System，IMS）国际合作研究计划之后，美国、澳大利亚、加拿大、欧洲共同体（European Community，EC）、欧洲自由贸易联盟（European Free Trade Association，EFTA）等国家和组织纷纷加入了该研究计划；上述5个国家和组织的 70 余家企业、60 余所大学和研究机构参与了该计划的课题研究。此后，智能制造技术引起了世界各国的关注和研究，包括我国在内的世界许多国家纷纷设立了智能制造研究项目、基金和实验基地，智能制造的研究及实践取得了长足进步。2008 年世界金融危机后，美国等发达国家纷纷制定了"重返制造业"的发展战略，如"美国先进制造业领导力战略"、德国的"国家工业战略 2030"、日本的"社会 5.0"、欧盟的"工业 5.0：迈向持续、以人为本且富有韧性的欧洲工业"等，以抢占国际制造业科技竞争的制高点。智能制造成为未来制造业的主攻方向。

智能装配作为智能制造中的关键一环，受到各个工业强国的重视。智能装配涉及研究领域广，包括制造系统、质量工程、管理学、工业工程，以及具体的测量技术、执行技术等诸多方面，内容十分综合。围绕产品装配质量保证与性能提升、装配生产线优化与效能提升，产生了很多学科交叉的研究主题。国际生产工程科学院（Collège International pour la Recherche en Productique，CIRP）每两年召开一次装配技术与系统会议（Conference on Assembly Technologies and Systems），从其会议主题即可看出智能装配涉及领域之广。各国研究团队或围绕共性技术（计算机辅助公差设计、产品工艺规划、装配生产线优化等），或围绕特定对象的特色问题（白车身装配、飞机机身复合材料装配等）开展系统深入研究。在装配几何质量保障领域，国际生产工程科学院每两年召开一次的计算机辅助容差会议（Conference on Computer Aided Tolerancing）是最具影响力的综合性会议。美国机械工程师协会（American Society of Mechanical Engineers，ASME）每年都将装配变形仿真与设计（Variation Simulation and Design for Assembly）列为其年会的一项主题，也是各国研究者开展广泛交流的平台。美国机械工程师协会成立了装配技术相关的压力容器与管道协会（Pressure Vessel and Piping Association，PVPA）。在航空航天和汽车领域，美国国家航空航天局、汽车工程师学会（Society of Automotive Engineers，SAE）、美国航空航天学会（American Institute of Aeronautics and Astronautics，AIAA）和欧洲航天研究组织（European Space Research Organization，ESRO）等在装配连接工艺设计、振动失效等方面也开展了大量研究工作，并制定了该领域的相关标准。2017 年，中国机械工程学会生产工程分会成立了精密装配技术专业委员会。另外，国内的《计算机集成制造系统》也围绕智能装配系统的层次架构、关键技术以及示范应用等主题报道了最新研究成果。

近十年来，国内在数字化智能化装配领域取得了一定成果，计算机辅助装配工艺设计、虚拟装配和辅助装调、装配精度分析、装配界面设计与连接工艺优化技术等领域获得了发展，突破了一系列关键先进技术，研发了一批新型、高精度的柔性定位工装、机器人装配系统、自动钻铆系统等专用智能装配工艺装备。但是，我国目前只在部分汽车、电子等行业实现了自动化装配，在航空航天、兵器、船舶、数控机床、工程机械等行业的大部分产品仍以经验指导的手工装配操作为主完成。伴随着新一轮工业浪潮的来袭，纵观国内外智能装配技术发展现状可以看出，其主要发展趋势表现为：①装配工艺系统多学科交叉与综合集成；②数据与机理融合的装配性能高效精确预测；③多物理场景下的多源异构数据实时感知和状态全面监控；④面向产品质量与产线效能的装配生产线仿真与装配工艺优化设计；⑤基于多代理模型的装配过程质量控制与智能决策；⑥新原理、新技术作用下的智能化装配工艺设备研发。

随着新一代信息技术和制造业的深度融合，我国智能制造发展取得明显成效，以高档数控机床、工业机器人、智能仪器仪表为代表的关键技术装备取得积极进展。智能制造装备和先进工艺在重点行业不断普及，关键工艺流程数控化率大大提高，在典型行业不断探索，逐步形成了一些可复制推广的智能制造与智能装配新模式，为深入推进智能装配技术奠定了一定的基础。

智能装配技术作为集成技术，涉及机械、信息技术、工业工程、管理等多学科内容，且是直接面向工程需求的领域内容。一方面，其作为面向应用的集成技术，国内可充分利用国际在不同交叉领域的研究基础和成果，结合国内生产实际和软硬件基础设施现状开展深入的研究工作；另一方面，装配作为制造的最后一环，直接影响产品性能，目前愈来愈受到生产企业、高校和科研院所的重视。以装配精度设计、装配界面设计、装配工艺设计与优化技术、产线重构技术、装配测量技术为例，近年来，随着国产化核心工业软件的不断发展，国内形成了以西安交通大学、西北工业大学、上海交通大学、东南大学、浙江大学、北京理工大学、大连理工大学等为代表的研发团队，他们针对装配精度设计、装配界面设计、装配连接工艺优化、三维装配工艺设计、生产线虚拟定义和智能重组、装配测量技术等方面开展了零散的研究，开发了相应软件工具，但尚未强强联合形成核心技术突破。在装配精度设计和装配界面设计领域，以西安交通大学为代表的相关研究工作和研究成果，目前已走在了国际研究的前沿位置。但由于在柔性、混线、变工艺等生产过程中需要引入大量测量、感知设备对工业现场状态进行反馈，而我国针对高端装备与航空航天领域的定制化测量、感知技术与国际巨头存在巨大差距，自主研发的软硬件在工程实际应用推广时寸步难行。三维装配工艺设计、装配工艺仿真、装配产线仿真与负载平衡等领域的相关工业软件工具仍被达索（Dassault）、参数技术公司（PTC）、西门子（Siemens）等国际公司垄断。

总体上，我国智能装配技术发展取得了长足进步，但是从智能装配所涉及的关键技术来说，发展智能装配关键共性技术和核心装备仍然受制于人，存在智能装配等智能制造标准/软件/网络/信息安全基础薄弱、智能装配新模式成熟度不高、系统整体解决方案供给能力不足、缺乏国际性的行业巨头企业和跨界融合的智能装配技术人才等突出问题。

六、柔性微纳结构跨尺度制造

微纳制造科学与技术是研究特征尺度在微米、纳米级并具有特定功能的器件与系统的设计与制造的一门综合性交叉学科，研究内容涉及微纳器件与系统的设计、加工、测试、封装与装备等。微纳制造不仅将人类制造能力拓展到微纳米乃至原子级尺度，也将制造这一传统学科与基础学科的前沿发展紧密结合，形成一门应用性强的综合学科。如图 2-3 所示，微纳制造科学与技术的发展是制造技术、材料科学以及微电子技术等多学科共同进步的结果，其发展趋势大致分为加工尺度、器件原理、结构维度和材料种类四个方面。在加工尺度方面，以高性能集成电路（integrated circuit，IC）和 5G/6G 通信网络为代表的先进电子迅猛发展，微纳制造在光刻、原子层沉积（atomic layer deposition，ALD）等微纳米尺度加工技术基础上，加工尺度不断向原子级尺度深入；在器件原理方面，伴随着纳米尺度制造的不断深入，结构的纳米尺度效应以及量子效应凸显，并成为影响器件性能的主要因素，使得在微米尺度广泛使用的经典力学理论受到了极大的挑战，基于量子效应的量子器件得到了快速的发展；在结构维度方面，以机器人灵巧操作、飞行器智能蒙皮等为代表的创新电子需求不断增大，使得微纳结构的维度由二维、准三维、三维逐渐向四维拓展；在材料种类方面，为了满足穿戴/植入式电子、微机电系统（micro-electro-mechanical system，MEMS）医疗器件等新型应用领域需求，与之匹配的制造材料体系也由传统以半导体硅基为主的材料向柔性、非硅半导体材料、可拉伸性高分子有机材料及软硬混合/复合材料相结合的方向发展。未来，微纳制造技术将加快在新一代信息技术、民生健康、国防安全以及科学前沿技术四个主要领域的应用，以期在国民经济、社会发展以及国家安全建设中发挥更加重要的作用。

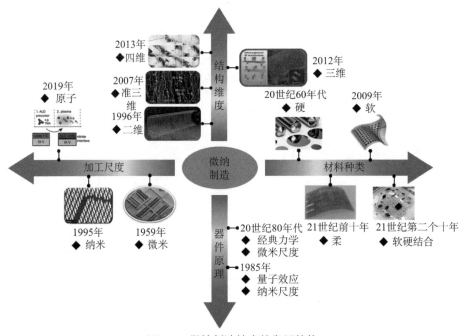

图 2-3　微纳制造技术的发展趋势

微纳特征尺寸功能构件结构复杂、界面效应强、内部缺陷分布呈新形态，微纳制造方式呈现出由传统单一场作用向包括应力场、电场、磁场、温度场等多场耦合作用转变的趋势，制造过程中材料和零部件的形态与性能可能会同时改变。发展形状、性能参数的高分辨、高准确度、高效率的多物理场、多尺度复合测量技术是支撑微纳制造新方式的关键环节，亟待从理论、技术和实现方法上进行重点研究。微纳尺度形性多参数测量的研究将主要关注：

基于极短波长的集成电路纳米结构三维形貌散射测量理论与方法；基于高分辨/超分辨显微成像技术的集成电路纳米结构缺陷检测理论与方法；跨尺度纳米精度测试理论与模型；多材料复合微结构三维全尺寸增强测量理论与技术；超高频皮米精度的微结构运动特性测试理论与技术；高空间分辨、高灵敏、高准确的纳米级微区形性参数探测方法。

柔性电子（flexible electronics）是一种技术的通称。这种电子设备在一定范围内的形变（弯曲、折叠、扭转、压缩或拉伸）条件下仍可工作。柔性电子技术有望带来一场电子技术革命，因此引起了全世界的广泛关注并得到了迅速发展。美国《科学》将有机电子技术进展列为2000年世界十大科技成果之一，与人类基因组草图、生物克隆技术等重大发现并列。柔性电子可概括为将有机/无机材料电子器件制作在柔性/可延性塑料或薄金属基板上的新兴电子技术，以其独特的柔性、延展性以及高效、低成本制造工艺，在信息、能源、医疗、国防等领域具有广阔的应用前景，如柔性电子显示器、有机发光二极管（organic light emitting diode，OLED）、印刷射频识别（radio frequency identification，RFID）、薄膜太阳能电池板等。与传统集成电路技术一样，制造工艺和装备也是柔性电子技术发展的主要驱动力。柔性电子制造技术水平指标包括芯片特征尺寸和基板面积，其关键是如何在更大幅面的基板上以更低的成本制造出特征尺寸更小的柔性电子器件。

柔性电子制造技术的主要任务在于实现任意形状、柔性衬底上的纳米特征-微纳结构-宏观器件大面积集成。柔性电子制造技术可与人工智能、材料科学、泛物联网、空间科学、健康科学、能源科学和数据科学等关键核心科技深入交叉融合，进而引领信息科技、健康医疗、航空航天、先进能源等领域的创新变革，带动相关产业实现全新跨越。美国、欧盟、澳大利亚等发达经济体的政府机构、高等院校和科研单位争相投入大量资金与人力，设立研究中心与技术联盟，重点支持柔性信息显示、柔性电子器件、健康医疗设备等方面的研究及产业化，力求在柔性显示与绿色照明、柔性能源电子、柔性生物电子和柔性传感技术等领域取得领先地位。近年来，中国把与柔性电子息息相关的新一代信息产业、先进材料、生物技术、可再生能源等列入国家战略性新兴产业。自然科学基金委针对柔性电子技术专门设立了重大国际合作项目和系列面上项目，如"面向柔性制造的人-机技能共享与互助协作方法与技术""柔性与可穿戴材料化学""个性定制与柔性制造智能化技术""有机/柔性光电子器件与集成""柔性光电子技术及器件"等；国家重点基础研究发展计划（简称973计划）则支持了"高效有机/聚合物太阳电池材料与器件研究""可印刷塑料电子材料及其大面积柔性器件相关基础研究""可延展柔性无机光子/电子集成器件的基础研究"等项目；国家高技术研究发展计划（简称863计划）也设立了"柔性显示关键材料与器件技术"专项；国家重点研发计划设立了12项与柔性电子技术相关的项目；"新一代人工智能"重大专项中的"新型感知和智能芯片"方向，则要求开发功能类似生物、性能超越生物的柔性感知系统等。

在化学与生物传感器及可穿戴设备领域，西北工业大学柔性电子研究院、南京工业大学先进材料研究院和南京邮电大学在黄维院士的带领下，在高性能有机光电材料及器件、大批量制备有机半导体薄膜系统开发，以及新型高灵敏柔性健康传感器的研制方面取得了长足的进展。成立于2017年底的浙江清华柔性电子技术研究院在柔性材料器件、柔性传感、柔性显示、柔性光学测量等各个方向均有所研究，且在柔性传感生物信号及检测方面已取得国际领先的研究成果。广东聚华印刷显示技术有限公司在柔性显示领域一直走在国际前列，是业内唯一一家"国家印刷及柔性显示创新中心"，聚焦印刷显示工艺的基础、关键技术开发和工业化应用，其所研制的印刷显示器连续多年在全球性消费电子展盛会——美国拉斯维加斯国际消费类电子产品博览会（Consumer Electronics Show，CES）上展出。不同于电子产业的其他领域，中国柔性电子的基础研究与国际水平基本同步。近年来，在政府、高校和企业的积极支持下，我国柔性电子技术多个领域的技术探索和产业化取得重要进展。在面向未来的柔性电子领域，中国有望实现"弯道超车"，成为全球柔性电子领域的重要引领者。

柔性微纳结构跨尺度制造目前的主要发展趋势包括：纳米特征-微米结构-米级器件跨尺度高精度制造方法，在非平面/大变形基板上大面积精确制造有机或无机微纳结构，满足光、电、力学等苛刻性能要求；柔性微纳结构设计与制造方法，满足柔性电子的柔性与延展性苛刻要求（变形＞50%），突破传统硅基器件的变形极限（通常其延展性不超过2%）；柔性电子设计、制造及集成可靠性，攻克柔性电子由软硬材料失配严重、反复弯折拉伸、多功能集成等特点所带来的挑战。

七、智能制造运行状态感知

复杂曲面零件具有形状复杂、结构刚度差、材料难加工、加工精度要求高等特点，容易导致可加工性差等问题，同时其最终加工表面轮廓已无法用其设计模型进行精确表述。因此，为了满足其小批量、多品种、个性化和快速响应等制造需求，必须对其几何／物理参数进行快速识别测量。复杂曲面几何测量技术是将曲面几何形态的模拟信息转换成数字信息，是智能制造运行状态感知中不可或缺的重要部分。三坐标测量机和在位测量被广泛应用于复杂曲面几何测量，范围覆盖制造全过程，其涉及的关键科学问题如图 2-4 所示。

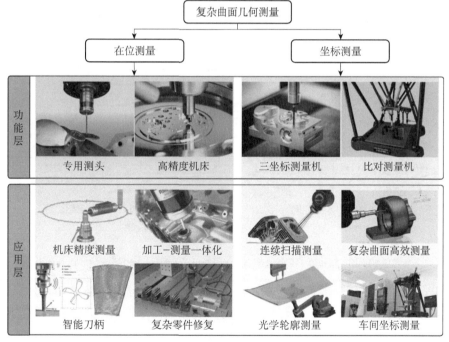

图 2-4　复杂曲面几何测量概述

1. 在位测量及其与加工过程的一体化集成制造

实施在位测量的两个必备条件是高精度测头和高精度数控机床。为了保证在位测量结果的准确性和可信度，研制了触发式高精度测头，如德国海德汉（Heidenhain）公司 TS750 测头的测量精度≤1 μm。近年来，针对触发式测头测量效率低的问题，工业界研制了连续式扫描测头，具有代表性的是英国雷尼绍（Renishaw）公司的 OSP60 测头，该测头具有精确的扫描测量和点测量能力。在位测量的广泛应用，也得益于数控机床自身精度的不断提升。同时，基于大量测量设备（如球杆仪、激光干涉仪和激光跟踪仪等），提出了数控机床精度测量与校准方法，也进一步降低了测量不确定性。

在位测量实现了加工和测量集成到同一台数控机床上，即在统一坐标系下实现了测量数据与加工数据之间的信息传递，进而构成了加工﹣测量一体化制造系统。相对于图 2-5（a）所示的传统离线测量模式，加工﹣测量一体化使得与零件数字化制造相关的形状精度、材料与性能、加工刀具和加工工艺等特征信息彼此之间相互关联［如图 2-5（b）所示］，通过过程仿真、信息获取、数据分析、面形设计、工艺规划和质量评价等处理环节形成加工误差的闭环反馈。

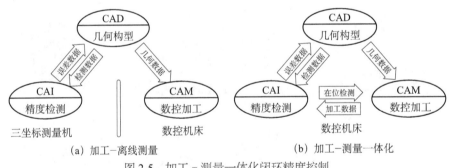

（a）加工﹣离线测量　　　　　　　　（b）加工﹣测量一体化

图 2-5　加工﹣测量一体化闭环精度控制

三坐标测量机是指在一个六面体的空间范围内，能够表现几何形状、长度及圆周分度等测量能力的仪器。目前实现三维测量的测头大体可以分为两类：接触式和非接触式。前者通过工具探头接触待测物体表面，探头随着物体表面轮廓移动，这种重建方式精度较高，但在实际应用中存在测量效率低的限制约束。近年来，随着工业生产的快节奏大规模发展，高精高效的自动化测量需求也被提上日程，连续扫描测头继承了接触式测头测量精度高的优势，也弥补了其测量效率低的缺点。不过连续扫描测头设备成本高昂，限制了其应用范围。非接触式测量将物体表面信息转换成光学、声学等信号，不需要接触物体表面就能实现三维测量。在非接触式测量中，光学三维测量因为具有高鲁棒性、高效率、全场性、非接触、易操作和高精度的优势，已经成为三维测量技术研究中的主要技术手段。

三坐标测量技术的发展受到三个方面技术突破的影响。在结构方面，材料科学的发展使得三坐标测量机部件材料由原始的钢、花岗岩向铝、陶瓷以及复合材料发展，具备了更优的动态性能。在传感器方面，每当具有全新触测原理的新测头面世，坐标测量技术均会发生一次根本性的变化。1972年，英国雷尼绍公司推出了第一款触发式测头，将其替代了原始的硬测头，将测量精度提升至亚微米级。2007年，雷尼绍公司推出的REVD五轴扫描式测头是坐标测量的一次革命性进展，实现了高精度与超高速度的坐标测量。在软件方面，2001年欧洲汽车制造协会发布I++DME接口标准，建立起一套测量软件与测量机之间统一的标准，解决了测量软件与不同品牌测量机的兼容问题，使得测量软件发展不再受硬件限制。针对当前光学三维测量在智能制造技术与装备领域的发展情况，本书将分以下几个方面具体介绍。

1）在位测量与加工–测量一体化

在位测量由传统的"数控加工–离线测量"模式发展而来，其核心技术包括测量技术、数控技术、计算机辅助制造技术和物理仿真技术等，为满足不同加工需求，演化出不同应用类型的技术，如数控机床几何/体积误差检测与补偿、自动化装夹与智能寻位加工、基于数控机床/机器人的加工–测量一体化制造、设计–加工–测量一体化制造等。当前，在位测量在智能制造技术与装备领域的发展趋势表现在两个方面。①极端环境下的加工过程实时感知与智能决策。研究复杂工况下刀具位姿偏差的实时检测与优化，基于5G的测量数据高效稳定传输、镜像铣削过程中切削深度的实时测量与控制、高温/低温环境下加工设备自身误差检测与补偿等，实现加工精度的提升。②基于多参数融合的加工过程实时监测与优化。研究加工–测量–仿真一体化加工误差闭环控制，满足智能制造时效性要求的加工过程大数据深度挖掘，基于数字孪生的加工过程实时监控与优化（Tao and Qi, 2019），研制切削过程中物理量的实时感知装置等，实现多模态加工信息实时监测与融合。

2）三坐标测量机及其检测技术

光学三维测量方法通过接收折射或反射回来的光信号对物体的表面进行

测量。如图 2-6 所示，根据光学照明信号源的不同，可以将光学三维测量分为两类。一类是借助环境光源拍摄待测物体，通过图像处理获取物体表面的三维形貌，称为被动式光学测量；另一类则是利用设备发出可控光源，并接收反射或折射回来的光，通过对返回的光进行分析对比完成物体的三维测量，称为主动式光学测量。

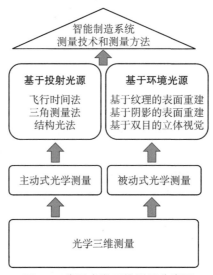

图 2-6　常见光学三维测量分类图

在位测量技术能够在机床工作台上完成加工和测量过程，实现一体化闭环数据传递及其精度控制，引起世界工业强国的高度关注。英国、欧盟分别投入较大经费资助原位测量系统和加工－测量一体化制造方面的研究，实现零件质量的在位制造和控制。

我国在加工－测量一体化方面投入巨大，并取得了很大发展，国家自然科学基金、重点研发计划和科技重大专项等大型项目均有支持，例如《"十四五"智能制造发展规划》正在推进航空航天智能制造，采用人机交互、高度柔性与高度集成的方式，推动我国航空航天智能制造装备与工艺的研发进程。经过近年来国家的大力投入，我国制造业虽有较大发展，但数控装备与在位检测仪器设备与制造业强国还有很大差距，测量与表征产品依然被国外科技公司垄断。

我国接触式三坐标经过近 40 年的发展，已经逐渐形成了 CNC 型高精度三坐标集成量产的能力，出现了青岛雷顿数控测量设备有限公司、西安爱德华测量设备股份有限公司等规模企业，然而在核心竞争力上与行业头部企业（海克斯康集团、蔡司公司）差距巨大。在台架方面，对于机械主体结构、摩擦驱动系统、气浮系统和 Z 轴的重量平衡系统，我国都已经有成熟的技术，且具备了完整的产业供应链。在测头方面，经过长期的学习、消化后，触发式测头和测座已经出现了量产企业（深圳壹兴佰精密机械有限公司），但可靠性和精度仍有较大提升空间。对于行业标杆的高精度扫描测头，国内仍处于实验室研究阶段，缺乏稳定的产品；在控制器部分，近期出现了控制器的原型产品（准正控制器等），其成熟度和可靠性与顶级的 B5 控制器仍有很大差距。在软件方面，国内已经具备了多款三坐标测量软件（AC-DMIS、DAYUMETRIC 等），具备了一般通用功能，但是其推广度仍然很低，此外，在专用领域的软件模块（叶片、齿轮等）方面，国内的三坐标测量软件仍然处在初级阶段，缺乏经过市场检验的成熟产品，无法与国外的顶级软件（PC-DMIS、CALYPSO 等）比拟。

在科学研究和人才培养方面，天津大学、哈尔滨工业大学、清华大学、合肥工业大学、北京工业大学、中国计量大学、华中科技大学、中国航空精密机械研究所、青岛前哨精密仪器有限公司等一批院校、科研院所和企业开展了三坐标测量设备的研发工作，培养了一批测量行业的应用型人才。然而由于国外企业封闭的全生态技术产品策略和优势巨大的市场占有率，国内企业满足于集成技术实现生存的定位，对于三坐标的研发和投入明显不足且时断时续，极大地阻碍了核心技术（测头、控制器和软件等）的持续研发和突破。

我国三维光学测量仪器的需求量巨大，改革开放 40 多年来，以进口的成像光学测试仪器为例，如光学传递函数仪器、激光波面移相干涉仪、激光位移双频干涉仪，以及激光自动准直仪和各种光学参数测试仪器，其购入总量不下数百台，花费的国家外汇总量多达数亿美元。自进入 21 世纪以来，随着国家经济建设和高科技迅猛发展，国家从国外大量引进通用的光学测量仪器和装备的需求也在持续增长。目前，我国自主研发的光学三维测量仪器仍然以中低端居多，国内尚有很大的光学测量仪器和装备的发展需求。

八、工业互联网与制造大数据

工业互联网作为新一代信息技术与制造业深度融合的产物，是以数字化、网络化、智能化为主要特征的新工业革命的关键基础设施。工业互联网的概念是由美国通用电气公司在 2012 年 11 月首次提出的，德国"工业 4.0"战略和"制造强国"战略第一个十年行动纲领也都将工业互联网作为实现智能制造的关键基础设施。2012 年美国通用电气公司在白皮书《工业互联网：推动思维和机器的边界》(Industrial Internet: Pushing the Boundaries of Minds and Machines) 中阐述，"工业互联网汇集了两大革命的成果——工业革命带来的无数的机器、设施、机群和系统网络方面的成果，以及互联网革命中涌现出的计算、信息与通信系统方面近期取得的成果"。2014 年，美国通用电气公司联合美国电话电报公司、思科公司、国际商业机器公司和英特尔建立的工业互联网联盟发起工业互联网活动，该活动由市场和企业来主导，由美国政府推动和倡导。2018 年，美国工业互联网联盟（ Industrial Internet Consortium, IIC ）发布的《工业物联网卷 8：词汇表》(*The Industrial Internet of Things Volume G8: Vocabulary*) 中将工业互联网定义为"物、机器、计算机与人类的互联网，工业互联网帮助明智企业利用先进的数据分析法取得革命性的商业成果"。中国信息通信研究院产业与规划研究所结合本国国情和工业发展特色，在《无线技术为工业互联网注入新动力》中提出：工业互联网是满足工业智能化发展需求，具有低时延、高可靠、广覆盖特点的关键网络基础设施，是新一代信息通信技术与先进制造业深度融合所形成的新兴业态与应用模式，是新一代网络信息技术与制造业深度融合的产物，通过人、机、物的全面互联，全要素、全产业链、全价值链的全面链接，推动形成全新的工业生产制造和服务体系，是工业经济转型升级的关键依托和重要途径。总的来说，中国特色的工业互联网是信息通信技术与制造业深度融合的产物，通过其广泛应用促进制造业生产效率的提升，化解产能过剩、资源紧张等突出矛盾。

随着制造信息化和智能传感数据采集等信息技术快速发展并应用于制造业中，制造过程的数据获取变得更加方便，并涌现出多元异构、动态耦合、价值不均匀且规模巨大等工业大数据特性（ Kusiak，2017 ）。这些工业数据已实现从太字节（TB）到泽字节（ZB）的飞速增长，数据的存储结构也日趋复杂。为了发挥工业数据的价值，可以发展数据采集、存储、管理、分析挖掘、可视化等技术及其集成等工业大数据技术，并运用统计分析、特征提取、关联挖掘、模式识别和深度学习等智能分析方法，将产品制造中的规划、设计、制造、销售、售后运维全流程贯通起来，进一步创造价值，为制造业转型升级带来新动力。因此，大数据等信息技术与制造业深度融合，有力推动了制造业在更大范围、更深层次实现更有效率、更加精准的资源配置，加速驱动制造业生产、管理、营销模式的全面变革，显著提升了制造业发展的质量和效益。制造大数据作为贯穿整个产品生产过程的新要素，是未来工业在全球市场竞争中发挥优势的关键，世界各国都高度重视，纷纷将大数据上升为国家战略。比如，美国从 2009 年开始陆续推出数据开放、技术创新、协作发展系列战略与规划。我国近年来出台了《促进大数据发展行动纲要》《大数据产业发展规划（2016—2020 年）》《关于深化"互联网 + 先进制造业"发展工业互联网的指导意见》等文件，把促进工业大数据的发展和应用作为重点任务。与此同时，政府大力兴建 5G、物联网、工业互联网、人工智能、云计算、区块链、数据中心、智能计算中心等新型基础设施，也使得工业大数据作为释放我国下一波生产力核心驱动力量的战略地位愈发显著。

工业互联网体系建设已被列为国家重点战略工作，以习近平同志为核心的党中央高度重视工业互联网发展，习近平总书记在主持中共中央政治局第二次集体学习并讲话中多次对推动工业互联网发展工作给出重要指示，强调"要深入实施工业互联网创新发展战略，系统推进工业互联网基础设施和数据资源管理体系建设，发挥数据的基础资源作用和创新引擎作用，加快形成以创新为主要引领和支撑的数字经济"（新华社，2017）。早在 2015 年，国务院就颁布了《关于积极推进"互联网 +"行动的指导意见》，并于 2017 年进一步提出《关于深化"互联网 + 先进制造业"发展工业互联网的指导意见》。《政府工作报告》连续三年部署工业互联网发展任务，并在 2020 年首次将工业互联网作为国家七大"新基建"领域之一。《中共中央关于制定国民经济和社会发展第十四个五年规划和二〇三五年远景目标的建议》以及 2020 年 6 月中央全面深化改革委员会审议通过的《关于深化新一代信息技术与制造业融合发展的指导意见》等文件都部署了发展工业互联网的相关重要任务。这一系列的国家战略部署通过政策引导、资本注入、新基建提速等措施，全方位地扶持工业互联网建设，推动制造业转型升级，实现数字经济与实体经济深度融合，促进经济高质量发展。当前，随着新技术的快速发展和应用，全球工业正在从传统的供给驱动型、资源消耗型、机器主导型、批量规模型向需求引导型、资源集约型、人机互联型、个性定制型转变。当今制造业的生产流程和产业链十分复杂，资产密集，资产性能优化空间大。工业互联网和工业大数据应势而生，有力地促进了工业提质、增效、降本、绿色、安全发展。

工业互联网受到从政府到企业的广泛关注，具有巨大的前景。目前，工业物联网的发展仍处于起步与探索阶段，尚未形成完整的模式和体系，且发展不平衡，企业集成水平不高，上下游协同较差。一些企业的数据平台尚未打通，且制造、物流、商务、用户等环节未实现很好的连接。我国的制造业从数字化向网络化的迈进，尤其是国务院常务会议审核并通过了《关于深化"互联网＋先进制造业"发展工业互联网的指导意见》，将大大促进我国工业互联网的发展。工业大数据是指由工业生产特别是工业互联网中产生的大量数据，此名词在 2012 年随着"工业 4.0"概念的出现而出现，也和信息技术行销流行的大数据有关。2020 年 5 月，工业和信息化部发布《关于工业大数据发展的指导意见》，对我国工业大数据发展进行了全面部署，进一步促进大数据与工业互联网的深度融合发展。作为智能制造的核心部分，工业互联网发展的重点已从场景探索转变为规模化普及，其发展现状呈现以下几个方面的特点。

（1）发展水平有待提高。我国的工业互联网与发达国家之间存在着很大差距，主要表现在我国的工业互联网产业支撑不足，核心技术不强、综合能力不强，体系也尚不完善，其数字化和网络化水平低，人才支撑和安全保障不足，缺乏龙头企业的引导等；制造业总体数字化程度不高，且数字化发展不平衡不充分，大部分企业处于工业 2.0 阶段，只有少部分企业达到工业 3.0 阶段，整体数字化水平较低，网络化、智能化演进基础薄弱。

（2）制造业广泛参与。我国的制造业企业参与工业互联网的路径多样化，创新了多种工业互联网平台模式。第一种模式：试图打造工业"平台即服务"（Platform as a Service，PaaS）平台，聚焦生态化构建，为其提供开放的服务，如 Predix 平台基于 PaaS 与微服务架构，搭建了应用开发者生态。第二种模式：试图打造工业 PaaS 平台，聚焦自身服务，为其提供创新能力的提升，如 MindSphere 平台汇聚自动化装备和数据，通过建模与分析，创新应用服务能力。第三种模式：打造"软件即服务"（Software as a Service，SaaS）平台，如 Ability 平台基于微软 Azure 的云设施，实现了各类应用服务的云部署。我国的工业互联网平台在推动企业降本增效、增强企业生产能力、帮助企业服务转型和帮助企业搭建产业体系等方面发挥了重要的作用，已经成为我国工业企业不可或缺的硬件和软件设施。

（3）发展潜力巨大。我国的工业互联网技术建立在传统工业与信息通信技术融合的基础之上。伴随着近年来先进制造技术、信息技术和网络技术的飞速发展，已经搭建了新型的产业体系，且制造业企业已经成为工业互联网的重要参与者。我国工业互联网的市场规模逐渐扩大，有望达到万亿元级别。

相对于工业互联网发展，工业大数据的发展呈现以下几个典型特征。

（1）工业关键软件能力有待提高。工业互联网平台的核心开发能力不足，大部分平台主要实现设备联网以及数据上云，在边缘计算、"基础设施即服务"（Infrastructure as a Service，IaaS）、PaaS、SaaS，以及高端工业软件和工业控制系统等方面，自主可控力量不足。在大数据智能分析前沿领域，科大讯飞股份有限公司等企业积极布局深度学习等人工智能前沿算法，在语音识别等领域抢占技术制高点。

（2）安全可信的大数据技术有待发展。制造大数据的平台为用户提供数据存储、使用、协同服务，工业数据的共享交换促进了多元制造数据的高效协同，提高了产业资源整合能力，故成为各国关注的重点。近年来大数据快速发展并不断向传统制造业渗透，将设计、制造、运行、维护等环节相关联，打破产业链各环节的数据孤岛，优化生产要素和大幅降低成本，实现数据共享交换，是工业大数据落地的一个迫切需求和关键技术。一方面，制造大数据环境下的业务规模和复杂度提升带来了数据泄露、非法授权使用等安全问题，迫切需要有效的安全存储关键技术和权限策略描述规范对云端存储数据进行有效保护与合理授权；另一方面，数据在共享交换时的进程面临溢出攻击、恶意代码窃取数据等风险。

（3）大数据技术的门槛有待降低。通用的制造大数据分析的解决方案已经越来越成熟，处理成本也越来越低，分布式系统和应用已经成为绝大多数大数据解决方案的框架。但大数据技术人员的短缺是大数据技术实践层面的瓶颈，对于大数据技术人员，需要在未来的发展中掌握全新的技术栈，包括机器学习和深度学习、数据挖掘和数据标注、统计和计量分析、数据可视化（data visualization）技术、一种通用编程语言（比如 Python、Scala、R、C、Java 等），以及最重要的创造力和问题解决能力。因此，为了工业大数据技术能够普惠千企百业，急需发展低代码大数据分析技术，降低使用门槛。

九、智能车间与智能工厂

智能车间与智能工厂是智能制造的载体，其发展历程与智能制造的发展历程一致。智能制造的发展伴随着信息化的进步，全球信息化历程大体可分为三个阶段：①从 20 世纪中叶到 90 年代中期是以计算、通信和控制应用为主要特征的数字化阶段；②从 20 世纪 90 年代后期至 21 世纪前十年，互联网大规模普及应用，信息化进入了以万物互联为主要特征的网络化阶段；③ 21 世纪第二个十年，在大数据、云计算、移动互联网、工业互联网集群突破、融合应用的基础上，人工智能实现战略性突破，信息化进入了以新一代人工智能技术为主要特征的智能化阶段。结合信息化与制造业在不同阶段的融合特征，可以总结、归纳和提升出三个智能制造的基本范式，也就是：数字化制造、数字化网络化制造、数字化网络化智能化制造。智能制造的概念最早出现于 20 世纪 80 年代，自 20 世纪下半叶，随着制造业对技术进步的强烈需求，以数字化为主要形式的信息技术广泛应用于制造业，推动制造业发生革命性变化，因而那一代智能制造主体上是数字化制造，本质是建立"数字化车间"和"数字化工厂"。20 世纪末，互联网技术开始广泛应用，"互联网+"不断推进互联网和制造业融合发展，网络将人、流程、数据和事物连接起来，通过企业内、企业间的协同和各种社会资源的共享与集成，重塑制造业的价值链，推动制造业从数字化制造向数字化网络化制造转变。德国"工业4.0"战略计划报告和美国通用电气公司"工业互联网"报告完整地阐述了数字化网络化制造范式，提出了实现数字化网络化制造的技术路线。"工业4.0"的本质就是基于"信息物理系统"建立"数字化网络化智能车间"，实现"数字化网络化智能工厂"。近年来，在经济社会发展的强烈需求以及互联网的普及、云计算和大数据的涌现、物联网的发展等信息环境急速变化的共同驱动下，大数据智能、人机混合增强智能、群体智能、跨媒体智能等新一代人工智能技术加速发展，取得了战略性突破。新一代人工智能技术与先进制造技术深度融合，形成新一代智能制造——数字化网络化智能化制造，建立真正的"智能车间"与"智能工厂"。智能车间与智能工厂的具体研究内容的发展现状可概括为以下几个方面。

对于制造系统建模与仿真，建模与仿真技术已被广泛应用于各行各业，智能制造的发展对建模与仿真技术的需求也更为迫切，促进了建模与仿真技术的快速发展。Simulink、ADAMS 等提供了图形化建模、仿真和分析方法，InteRobot、Robot Art 等广泛应用于机器人离线编程仿真，组态软件在流程工业、电力系统等智能建模与仿真中取得了成功应用。目前制造系统的建模与分析技术正朝着与新一代人工智能技术、大数据技术、云计算技术相结合的方向发展，通过人工智能技术为模型赋予"智能"，从而构成模型能自优化、自校准的智能建模技术。

对于制造系统生产调度，车间调度问题直接影响着生产效率与生产成本，是制造企业生产管理中不可或缺的一部分。20 世纪 90 年代以来，车间调度理论与方法一直是制造系统领域的国际研究重点。但车间调度问题在一般情况下都是 NP 问题，其求解难度非常大，其主要求解方法经历了从启发式调度规则、数学规划（mathematical programming，MP）到元启发式算法的历程。随着物联网技术、大数据技术及人工智能理论的成熟与成功应用，生产调度问题逐步聚焦于基于物联网实时数据的智能生产调度。在基于物联网的智能调度过程中，考虑动态事件的影响，系统将调整原有调度方案或重新制定方案，而其自身并不发生任何变化。研究趋势主要包括：动态事件的捕获和度量、具备自进化能力的调度算法、系统自进化调整方法、系统的生产调度自决策理论研究等。

对于车间运行分析与决策，伴随着传感器技术的发展，以及"工业4.0""工业互联网"等概念的提出，生产过程中所产生的海量数据开始被记录，人们意识到了数据的重要性，维克托·迈尔－舍恩伯格（Viktor Mayer-Schönberger）和肯尼斯·库克耶（Kenneth Cukier）出版了《大数据时代：生活、工作与思维的大变革》。因此，如何利用数据分析实现生产过程的优化和决策，为生产力的进一步提升提供了新的突破口。同时，随着欣顿（Hinton）等在《科学》上发表限制玻尔兹曼机论文，以深度学习为代表的人工智能技术的突破为数据分析提供了可靠的手段，催生了大数据驱动的智能车间运行分析与决策。当前，大数据驱动的智能车间运行分析方法以深度学习等人工智能方法为主，通过相关算法对车间运行状态进行分析，从而为车间的智能调控提供决策依据，最终实现提升制造效率的目的。相关领域成立了中国机械工程学会工业大数据与智能系统分会，有华中科技大学、上海交通大学、清华大学、同济大学等相关高校，以及西门子公司等国际知名企业从事相关研究工作。

数字孪生使能的智能车间是在新一代信息技术和制造技术驱动下，通过物理车间与虚拟车间的双向真实映射与实时交互，实现物理车间、虚拟车间、车间服务系统的全要素、全流程、全业务数据的集成和融合，在车间孪生数据的驱动下，实现车间生产要素管理、生产活动计划、生产过程控制等在物理车间、虚拟车间、车间服务系统间的迭代运行，从而在满足特定目标和约束的前提下，达到车间生产和管控最优的一种车间运行新模式。对于数据孪生使能的智能，在物理数据实时感知方面，车间分布式异构生产要素互联程度不高，数据采集不完备；在车间数字化建模方面，主要集中在生产要素几何模型构建，同时，模型及其仿真应用过程缺乏实时数据交互；在数据驱动方面，主要利用系统的历史数据和实时运行数据，对数理模型进行更新、修正、连接、补充和仿真求解；在数字化车间运行与生产管理方面，当前生产管理相关研究缺乏考虑实时数据与仿真数据、历史数据等的综合分析。未来需要针对这些不足进行深入研究。

在我国，"服务型制造"的思想在 21 世纪初就已出现，但随着近几年科学技术与服务意识水平的不断提升，相关领域学者才逐渐深入去探索其内含的理论体系与技术支撑。对于服务型和社群化制造，自从我国在"制造强国"战略第一个十年行动纲领中提出要"加快制造与服务的协同发展，推动商业模式创新和业态创新，促进生产型制造向服务型制造转变"，我国制造业逐渐向服务化转型，2021 年发布的《中华人民共和国国民经济和社会发展第十四个五年规划和 2035 年远景目标纲要》再次强调"发展服务型制造新模式，推动制造业高端化智能化绿色化"，我国将迈入全面推进服务型制造新模式的新阶段。综合近十多年文献与相关研究成果,服务型制造是一种将生产制造与服务行为相融合的、以需求与服务为导向的全新生产与商业模式。相比于生产型制造与生产性服务,该模式将传统的产业链进行前后延伸,建设有形生产与无形服务相融合的开放式与交互式运营模式,是制造业实现高端化、智能化、社会化的重要发展内容。

对于绿色低碳制造系统,1996 年美国制造工程师协会(Society of Manufacturing Engineers,SME)发布的《绿色制造》(Green Manufacturing)蓝皮书正式提出了绿色制造的概念。在工业化的进程中,世界各国都正在经历或经历过粗放式生产导致的环境污染及能源过度开发问题,如工业革命中煤炭的过度使用导致自然环境和城市环境的极端恶化。在客观现实和社会发展趋势的指引下,创造绿色发展的新型经济模式是全世界共同关注的热点。新时代"双碳"的环保目标使得绿色低碳制造系统再次得到了关注。当前,在"双碳"环境下,我国煤电、石化、化工、钢铁、有色金属冶炼、建材、装备等领域的诸多企业为降低产业能耗、提升能源利用效率,对生产制造过程中的绿色低碳制造需求十分旺盛。

21 世纪,为了在新一轮工业革命中抢占先机,世界各国纷纷加快智能制造的发展步伐,如"先进制造业国家战略"、"美国先进制造业领导力战略"、德国"工业 4.0"战略等。目前,世界上尚无完整意义的智能工厂案例,但各国都在进行积极探索。人工智能、大数据、5G 等新一代信息技术融入工厂生产的各个环节,为制造企业推进智能工厂建设提供了良好的技术支撑。国家和地方政府大力扶持,多方因素促使各行业中的大中型企业开启建设智能工厂的征程。国家出台法律法规和政策支持智能制造产业健康、良性发展。工业和信息化部连续多年实施智能制造试点示范专项行动,其中涉及多个代表性的智能工厂项目,为智能工厂的建设起到了示范作用。国内服务商积极提出智能工厂解决方案,联合知名制造业进行智能工厂的试点建设,如中国石油化工集团有限公司、海尔集团、美的集团等企业的智能工厂项目。目前,全球工业控制系统领域的头部企业都以工业互联和智能为核心产业协同模式,搭建企业信息全集成的工业大数据平台,进一步提升工业信息化水平。未来智能工厂的发展趋向于平台化、系统化,主要依托于软硬件产品及系统,工业软件的集成与发展必将成为重点。此外,通用性强的硬件也将朝模块化、标准化方向发展。未来的智能工厂更加自动化、信息化、智能化、平台化，将借助人工智能、物联网、大数据等技术，实现人、设备与产品的实时联通、精准识别、有效交互与智能控制，帮助企业实现安全、绿色、高效、节能的生产愿景，全面提升企业竞争力。

全球制造业进入新一轮技术升级周期，新一代信息技术与制造业深度融合，正在引发影响深远的产业变革，形成新的生产方式、产业形态、商业模式和经济增长点。基于信息物理系统的智能车间、智能工厂正在引领制造方式的变革，可穿戴智能产品、智能家电、智能汽车等智能终端产品不断拓展制造业新领域。当前，中国和发达国家掌握新一轮工业革命的核心技术的机会是均等的，各国均站在同一起跑线上，这为中国制造业获得竞争新优势、实现跨越发展提供了可能。但需要认识到我国绝大多数企业的车间和工厂离真正的智能化仍有较大差距，目前正在尝试尽可能做一些示范。

对于制造系统建模与分析，目前高端的制造系统建模与仿真软件几乎被国外所垄断，我国在这方面还处于起步阶段。对于基于物联网的智能车间的调度，虽然目前主流的高级排产软件仍被国外所垄断，但国内也出现了不少排产调度软件产品，且呈现"百花齐放"的势态，具有一定竞争力。我国大数据驱动的智能车间运行分析与决策等相关研究工作在 2014 年前后起步，目前已经具备了一定的基础，部分企业的部分车间也实现了智能化改造升级，个别领域达到了国际先进水平，可以有效地利用数据分析，替代人工操作，实现设备智能运维、生产智能排产、产品智能品控功能。目前我国数字孪生使能的智能车间在实际应用过程中仍存在很多问题和不足：缺乏系统的数字孪生理论／技术支撑和应用准则指导，数字孪生驱动的应用产生的比较优势不明，在产品生命周期各阶段的应用不全面。以社群化制造为代表的服务型制造新模式逐步得到了来自芬兰阿尔托大学、中国科学院自动化研究所、西安交通大学等国内外研究团队的深入研究。受国内制造业大环境、典型制造行业中企业运营状况、相关行业市场特征以及政府相关政策等影响，我国服务型制造与社群化制造的发展与发达国家还存在一定的距离。2015 年国务院发布的"制造强国"战略第一个十年行动纲领将绿色制造列为五大工程之一，为绿色制造指明了方向和目标；提出坚持把可持续发展作为建设制造强国的重要着力点，加强节能环保技术、工艺、装备推广应用，全面推行清洁生产。

2020 年发布的《中华人民共和国国民经济和社会发展第十四个五年规划和2035 年远景目标纲要》进一步强调支持绿色技术创新，推进清洁生产，发展环保产业，推进重点行业和重要领域绿色化改造。因此，当前虽然我国在绿色制造方面的研究与欧美国家有一定差距，但这既是机遇也是挑战，我国在该领域具有巨大的发展潜力。

第四节　机器人化智能制造成为智能制造发展主攻方向

我国先进制造技术水平与创新能力尚落后于世界先进水平，还远不是制造强国。航空、航天、航海等国家命脉产业核心产品制造所依赖的高端专机遭到国外禁售和禁运，成为制约我国高端制造业发展的"痛点"和"卡脖子"难题。在航空领域，我国近年来虽然在 C919/CR929、歼 -20、运 -20 等方面实现了跨越式发展，但在号称现代工业皇冠明珠的航空发动机制造领域，尚未实现重大突破。同时，对先进机型中广泛采用的复合材料蒙皮，由于缺乏专用制造装备与工艺，制造性能和产能远无法匹配新时代的国防发展需求。在航天领域，受限于火箭制造装备与工艺水平，我国目前运载能力最大的长征 5 号 B 运载火箭，近地轨道运载能力仅有 25 t，而美国现役有效载荷最大的猎鹰重型运载火箭，近地轨道运载能力为 63.8 t。在航海领域，虽然我国自主研发了世界领先水平的海洋石油 981、982 系列深水半潜式钻井平台，但核心部件 5000 kW 功率级别的全回转推进器却完全依赖进口。如何实现大型复杂构件的高效高精制造是我国航空、航天、航海等领域高端制造业面临的严峻挑战。

以航空发动机、先进飞行器、大型舰船等核心部件制造为例，涉及空天飞行器蒙皮、航空叶轮叶片、战机雷达罩、新一代潜艇艇身、全回转推进器导流管等大型复杂构件制造，这些构件不仅尺度大、型面极其复杂、材料难加工，而且形位精度与表面质量、功能集成要求极高。例如，航空发动机叶片进排气边圆角半径从 0.1 mm 到 3 mm 渐变，加工后要求轮廓度变化率不超过 ±15 μm；为实现 1.2 mm 厚铝锂合金飞机蒙皮 ±0.1 mm 壁厚精度控制，切削深度精度需达到 30 μm 以上。特殊的结构形态与严苛的制造性能要求对加工装备和工艺均提出了严峻挑战。受限于现有技术水平，我国空天飞行器蒙皮铣削加工、复杂叶轮叶片磨削加工、潜艇艇身与全回转推进器导流管焊接等主要采用"人工操作＋数控机床"的生产制造模式，无法满足多品种适应性的加工需求，同时在大范围操作时很难满足以高性能精准保证为目标的几何－性能一体化制造。

利用机器人灵巧、顺应和协同等特点，将人类智慧和知识经验融入制造过程，通过机器人化智能制造实现非结构环境下的自律制造。

近年来，以机器人作为制造装备执行体的机器人化智能制造正逐渐成为大型复杂构件智能制造的必然趋势，作为智能制造研究的一个重要突破口已引起世界工业强国的高度关注。欧盟自 2010 年起，分别针对高精度（≤50 μm）、硬质材料（钢、铬镍铁合金）、超大零件（10 m 以上）连续资助了 COMET（772 万欧元）、HEPHESTOS（335 万欧元）和 MEGAROB（434 万欧元）三期机器人加工主题的重大项目。2017 年，美国成立了先进机器人制造研究院，投入 2.5 亿美元致力于航空航天等先进制造领域机器人技术的创新应用，2019 年公布设立的 11 项重大项目中有 4 项关于大型复杂构件的机器人化智能制造，如大型复杂曲面机器人自动抛光、飞机面板机器人打磨、人－机器人合作航空复合材料层铺层等。

机器人化智能制造主要研究机器人在制造过程中的环境感知、机器人自主决策与自律适应，旨在实现人－机器人－加工对象自然交互的制造新模式，其主要研究方向包括：机器人化减材制造，实现大型复杂曲面机器人集群加工，重点研究机器人加工多模态感知与行为顺应、人－机混合智能增强与制造系统进化；机器人化等材制造，实现高性能构件机器人化复合焊接，重点研究强干扰环境下复杂构件制造的变形和性能一体化调控、强时变工况下的工艺知识表达与制造系统进化；机器人化增材制造，实现大面积功能结构机器人化喷印，重点研究跨尺度功能结构的控形控性制造、非结构化空间的自律制造。

机器人化智能制造研究正逐步朝多机器人协作、人机技能迁移、跨尺度功能结构的控形控性制造三个方向发展。多机器人协作，研究机器人时变加工工况下全场景跨尺度多模态在线感知理论，构建机器人加工行为顺应理论方法；人机技能迁移，建立面向对象的学习方法与工艺知识的迁移学习框架，实现工艺知识挖掘与智能学习，融合多模态感知在线获取空间物理信息，对多机器人开展时域运动自主编程与规划；跨尺度功能结构的控形控性制造，研究大构件微结构精细制造的高分辨率、自对准、多功能喷印制造原理，通过测量－建模－加工一体化保证加工构件／器件的精度和性能要求。未来，随着共融机器人、人工智能大数据、人机交互技术等新一代信息技术与先进制造的深度融合，机器人化智能制造将具备更高的灵巧性、顺应性和协同能力。在航空、航天、航海等国家战略领域，大型复杂构件高效高性能制造具有广阔的应用前景。

我国机器人化智能制造技术起步比较晚，与欧美发达国家尚存在一定差距。首先，工业机器人的高端市场一直被欧美"四大家族"机器人企业所牢牢把控。由于制造行业要求精度高，多要求机器人本体具有高刚度、高精度、高负载等特性，而此类机器人的核心技术多被外国企业所掌握。其次，由于机器人化智能制造多针对大飞机制造、大型船舶制造等需求，虽然我国上述行业近几年发展较为迅速，但其规模化与外国仍然具有一定差距。如何通过机器人化智能制造的发展，实现大型复杂构件的高效高精制造，是我国航空、航天、航海等领域高端制造业面临的严峻挑战。

然而，虽然我国的机器人化智能制造起步较晚，但也存在一定的后发优势。首先，我国机器人高刚度结构设计相关技术在国际上具有领先地位。自20世纪80年代以来，我国机构学尤其是与加工制造相关的并联机器人机构学在国家自然科学基金的持续资助下，取得了长足的进步，在并联机器人机构构型综合、性能评价和尺度优化三个核心内容的研究工作处于国际领先地位，能为设计出高精度、高刚度制造机器人提供理论基础。大型复杂构件普遍具有较为特定的功能要求与严苛的性能需求，因而制造过程涵盖多种加工制造工艺。我国在机器人制造工艺上也有较好基础。以大型飞机蒙皮制造为例，机身舷窗等功能区域需要采用精密铣削工艺加工，机身与机翼区域蒙皮的装配需要钻铆工艺完成，复材表面质量需要通过精密磨抛等小余量去除加工工艺保障。以华中科技大学、上海交通大学、浙江大学为代表的团队已经基本掌握了面向多种大型复杂构件的机器人加工工艺，并在应用中取得了较好的效果。

综上所述，机器人用于大型复杂结构件制造是必然趋势。然而，现有商业化工业机器人的刚度和精度无法满足航空航天等大型构件的高效高精制造需求，需要自主研制满足加工需求的机器人新装备，因此亟须加工工艺与自主研制加工机器人的融合，在大型复杂构件的机器人加工制造方面取得突破，实现我国重大装备核心技术及装备自主可控。

第三章

关键科学问题、关键技术问题与发展方向

第一节　机器人与智能制造科学问题

一、非结构动态环境下人机共融与多机协同作业机制

为突破当前智能制造在非结构环境下高品质制造面临的瓶颈，需从根源上解决机器人与人共融协作的关键科学问题，形成变革性的机器人化智能制造机制，重点应从结构、感知、控制三大层面着手。

（1）刚－柔－软体机构的顺应行为与可控性。从结构角度来讲，未来机器人将是刚－柔－软体的多体耦合系统，第一是解决刚－柔－软体机器人构型设计及其力学行为，探究刚－柔－软体机构单元组成原理，揭示多体耦合机构在自身驱动力和环境约束力作用下的变形制动机理、承受外力时的变形协调机理等；第二是研究机器人－人－环境交互动力学与刚度调控机制，发展刚－柔－软体机器人系统动力学建模和高效求解方法，探究适应环境的机器人结构变刚度设计，建立机器人、人和环境的柔顺交互理论。

（2）人－机－环境多模态动态感知与自然交互。针对多模态动态感知和自然交互，第一是在非结构环境中的多模态感知与情景理解方面，研究视、听、触觉获取方法与融合机制，探索集传感、处理与理解于一体的智能感知系统的设计方法，实现实时感知与情境理解；第二是生机电融合的意图理解，未来机器人期望能够根据人体的信号进行控制，并对人的行为意图实时准确理解。为此，需要探究生理电信号的时－空－频特性，提出人机自主和自适应的学习方法，实现人体行为意图的准确理解和人机协调互助。

（3）机器人群体智能机理与智能系统架构。针对机器人群体智能和操作系统架构，一方面，要研究个体自主与群体智能涌现机理，通过探索自主个体互动及感知决策信息的无阻尼传播机理，揭示群体拓扑演化规律，建立协同认知和行动的模型及方法；另一方面，要研究群体机器人操作系统的多态分布体系。群体机器人操作系统的核心是多态分布体系架构，需探究异构、跨域群体机器人资源管理的多态自适应框架，建立群体协作的分布式控制与互操作架构方法。

二、多能场复合制造工艺智能创成与形性演变机理

加工表面的形性创成与多能场多尺度作用下的材料增减、组织性能演变等物理和化学过程密切相关。因此，为探索加工表面的演化机理、创成高性能高精度表面，必须研究成形制造过程中多能场多尺度效应下材料微观组织－宏观流动－服役性能之间的关联规律，复合材料构件设计/制造一体化过程的界面形态精准调控、层间/相间协调变形规律和多元连接机理；研究精密与超精密加工过程中力、光、电、磁、振动和化学反应等多能场的耦合作用机理，从界面原子迁移、扩散等原子尺度作用机理出发，揭示复杂应力状态下材料去除过程中的位错、孪晶、相变等晶粒尺度演化机制，及其对材料几何精度和宏观物理、力学性能的影响规律，发展多能场耦合作用获得高性能表面的控形控性制造新原理和新方法；特种能场加工中，在电、化学、温度等多能场作用下，深入研究加工能量的传递、转化、分配机理与规律，揭示微小尺度效应下加工间隙中固、液、气三相流体的流动与加工表面几何精度、物理性能之间的关联规律。

三、模型与数据融合驱动的制造装备自律运行原理

智能制造装备与系统的智能化是在泛在感知、优化决策、控制执行的闭环反馈中实现的。因此，需要深入研究加工过程中"装备－工艺"的交互作用机理、制造系统中的信息流传递规律、多带宽复杂响应系统的同步控制、复杂工况的高可靠性多机智能交互，为突破制造装备加工－监测－检测一体化、泛在网络下制造系统运行优化等关键技术和赋予制造装备/系统"智能感知与自律执行"的能力提供理论基础。

利用新型传感器和新材料，研制新型实时监测装置，实现对加工过程中的物理量的在线监测。结合大数据和工艺知识积累，对加工过程进行动态建模，通过自主学习、自主决策和反馈控制，实现制造装备成形的高质高效加工。利用先进的知识表示和学习模型，建立工艺参数自动化设置与优化系统，以更智能的方式理解成形工艺与产品质量之间的关系。攻克工艺知识的表示与建模等关键技术，通过深度学习和强化学习等，解决工艺样本收集与工艺知识发现问题，赋予工艺知识的机器学习与进化机制。利用成形过程的重复特性，开发各工序的增强学习算法，通过自决策、自适应优化提高控制的精度，解决成形加工中非线性、大惯性、大滞后、强耦合带来的超调量大、稳定性差等难题。

实现工艺过程的实时感知、动态建模和自主调控。重点突破工艺知识表示与建模、知识进化与决策模型等关键技术，建立材料特性、产品特征、模具结构、成形工艺、装备特性、运行维护的模型库、数据库、知识库；研究基于成形数据的在线学习和模型进化机制，包括统计学、深度学习、模式识别等。通过工况在线感知、工艺知识自主学习、工艺过程持续优化、装备自律执行大闭环过程，不断提升装备的性能，增强自适应能力，是制造装备高品质智能制造的必然选择。

四、智能制造系统物质流－能量流－信息流协同耦合机理

制造过程是动态变化的，探索制造系统性能演化规律，从而实现生产过

程的精准调控与优化，是提升制造系统效率和质量的关键。制造系统是由物质（生产设备、物流设备等）、能量（生产能耗等）、信息（生产计划、指令等）等要素协同构成的复杂耦合系统。对物质流－能量流－信息流三者与制造系统性能之间的精准描述是探索制造系统性能演化规律的前提。随着生产规模、制造水平的不断进步，以及自动化、绿色化、智能化发展的不断推进，制造系统的复杂度呈现指数增长，物质流、能量流、信息流三者之间的耦合关系也日益复杂，既存在显式的因果关系，也存在隐式的关联关系，并协同作用于制造系统性能。针对任何单一维度的分析都无法对制造系统性能进行准确描述。近年来，随着数字化程度的提高，大量制造数据通过可编程逻辑控制器（programmable logic controller，PLC）、传感器和智能设备得到感知，如何利用大数据处理和分析技术，分析物质流－能量流－信息流的复杂耦合关系及其与制造系统性能的协同作用关系，是智能制造中的关键问题。通过数据信息，结合深度学习等人工智能技术，可以直接建立关系网络模型，实现复杂耦合关系的深度拟合与解耦，揭示物质流－能量流－信息流三者与制造系统性能之间的协同作用关系，从而精准描述制造系统的性能演化规律，为实现生产过程的精准调控与优化奠定基础。

第二节　机器人与智能制造关键技术

一、全场景多模态跨尺度感知与人机协同制造

智能制造旨在根据工件、工艺及自身状态，实现加工行为的自我约束，获取卓越的制造品质。因而，机器人智能制造的根基是机器人自身信息与工况信息的精准感知。具体需要从机器人以及智能制造装备自身状态认知出发，实现工件全制造周期信息的具象化，提出多模态信息感知与自主寻位机制，研究内容涵盖：机器人与智能制造装备系统多模态信息感知，实现制造信息与机器人自身时空信息的在线监控；工艺模型驱动柔性化原位测量与加工质

量评定,实现以加工工艺为导向的构件形貌信息原位测量;大场景立体传感网络测量定位系统与自主寻位,构建分级测量策略与精度保障机制,实现机器人自主寻位与人机协同制造。具体研究内容主要包括以下几个方面。

(一)机器人与智能制造系统多模态信息感知与状态监测

机器人与智能制造装备需要在如环境振动、工件复杂形貌以及自身弱刚性等多源因素耦合干扰下满足高精高效加工需求。为此,需要借助于传感、计算和加工等多个学科领域的技术,通过软硬件结合的方式来实现制造系统自身状态与制造状态的信息在线采集。这种信息交叉的理念为加工过程参数的优化以及制造系统性能的改进提供了关键的技术支持。通过精准的信息感知,机器人制造系统可以更好地适应复杂的工作环境,从而提高加工的精度和效率,满足现代企业对于先进制造技术的迫切需求。主要研究内容包括:制造过程中装备-工件变形演变机制与在线监测方法;强干扰、时变加工工况下机器人及制造系统特征的跟随感知;加工过程中作业对象力-热-位移多物理场的快速精确重构。

(二)工艺模型驱动的复杂加工对象柔性化原位测量

高端制造对象尺寸日趋庞大且表面存在非朗伯特性等特征,工件尺寸测量、加工质量评测面临巨大挑战,严重影响机器人加工余量、轨迹规划与控制参数的选择,亟须建立柔性精密的测量机制,实现面向多对象、多工艺的原位精密测量与加工质量评定,为机器人以及加工装备的加工工艺自主决策与调整提供有力的数据支撑,满足智能制造需求。应探索面向工艺与对象的柔性原位测量技术,提出大型复杂构件表面非朗伯曲面高效鲁棒测量与高精度三维重构方法,实现全局几何尺寸与局部表面质量的高质量检测评估。具体技术应包括:非朗伯复杂构件高动态范围条纹投影三维高精度原位测量;全局多站式海量弱特征点云数据拼接融合与复杂曲面重构;工艺模型驱动自优化测量策略与局部纹理-全局形位多尺度质量评定。

(三)全场景立体传感网络测量系统与人机协同寻位

机器人与智能制造普遍面临作业空间大、工位繁多、工序复杂等工况,而人机协同制造的关键在于精准获取机器人与工件相对位姿以及人与机器人之间位姿约束状态，进而在分布式自治的前提下，自主适应工件形态与制造工艺需求，结合规划技术和控制技术，实现以工艺要求为约束的自主寻位和人机协同作业。因此，关键技术应涵盖近景多视角摄影测量、移动机器人自主导航、人体意图识别等前沿基础技术，探索集 iGPS、激光跟踪仪、近景摄影测量等构成的立体传感网络测量定位策略，针对人机协同制造过程中对过程控制的位姿动态感知需求，实现移动机器人在全场景、复杂工序中的全场动态高精度测量与人机协同寻位。具体研究内容主要包括：立体传感网络动态时空信息粗精分级测量策略；立体传感网络测量定位系统标定及精度保障机制；大场景、复杂工序、多机器人自主导航及人机协同寻位。

二、非结构动态环境下多机器人协同自律控制

传统制造模式的设计、验证、生产三个阶段常常相互独立，反复验证后方可进入下一阶段。航空、航天等关键重要部件数量比较少，需要对大量构件不断进行结构优化和工艺改进，并在加工过程中进行原位测量或实时监控。传统制造模式难以针对这种研发式生产中出现的非结构化工况进行高效率制造。机器人具有自感知、自学习、自决策功能，操作具有灵巧性、顺应性、多尺度，并结合现有专家工艺知识经验与机器智能优势，能在非结构化甚至异构环境下完成制造。同时，机器人运动灵活性高、易于重构、可多机并行协同作业，可根据制造任务需要，配备长行程导轨、轮/腿式自主移动平台、爬壁吸附机器人等移动载体构成移动制造系统，并通过人与机器人、机器人与机器人之间的高效协作机制，构建形式多样的单机器人柔性制造系统或者多机器人协同制造系统，大大拓展了制造系统的空间尺度。机器人化智能制造最本质的变化是突破传统制造"电流环-速度环-位置环"装置级闭环（只能对装置自身状态进行测量，仅限约毫秒级优化），过渡到"多模态感知"装备级闭环（利用力、热、光电等方法对加工对象进行测量，实现约秒级优化）和"多机协同"系统级闭环（大型构件多机器人协同测量与信息交互，可达约小时级优化），提高大型构件、非结构化加工的装备顺应性，实现多机器人自律制造。

将多模态测量数据自动整合到工艺知识库中，形成多级闭环优化与控制，显著提高非结构化工况下的制造效率。机器人化智能制造模式给装置级－装备级－系统级闭环的有机融合和智能编程带来了全新挑战。如何提高非结构动态环境下大型构件、非结构化环境加工效能，其关键是增强机器人加工过程的多模态感知能力和装备的顺应能力，实现大型构件机器人自律制造。针对上述挑战和问题，需从工艺知识可解释学习和人机知识共融两方面开展研究：①针对不同阶段、不同层次的制造参与主体，建立面向对象的可解释性学习方法，提供制造参与主体能够理解且可快速决策的生产依据，建立目标工艺知识的迁移学习框架，实现有限数据上工艺模型的快速构建和优化，实现非结构化工况下工艺知识的挖掘与智能学习；②融合多模态感知在线获取力阻抗参数等空间物理信息，对多机器人开展时域运动自主编程与规划，建立数据驱动的工匠意图预测机制和经验抽象化描述方法，实现非结构化工况下的力位高带宽自律跟踪和人－机器人共融。

三、在线测量－加工－监测一体化闭环制造技术

以机器人作为制造装备执行体，正逐渐成为大型复杂构件智能制造的必然趋势。但目前面临的技术难题是：大型复杂构件整体尺寸大（如机翼蒙皮长达 10 m）、薄壁弱刚性（蒙皮厚度仅 2 mm）、复杂曲面结构（蒙皮前后缘弯扭结构），毛坯定位装夹变形后加工余量分布不均使得无法基于设计模型进行加工路径规划和工艺参数调控，加工过程复杂的力热耦合作用导致工件不规则变形和工艺系统持续振动，最终影响大型构件型面加工精度和表面质量。

研究在线测量－加工－监测一体化大闭环制造技术，实现大型构件曲面轮廓的测量定位、加工过程质量参数的动态监测与加工工艺参数的自适应调控补偿，是解决大型构件型面加工精度和表面质量调控问题的关键技术之一。例如，法国杜菲工业公司和空中客车公司联合研发的蒙皮镜像铣智能装备集柔性装夹定位、壁厚在线测量、加工状态监测与加工误差补偿等功能于一体，通过镜像对称移动铣削提升加工区域局部刚度，通过轮廓在线测量与微量切深补偿精确调控刀尖点－支撑点间距，实现了加工壁厚的闭环控制。参考上述案例，将工件在位在线测量与加工状态实时监测和共融机器人、人工智能

大数据、人机交互技术等新一代信息技术及先进制造的深度融合，必将进一步提升机器人化智能制造系统的柔顺性、自律性和人机共融能力，适应工件薄壁柔性结构与复杂多变的加工环境，提升制造系统的灵巧性和产品加工质量。

四、人 – 信息 – 物理系统数字孪生建模

智能制造是新一代人工智能技术和先进制造技术的深度融合，为了实现设计、加工、装配等制造目标，由相关的人（主宰）、信息系统（主导）以及物理系统（主题）有机组成综合智能系统，即人 – 信息 – 物理系统（human-cyber-physical systems，HCPS）。智能制造的实质就是设计、构建和应用各种不同用途与不同层次的 HCPS，其根本目标是提高质量、增加效率、降低成本、增强竞争力。

有效建立 HCPS 不同层次的模型是智能制造的关键技术，是制造系统实现数字化、智能化的重要基石。数理建模方法虽然可以深刻地揭示制造系统的客观规律，却难以刻画 HCPS 的高度不确定性与复杂性问题；大数据智能建模可以在一定程度上解决制造系统建模中的不确定性和复杂性问题，但难以反映内部变量间因果关系。因此，数据 – 知识混合驱动的 HCPS 机理建模成为未来发展的新范式。

制造中的知识是隐藏在制造技术背后的研发技术、工艺方法、保障经验等，具有隐性的、难以符号化表达的特点，由行业专家梳理形成知识体系，通过知识图谱、机器学习、自然语言处理等人工智能技术实现专家智慧、经验的标准数据化显性表达，运用数据驱动的机理建模方法挖掘制造 HCPS 运行规律，实现数据 – 知识混合驱动的 HCPS 建模。最终使得制造知识的产生、利用、传承和积累效率均发生革命性变化，人的智慧与机器智能的各自优势得以充分发挥，从根本上提高智能制造系统建模的能力。

五、不确定与不完全信息下制造系统多目标智能决策

随着市场竞争的日益激烈，产品需求更加多样化，制造系统的复杂化程

度越来越高,在复杂制造系统中充满了众多不确定性因素,包括完全未知的不确定性因素、基于对未来猜测的不确定性因素以及可预测可统计的不确定性因素。不确定性的存在致使在制造系统运行管理过程中做决策时的依据信息也是不完全的。制造系统的复杂性还体现在运行管理过程中往往存在多个优化目标,这些目标往往是相互冲突的,给制造系统的智能决策带来了很大的难度。因此,不确定与不完全信息下的制造系统多目标智能决策是亟须突破的关键技术之一。

为突破制造系统多目标智能决策的关键技术,首先需要借助新一代信息技术对制造系统进行赋能,使制造系统中的不确定因素从根源上被消除,并使信息流的传递更快捷、更通畅,随后需要借助大数据分析、人工智能算法等工具挖掘制造系统运行的潜在规律,解耦各个生产要素之间的复杂耦合关系,对制造系统中的不确定因素进行准确预测,从而最大化地获取智能决策所需要的信息。在对不确定性信息尽可能精准预测的基础上,分析不同生产因素对制造效率的影响,建立考虑多冲突目标的主动调控模型,及时主动规避车间运行过程中出现的异常问题,形成"预测 + 调控"的主动决策模式,结合智能优化算法、多目标优化理论对制造系统的多个目标实现均衡优化。

第三节　机器人与智能制造发展方向

一、非结构环境下的人 – 机 – 环境共融制造

该方向的发展重点围绕两大目标展开,其核心在于通过主动感知来实现人 – 机 – 环境状态的理解以及人机协调控制,在此基础上实现制造系统自学习并推动其自进化。

(一)制造状态多模态感知与人机协调控制

非结构化环境下智能制造的关键在于制造状态的多模态感知与行为顺应,

亟须研究多模态感知下的自律制造新原理，形成主动感知下的人－机－环境状态理解；研究机器－工件系统动力学行为和全域分布式性能调控理论，建立多机时空协同和多工序时间协同的智能、高效控制策略，形成"全域测量－自主操作－协同加工"一体化的大闭环制造理论体系。主要发展方向包括：针对复杂制造对象的精细表面制造，研究全场景多模态感知与多元数据融合方法，探索多机协同自律制造新原理，建立工艺系统动态行为约束的多机器人拓扑重构新模式，提出自律感知、决策、执行的多机器人集群制造新方法，形成工艺系统制造性能定量评价体系；建立"机器人－工具－工件"耦合交互动力学模型，揭示多物理场环境下多机器人变拓扑动力学行为对制造精度的影响规律，分析力位信息的时空转换关联关系，形成能量－精度传递链；建立多源耦合激励下的多机器人制造系统动态响应机制，研究多机器人－工件全域分布式性能调控理论，提出变工况下类人手操作能力的生物启发式顺应控制方法；建立全场景、多任务空间的测量视场－测量精度耦合调制理论模型，形成微米级到米级跨尺度测量；建立面向制造对象的机器人集群自主编程、自主寻位机制，研究多机器人时空协同和多工序时间协同的智能高效控制策略；融合移动加工、全局定位与局部检测技术，形成"全域测量－自主操作－协同加工"一体化的大闭环多机器人制造理论体系。

（二）人－机－环境共融与智能制造系统进化

实现人－机－环境共融的关键在于机器的自主学习和人机自然交互理论与方法，利用多模态传感智能理解人体意图、机器人与环境状态，构建人与机器人之间"心领神会"式的智能交互模式，以推进人与机器人之间的理解与协同；提出混合增强智能方法，研究人与机器人的知识共享并逐步进化机制；建立人机共融的协同自治理论，推动机器人化智能制造系统的自组织调控与自主优化。主要发展方向包括：研究环境状态变迁、人机交互行为、执行方式及其控制和决策的可解释性学习理论，探讨从数据本质到算法设计的基本原理，理解决策背后的推理规则。构建人机交互模型的可解释性量化模型，制定通用的多指标综合评价框架模型，建立模型准确性与可解释性的综合评价标准。充分考虑人机交互中任务的高精度、高效率和透明性，研究高可信度决策部署能力的优化方法，最终确立人与机器人间的高度协同关系；

促使人与机器人在信息传递、相互作用、协同决策上建立自然交互桥梁，提出基于人体运动和电生理信号的操作意图提取方法，突破现有交互模式的信息与物理障碍，形成以神经科学、智能感知、人工智能为基础的新型智能交互技术；研究人机混合增强智能，结合专家知识经验和机器智能优势，赋予机器人自感知、自适应、自学习、自决策功能，使机器人化智能制造能够适应更加复杂多变的加工环境；构建人－机器人－构件－工艺－环境信息物理系统与虚实交互模型，提出面向多目标/多任务的机器人集群任务规划与调度方法，以及人－机－环境共融的机器人化智能制造系统的协同自治理论，构建多层级/多粒度人机交互感知与学习的混合决策机制，提出基于因果推理与关联预测深度融合的制造系统自适应优化方法，实现机器人化智能制造系统的人－机－环境共融。

二、非友好作业环境下的机器人化智能制造

随着制造装备自动化程度的提升，人力在制造过程中已经得到了一定程度的解放，然而在许多制造环节尤其是对灵巧性、复杂性较高的领域，制造装备仍然对人工操作具有较高的依赖性。由于人在体力、重复性以及对环境适应性方面的限制，人工制造的环节对整个制造过程在生产效率和品质需求方面的短板效应随着其他环节自动化程度的提升而逐渐凸显。另外，很多在恶劣工况、高强度条件下的工作也不利于劳动者的身心健康。随着新型机器人在灵巧操作、智能化决策方面的快速发展，机器人化智能制造将能够越来越多地替代、转移人的高强度、重复性劳动，对于提升制造效率、更好地解放劳动者在非友好作业环境下的工作具有非常重要的意义，也是制造发展的重要方向。

机器人化智能制造能够取代人做恶劣环境下的工作。目前有大量人工作业需要在高温/低温、易燃、易爆、放射性等危险环境中进行，工业机器人能够适应多环境工况，且其大负载、高精度特点也使其能够胜任高强度、重复性工作。另外，机器人本身良好的可移动性和可重组特点使其对于在高空、水下甚至太空、深海等传统机器装备难以到达的空间中作业也具有很好的适应性。

具有良好顺应性和多模态感知、交互控制能力的机器人可以逐步代替人做高重复性的技巧类工作。以往的自动化制造装备往往精度有余而技巧不足，对于许多诸如磨抛、装配类工作，往往无法通过对位置的编程来完成。随着越来越多针对不同任务的"能工巧匠"型加工机器人的发展，这些具备了柔性顺应、智能交互和学习进化能力的机器人不仅能够通过对多样信息的感知和融合学习人的操作过程，还能进一步提供更高的效率、更好的一致性，从而将人力从这些重复性工作中解放出来。

机器人还可以在人类无法适应的跨尺度条件下工作。以空天飞行器蒙皮、航空叶轮叶片、可展开孔径雷达、新一代潜艇艇身、全回转推进器导流管为代表的大尺度构件的制造关系到我国航空、航天、航海领域的长远发展，代表电子、生物、医药领域未来方向的微纳制造关乎国民经济和产业发展，机器人的发展正顺应着跨尺度制造的需求，从适应超大尺度到极小尺度的机器人系统和机器人化智能制造工艺是各领域的研究与应用热点，未来有望在许多领域取得一系列的突破。

机器人不仅能够独立地参与制造过程，还能够进行集群化，实现精细化分工与并行作业，突破人在集群协作方面的上限。对于大型复杂零件（如风电叶片）的制造，当前主流的人工 + 数控机床加工方式效率低下、一致性和精度差，难以解决曲面零件拓扑结构复杂与质量要求严苛之间的矛盾。机器人具有配置灵活、柔性高效、并行协同作业性能好等优点，适合大型产品集群协作式制造。

人类向深空、深海领域探索的不断推进，以及我国"一带一路"建设的不断推进，对航空、航天、航海装备制造能力提出了更高的要求。未来，随着共融机器人、人工智能大数据、人机交互技术等新一代信息技术与先进制造的深度融合，机器人化智能制造将突破机器人化制造系统的柔顺性、自律性和人机共融能力，在航空、航天、航海等国家战略领域具有广阔的应用前景，代表着智能制造发展的主攻方向。

三、基于泛在信息感知与操作融合的泛在制造

传统加工装置多属单机独立固定式，并行协作能力差、效率低下，亟须

从空间上突破单机独立固定式的缺点。机器人化智能制造具有操作空间大、配置灵活、柔性高效、并行协同作业性能好等优点，借助于强大的信息感知技术和机器人操作行为顺应能力，适合大型、复杂、多品种小批量的航空航天领域零件"即插即用"式加工。发展机器人化的"即插即用"泛在制造模式，是提升加工效率和突破加工模式的关键。然而，基于泛在信息感知和操作行为顺应的泛在制造仍存在如下问题：①大尺寸高精度作业空间中机器人感知系统全域智能程度低，不同尺度、强干扰、时变加工工况下易受环境特征影响，测量精度、适应性和鲁棒性差，加工过程多模态信息感知缺乏深入研究；②多机器人之间、机器人与大型复杂构件之间的交互作用机理不明，机器人－工件系统的协调顺应、双机耦合协作、多机多工艺并行协同控制方法较为缺乏，需要提升操作融合能力。基于泛在信息感知与操作融合的泛在制造模式的重要发展方向如下。

（一）加工系统多模态信息感知与状态监测

即插即用的机器人泛在制造模式需要在强干扰（高频噪声、切削振动等）、复杂几何约束（非结构化工作环境下狭小运动空间内的干涉避免）、多物理量（力－热－变形）耦合等非传统车间的工作环境下，实现加工过程的几何物理量的在线感知与机器人加工系统状态的在线监测，因而加工系统的多模态信息感知与状态监测是关键。研究应从感知原理、技术与系统等多个层面出发，实现软硬件结合的加工系统自身状态与加工状态的信息在线采集，为加工参数与机器人自身状态的敏捷自律调整提供关键的信息保障。探索基于视觉、力觉和触觉等多源信息的泛在感知与状态监测模式，研究时变加工工况下全场景跨尺度多模态在线感知理论，实现复杂环境下机器人泛在制造的精确感知和监测。

（二）多机器人协同自律制造新原理与新模式

针对大型复杂零件高效加工的多机器人协同制造需求，探索多机器人协同自律制造新原理，建立工艺系统动态行为约束的多机器人拓扑重构新模式，提出自律感知、决策、执行的多机器人制造新方法，形成工艺系统制造性能定量评价体系。构建多机器人行为协同作业框架，探索多机器人－环境多点接触交互对零件加工品质的影响规律，研究环境适应的集群拓扑重构理论，建立多机器人－工件系统的协调顺应、多机多工序并行协同控制方法，实现大空间多机器人全域感知与群智加工。

（三）多机器人集群加工动力学行为与性能调控机制

建立"机器人－工具－工件"耦合交互动力学模型，揭示多物理场环境下多机器人制造系统动力学行为对工艺精度的影响规律，分析力位信息的时空转换关联关系，形成能量－精度传递链；建立多源耦合激励下多机器人制造系统动态响应机制，研究多机器人－工件系统全域分布式性能调控理论，形成复杂工况下机器人集群制造的动力学优化机制；研究机器人与非结构化环境接触的自适应阻抗控制理论，提出变工况下具备类人手泛在操作能力的适应性生物启发式顺应控制方法，实现时变环境中机器人作业的接触力柔顺控制。

四、全生命周期绿色制造

面向传统产业绿色转型升级、战略性新兴产业绿色发展以及循环经济产业发展需求，制造企业相继运用各种先进信息化技术来解决可持续制造中的各类问题，由此提出全生命周期的绿色制造。绿色制造是一种综合考虑环境影响和资源消耗的现代制造模式，其目标是使得产品在从设计、制造、包装、使用到报废处理的整个生命周期中，对环境负面影响小、资源利用率高，使得企业经济效益与社会效益得到协调优化。

全生命周期绿色制造主要研究绿色产品创新设计、新一代绿色加工工艺与节能管控、资源回收利用与再制造等方面的核心技术和行业共性关键技术，旨在实现产品绿色化设计、清洁化生产、资源全面节约与循环利用，推动传统制造企业的绿色转型升级以及培育和壮大资源回收、再资源化深加工、再制造等绿色产业，形成绿色制造新模式。全生命周期绿色制造的重要发展方向如下。

（一）绿色产品创新设计

在保证装备、汽车、电子电器等制造产品使用性能的条件下，研究轻质、高强度新型复合材料替代技术，实现产品材料绿色升级。构建以产品结构布局、尺寸、外形等为设计变量，以结构的强度、刚度、阻尼特性、热稳定性等为约束条件，以产品质量为优化目标的产品轻量化设计技术，实现产品结构轻量化。研究基于能量动态平衡模型和运动部件轻量化的产品节能设计技术，实现产品高能效设计。研究产品可拆解／可回收／可再制造设计技术，实现产品关键零部件的资源回收再利用。

（二）绿色加工工艺与节能管控

围绕装备、汽车、电子信息等重点行业，研究高效清洁、节能环保的新工艺和新技术，包括高速干式切削技术、切削加工工艺节能优化技术、激光加工技术、基于水油气三相流的微量润滑切削技术、低温冷风微量润滑切削技术、绿色无镀铜焊丝技术等。研究装备、汽车、电子信息等重点行业制造过程中节能监控、能耗定额管理、运行能耗优化管控技术，开发相关平台系统，降低机床装备、加工产线、生产辅助设备运行能耗。研究余（废）热回收技术及系统，有效利用工艺过程和设备余（废）热。研究工厂资源、能源、环境排放管控技术，开发工厂绿色增效云服务平台，降低资源、能源消耗和环境排放。

（三）绿色回收利用与再制造

我国智能制造技术产业领域的升级转型和更新换代导致了废旧设备产品数量激增，且这些废旧产品普遍存在报废时间、报废部件以及报废程度各不一致的特点，对废旧产品绿色回收利用提出了更高的要求。因此，亟须研究废旧产品可回收性分析与评价技术，探究废旧产品高效绿色拆解工艺优化技术，开发废旧产品零部件高效绿色清洗工艺，提出个性化定制的废旧产品再设计与在役再制造关键共性技术，研发逆向物流调度优化技术及系统，实现废旧产品的综合高效绿色回收利用。

综上，开展绿色产品创新设计、新一代绿色加工工艺与节能管控、绿色回收利用与再制造等阶段的全生命周期绿色制造研究，将综合提升我国制造业装备及产品的国际竞争力，并改善资源消耗效率、降低环境负面影响。

五、全要素全流程互联互通制造

随着智能传感器的广泛应用，工业生产中的人机料法环（人员、设备、原材料、方法、环境）等生产要素，产品设计、制造、销售、物流等流程，以及上下游的所有资源信息通过互联网实现了互联互通，不仅能将原材料、产品、智能加工设备、生产线、工厂、工人、供应商和用户紧密联系起来，而且能利用跨部门、跨层级、跨地域的互联信息，高效共享工业经济中的各种要素资源，通过自动化、智能化的生产方式降低成本、提高效率，帮助制造业延长产业链，推动制造业朝着智能制造方向转型发展。基于制造全要素全流程互联互通的特点，智能制造需要在制造模式、隐私保护以及安全防护三个方面发力，保障制造业安全可靠高效地快速发展。全要素全流程互联互通制造的重要发展方向如下。

（一）转变制造模式

工业互联网、数字孪生等新技术在工业上的深层次延伸和应用，助推实现了全要素全流程的全面感知和互联互通，具有多品种小批量、定制化特点的柔性制造模式成为现实。柔性制造工厂集成互联网、人工智能、机器人技术，建立在数字化制造基础之上，挖掘产线柔性制造的构造机制，刻画制造过程中的时变非线性机理模型、数据驱动动态预测方法、多目标优化技术，实现优化柔性制造过程解决方案、分布式智能协同调控和生产方式组织变革的柔性制造。面向未来工业互联网柔性化制造全流程的流畅性与稳定性要求，精准刻画未来工业互联网生产链制造全流程中的误差传播、有效识别生产流程的脆弱性、定量评估生产线重构的收敛性等问题是柔性制造需要解决的基础问题。柔性制造领域涉及多工作台、多工序的多过程加工耦合问题，并且具有资源分布式特点，因此，建立基于误差传播模型与多过程耦合机理的分布式资源调控机制，保障柔性生产的稳定性，是实现柔性生产全流程整体优化的必要途径。

（二）加强隐私保护

智能制造的数据和知识是基础，涉及大量制造企业的核心技术和商业机密。如果不能有效解决隐私保护问题，全要素全流程互联互通就很难实现。隐私保护问题涉及数据的互联互通以及工业互联网在全产业链的共享，为了实现数据安全共享和增强数据的隐私保护，需要对以下几个方面进行研究：发展机器学习新技术并将其与差分隐私、同态加密等隐私保护技术相结合，提供足够强的安全性；发展基于区块链和联邦学习结合的去中心化隐私保护策略，解决设备与服务器之间的通信问题，提高联邦学习效率，减少网络延迟，降低通信成本；改进联邦学习算法，节省参与设备训练所需的时间和资源消耗，极大地提高联邦学习的效率；发展联邦迁移学习方法，解决数据类不平衡情况以及参数化模型造成严重的学习发散等问题。同时，基于区块链技术将密码学技术应用到去中心化网络中，具有存储的数据不可篡改、可溯源的特性，实现可伸缩、灵活和分布式的网络，以避免在集中式系统架构中出现问题。此外，基于区块链技术中先进的数据加密算法可以提供标准和协议，实现新的制造模式且解决安全性和身份问题。结合区块链和联邦学习以及机器学习算法和人工智能相关的理论，建立隐私保护框架，去除企业的安全隐患，打破数据孤岛。

（三）主动安全防护

工业互联网是实现制造全要素全流程互联互通的关键技术，目前各种网络攻击层出不穷，安全有效的防护技术是智能制造顺利开展的保护罩。基于工业互联网运行中网络和系统运行的实时信息，充分利用区块链、人工智能、大数据、可信计算等技术，结合流量分析、数据检索、设备指纹、可视回溯等技术，在网络威胁预警、恶意数据检测、加密攻击监测、通信传输保护等方面进行研究，定制适用的工业互联网网络安全主动防御技术，利用网络质量控制、故障分析、远程监控等手段来保障工业互联网的网络功能安全及性能，可以在恶意入侵行为对工业互联网的网络信息系统产生影响之前，实现工业互联网的安全态势感知和风险预警，使得工业互联网的防护策略从被动安全防护向主动智能防御转变。

第四节　机器人与智能制造研究前沿

一、共融机器人

（一）国家产业发展与战略需求

机器人被誉为"制造业皇冠顶端的明珠"，是衡量一个国家创新能力和产业竞争力的重要标志，有望成为下一轮工业革命的重要切入点。大力发展工业机器人是重塑我国制造业竞争优势的重要途径和手段，也是加快我国工业转型升级的务实之选。我国现在已是全球最大的制造业国家，有"世界工厂"之称，但这在很大程度上是由大量的劳动密集型产业贡献而来的。要保持制造业主要国家地位，就面临开启产业升级模式，推动自动化、信息化、智能化发展的挑战。随着国民经济的快速发展以及生产技术的不断进步和劳动力成本的不断上升，如何进一步提高生产率、提升产品质量、降低劳动强度和改善劳动条件已经成为不少企业必须考虑的问题。作为先进制造业中不可替代的重要装备和手段，工业机器人的应用和普及自然成为企业较理想的选择。

我国国计民生发展对机器人需求量巨大。随着我国工业转型升级、劳动力价格上涨、环保资源制约以及老龄化社会的到来，中国发展的人口红利正在不断消失。国计民生所关心的主要问题包括：①面向提高经济发展质量和效益，着力提升"中国制造"的品质和"中国创造"的影响力，大力研发新品、多出优品、打造精品；②面向保障国家安全，解决好关乎粮食安全、信息安全、国防安全等重大科技问题；③面向增进民生福祉，用科技和创意解决人们衣食住行和其他日常生活中的难题，推出更多为亿万群众喜爱、创造新需求、形成新产业的产品和服务；④面向生态建设和可持续发展，促进环境保护、能源资源开发和高效清洁利用等。这一切都促使我国成为全球最大的机器人需求国，机器人作为促成我国未来创新型社会的重要科技手段，经济和社会价值巨大。

为促进我国机器人产业健康发展，工业和信息化部等部委陆续出台一系列后续产业发展促进措施。早在 2006 年 2 月，国务院就发布《国家中长期科学和技术发展规划纲要（2006—2020 年）》，首次将智能机器人列入先进制造技术中的前沿技术。但在较长时间内，由于技术和市场需求的限制，我国机器人发展较为缓慢。2015 年，国务院从国家战略层面描绘出建设制造强国的宏伟蓝图，提出了通过三步走实现制造强国的战略目标，并明确了九项战略任务和十大重点领域。机器人方面，围绕汽车、机械、电子、危险品制造、国防军工、化工、轻工等工业机器人、特种机器人，以及医疗健康、家庭服务、教育娱乐等服务机器人的应用需求，积极研发新产品，促进机器人标准化、模块化发展，扩大市场应用。突破机器人本体、减速器、伺服电机、控制器、传感器与驱动器等关键零部件及系统集成设计制造等技术瓶颈。2016 年工业和信息化部、国家发展和改革委员会、财政部联合印发《机器人产业发展规划（2016—2020 年）》，明确了 2020 年的具体发展目标：自主品牌工业机器人年产量达到 10 万台，六轴及以上工业机器人年产量达到 5 万台以上；服务机器人年销售收入超过 300 亿元，在助老助残、医疗康复等领域实现小批量生产及应用；培育 3 家以上具有国际竞争力的龙头企业，打造 5 个以上机器人配套产业集群。2016 年 7 月，自然科学基金委启动"共融机器人基础理论与关键技术研究"重大研究计划，共融机器人是指能与作业环境、人和其他机器人自然交互、自主适应复杂动态环境并协同作业的机器人（Ding et al.，2018）。面向智能制造、医疗康复、国防安全等领域对机器人的需求，开展机器人结构、感知与控制的基础理论与关键技术研究，为我国机器人技术和产业提供源头创新思路与科学支撑。从 2016 年开始，科学技术部启动国家重点研发计划"智能机器人"重点专项，支持围绕智能机器人基础前沿技术、新一代机器人、关键共性技术、工业机器人、服务机器人、特种机器人等方向开展研究。

（二）未来 5～15 年发展趋势

针对未来机器人，欧美发达国家纷纷设立了专门的研究计划。美国于 2012 年发布了美国国家机器人计划（National Robotics Initiative，NRI），提出将合作机器人作为研究的重点，由美国国家科学基金会、国家航空航天局、国家卫生研究院、农业部和国防部等机构共同部署与实施，优先资助用于制造业、空间和海洋探测、医疗保健和康复、军用和国土安全、环境监测、基础设施防护、食品生产、生产营销、提高生活质量的辅助设备、安全驾驶等领域的机器人基础理论与应用研究，2013年又提出了《从互联网到机器人：美国机器人发展路线图》。2010年，欧盟启动的第七框架计划（2007～2013年）、"地平线2020"以及"火花"等机器人研发计划中，也明确将合作机器人作为研发重点，融合机电一体化、人工智能、多模态感知、新能源新材料、网络通信、认知科学、人机交互、仿生设计等最新技术，研究更具竞争力的系统工具、人机交互机制、机器人自主意识等核心技术，广泛用于先进制造、应急救灾、公共安全、医疗康复、助老助残、智能家居、教育娱乐等领域。从这些计划设置内容来看，机器人的研究和发展呈现如下特点。

1. 关键技术一：刚－柔－软体耦合、结构与行为仿生机制研究现状及发展趋势分析

就机器人结构特征而言，其总体发展趋势是从刚体到刚－柔耦合再到刚－柔－软体耦合。例如，针对铣/钻/抛/磨削加工、高速轻载操作等工业与产业需求，机器人正逐步从刚体、刚柔混合到柔性来获得更多的自由度和更强的顺应性，以实现曲面适应性和柔顺抓取等功能。再如，针对医疗康复、助老助残等应用需求，机器人结构从刚体、刚柔混合发展到柔体、软体甚至流变体，以实现对任务及环境的高度适应性和安全可靠操作。

连续体和软体机器人统称为柔软体机器人，其研究自诞生起的短短数年内即迅速成为机器人学领域的研究前沿和热点。近20年来，美国、日本，以及欧洲国家的多家研究机构不断开展连续体机器人理论和关键技术的研发。欧盟第七框架计划项目资助两个连续体机器人项目——"复杂与可变动态环境中工作的连续体机器人""在受限及危险环境下工作的小型化连续体机器人"。美国2013年公布的《从互联网到机器人：美国机器人发展路线图》将"高灵巧蛇形连续操作机构"作为未来研究的关键技术（Wright，2020）。软体机器人是当前机器人技术领域研究的新宠，2010年以来有关软体机器人的研究成果在《科学》、《自然》及其子刊、《美国国家科学院院刊》（*Proceedings of the National Academy of Sciences, PNAS*）等期刊上连续报道。美国斯坦福国

际研究院最早开展了具有"机械智能"的超大变形软体功能材料的研究，发明了多种基于介电高弹聚合物的软体执行器、传感器、换能器和人工肌肉。哈佛大学的"软体机器人"（Soft Robotics）项目研究新型软体功能材料的力学特性、大变形驱动机理、非线性动力学行为、新型驱动以及驱动-传感-控制一体化的软体机器人。美国麻省理工学院则研究具有自主运动控制能力的软体功能材料驱动器、软体机器鱼、软体平面操作器等。欧盟第七框架计划已资助两个软体机器人项目——"新型软体驱动技术""水下自主运动的八臂软体章鱼机器人"。电气与电子工程师机器人与自动化学会（IEEE Robotics and Automation Society）新成立了软机器人技术委员会，2014 年创办了专业期刊《软体机器人》（*Soft Robotics*）。总体上，目前国际上对软机器人的研究工作还处于初级阶段。

机器人结构特征的变化必然给传动与驱动方式和机器人动力学带来革命。探求具备集成化、小型化、柔性化、高功率密度的驱动传动机理及技术一直以来受到各国科研工作者的高度重视。1992 年，用于制作人工肌肉离子聚合物-金属复合材料（ionic polymer metal composite，IPMC）的电驱动特性被发现，1999 年召开第一届关于可扩展认证协议（extensible authentication protocol，EAP）的国际会议以及开展用 EAP 驱动的机械手与人手进行力量比赛后，包括美国、日本、韩国在内的多个国家研究机构和企业都对 IPMC 进行了全面研究，2000 年以后，这项技术得到了长足发展，形成了多种新型驱动传动集成化作动器，如蝠鲼形作动器和蛇形作动器等。近年来，具有高功率密度特征的液压式及电液混合式驱动器在大负载仿生机器人"大狗"（Bigdog）中也得到成功应用。随着机器人技术的发展，对驱动传动机构集成化、柔性化甚至自驱动性能的需求不断提升，此类研究已渐成热点。总体上，对于新型驱动传动机理及技术的研究，作为机器人研究领域的基础和热点问题，尚处于原理探索、样机试验阶段。

目前国内外学术界开展的机器人需求的动力学理论研究体现了对未来机器人设计和可实现性的基础与引领作用。刚柔耦合动力学便是典型代表，其研究最早可追溯到 1972 年米诺（Mirro）的工作，经过 50 余年的发展，其主要进展表现在：①建立了各种不同柔性模型并考虑接触碰撞效应；②发展和完善了相应的动力学分析方法和计算方法；③建立了智能驱动和环境交互动力学理论；④应用了新型柔性和软体材料及其复合结构制备的仿生机器人动力学新理论。在针对机器人柔性臂和柔性铰的研究方面，绝对节点坐标法（absolute nodal coordinate formulation，ANCF）已成为研究柔性机器人刚柔耦合系统动力学的基本分析方法，为了提高计算效率，国内外的许多学者提出了其他方法，目前考虑刚柔耦合、大变形、碰撞和变拓扑、多物理场耦合等关键因素的建模、分析和高效计算是研究重点。在建立智能驱动和环境交互动力学理论方面，以俄罗斯科学院为代表的科研机构开展了高水平的研究。智能驱动器在系统的稳态平均速度、优化、控制和实验研究等方面已经取得了重要进展。目前需要通过振动驱动移动系统的非光滑动力学分析方法的创新和新的优化手段来解决智能驱动和环境交互的协同关系，以便进行移动系统的优化和控制。在应用新型柔性和软体材料及其复合结构制备的仿生机器人动力学新理论研究方面，目前的重点是智能软材料与结构的建模以及相应的动力学分析方法创新和结合理论建模以及材料－结构－系统一体化的优化设计，以实现高性能的基础部件以及软机器人整体高效移动。从上述机器人动力学理论研究方面可以看出，为了使机器人的各种动作更接近生物体的仿生体，考虑刚－柔－软多体系统动力学是机器人研发中不可或缺的基础理论。

2. 关键技术二：主动感知与人机自然交互的研究现状及发展趋势分析

主动感知与自然交互是目前国际机器人学领域研究的核心内容之一，各国将其作为未来机器人需要突破的关键技术。欧盟第七框架计划归纳出未来机器人的核心特征——安全、自主的"人－机器人－物理世界交互"，并给出了其所包含 7 个方面的共性关键技术，其中实时感知、交互协作、顾及人类的任务规划、人类行为的学习与理解是重要的研究内容。2013 年，德国推出"工业 4.0"战略，指出智能工厂、智能生产是第四次工业革命的主题；而实现这种"智能"的物理载体就是机器人，通过智能机器人、机器设备以及人之间的相互合作，提高生产过程的智能性。2013 年，欧盟旗舰项目投资10 亿欧元支持人脑研究计划（Human Brain Project），其目标之一是试图建立起新的甚至能够带来产业变革的类脑计算的信息处理技术，并将神经机器人作为载体，验证、实现脑科学研究的成果。日本机械学会将机器人作为其十个重点发展方向之一。在 2010～2020 年这十年，日本机械学会已初步促使机器人具备了认知、灵活的物体操作、与人合作交互，以及弱化定位需求并缩短示教时间等能力，2020～2030 年，要重点突破无示教作业、完全环境认知。

同时，机器人技术呈现出与生物技术、脑神经科学、人工智能、认知科学等深度交叉融合的态势，其目的是提升机器人主动感知环境、理解人的意图及交互能力。美国、法国、西班牙等国家的研究机构开展了多种基于演示的规划和策略学习、系统级语义泛化和转移泛化方面的研究。欧盟组织的"机器人地球"（RoboEarth）计划研发团队将基本的机器人技术同互联网的云计算系统相链接，利用远程数据中心提供的专业化智能服务，实现机器人之间的知识分享，并提供执行各类复杂功能任务的服务，完成人机交互与协作。

在计算机视觉和图像处理领域，近年来，人的姿态分析与行为识别受到广泛的关注并取得了重要的研究成果，建立了个体行为识别数据库，实现了对物体的检测和跟踪，并将物体运动轨迹作为特征。随着生物医学工程的不断发展，脑机接口（brain-computer interface，BCI）技术最近几年在国内外得到了广泛的关注和研究。2009 年，意大利科学家借助于安置在手臂内残留神经上的微电极直接采集运动神经信号，在一位前臂截肢者上实现了假肢手的自身神经系统控制。在人与机器的互适应自主学习与控制方面，已经提出了一些学习型控制算法，包括基于迭代学习的控制（iterative learning control，ILC）、基于增强学习的控制（Q-learning，QL）、基于神经网络（neural network，NN）补偿未知动态建模的非线性控制方法以及基于示范的学习型控制方法等，增强学习方法已经应用于两足机器人行走、机械臂控制、Bigdog等领域。

在上述国家计划以及相关技术的支持下，美国、欧洲、日本等国家和地区已经研制出具有共融机器人特征的样机系统。日本研制的 Cyberdyne 机器人，拥有生物意识控制系统和自主控制系统，已经进入多个国家的康复市场。由以色列公司研制的 ReWalk 机器人，成为美国食品药品监督管理局（Food and Drug Administration，FDA）批准的第一个个人用外骨骼系统。新西兰研制的 Rex 支持无支撑式独立行走，为四肢瘫痪患者提供解决方案，也开始在临床使用。

3. 关键技术三：机器人自主控制与群体智能研究现状及发展趋势分析

软件是感知、规划、控制等机器人核心技术的载体，正变得越来越庞大、越来越复杂，成为未来机器人的瓶颈。为了解决软件问题，从 20 世纪末开始，研究人员相继提出了很多机器人软件框架，包括欧洲的开放机器人控制（Open Robot Control Software，OROCOS）系统等。

面向复杂、非结构化、动态环境的机器人自主控制是机器人控制领域的研究热点和难点。美国波士顿动力（Boston Dynamics）公司研发的四足机器人 Bigdog 已经具备较高水平的自主控制能力，其控制系统能够通过地形识别与姿态控制自主适应各种野外地形，实现稳定行走，甚至能够在打滑路面保持机器人的身形稳定，对外界的负载干扰也具有很强的鲁棒性。容错控制能够为有人 / 无人系统，特别是飞行器提供更加可靠的安全保障，是实现无人系统自主控制的重要环节，国内外已经开展深入研究，例如瑞士苏黎世联邦理工学院的研究小组利用容错控制实现对损坏 1～3 个叶片的四旋翼直升机的位置稳定控制。

面向复杂操作对象和复杂操作任务的机器人柔顺控制与视觉伺服控制是工业机器人研究的热点。机器人采用力控制可以控制机器人在具有不确定性的约束环境下实现与该环境相顺应的运动，从而可以适应更复杂的操作任务，达到柔顺控制的目的。对于切削、磨抛、装配等作业，大多需要控制机器人与操作对象间的作用力以顺应接触约束。在现代工业自动化生产过程中，机器视觉正成为一种提高生产效率和保证产品质量的关键技术。视觉伺服可以克服系统模型（包括机器人、视觉系统、环境）中存在的不确定性，提高视觉定位或跟踪的精度。

多机器人集群协作是未来机器人深度融入人类社会的必然模式，自主行为与群体智能是机器人领域人工智能的发展方向。近年来，随着机器学习算法的突破以及大数据的驱动，以深度学习等为代表的人工智能在多个商业领域得到了成功应用，目前正在逐步应用于机器人的感知、交互等领域，实现机器人更为自主的行为。随着机器人集群协作这种应用模式的出现和发展，群体智能将成为机器人智能研究的发展方向。聚合"众多低级智能体"形成"高级智能体"的群体智能一直是智能领域的国际研究前沿和热点方向，群体感知、群体认知、群体决策、群体动力学等理论处于不断发展之中。

多机器人的一致性控制利用分布式网络信息通信与合理的控制算法，统一整合分配资源、知识、信息，从而克服机器人群体中单一个体拥有知识的不完备性、不一致性、不兼容性和不可通约性以及公共资源的共享有限性，增强机器人对动态环境的适应性和鲁棒性。多机器人编队控制对完成多机器人协同任务具有基础性作用，其研究重点已从二维平面转向三维空间的多机器人运动。在多机器人合作探索大范围环境时，也需要优化编队控制以获得最佳的环境探索效率。采用分布式控制结构可以将具有环境观察、任务规划和操作功能的独立机器人组织成一个能够完成诸如组合勘探等预定任务的复杂系统。

综上所述，应当攻克机器人关键技术，瞄准自主控制与群体智能的国际发展方向，扩展机器人面向复杂场景的自主适应和操作能力，奠定未来集群机器人智能性自主性的基础。

（三）发展目标与思路

应瞄准国际机器人研究前沿，面向国家重大战略及民生需求，以机器人的共性科学问题为核心，通过将其与机械学、信息学、力学、材料学和生物学等学科深度交叉与融合，开展面向机器人结构与驱动、感知与交互、智能和控制的共性基础研究，在理论和研究方法的源头创新上取得突破，提升我国机器人研究的整体创新能力和国际影响力。同时，相关的基础研究进展可为加工制造机器人、特种机器人、康复辅助机器人等的自主研制提供理论和方法支撑。通过相对稳定和较高强度的支持，吸引和培育具有国际先进水平的研究人才梯队；开展学科交叉的机器人前沿基础理论研究，促进我国机器人研究与技术水平的整体提升，在以下三个方面取得突破性成果。

1.“能工巧匠”型加工机器人

大型复杂构件的高效高品质制造是国际性难题，也是我国“三航两机”[①]、能源、轨道交通等战略领域亟待解决的“卡脖子”问题。针对“三航两机”、能源、轨道交通等国家高端装备领域复杂结构件高效高精制造难题，探索加

---

① “三航两机”中，“三航”主要指航空、航天和航海，“两机”主要指航空发动机和航海燃气轮机。

工机器人设计的新理论与大型复杂构件机器人加工新原理，实现了机器人与机器人、机器人与加工对象/环境的深度共融。针对"刚-柔-软机构的顺应行为与可控性"科学问题，提出"能工巧匠"型加工机器人设计理论与高刚度高精度性能保障机制，建立面向弱刚性构件的机器人加工新原理和面向大型构件的多机器人原位顺应加工新原理，发明了两类高性能加工制造机器人新装备，研发弱刚性构件机器人加工系统和多机器人协同"测量-操作-加工"一体化系统，实现航空航天、能源、轨道交通等行业大型复杂构件的高性能制造。

2."聪敏体贴"型人体运动增强机器人

面向人体运动能力修复和提升的可穿戴人体增强机器人研究的突出特征是人与机器人系统感知-运动/行为融合，主要针对耦合运动系统动力学、顺应人体运动仿生机构、双向神经接口交互等基础科学问题和关键瓶颈技术开展攻关，从而实现人机深度共融。从人运动意图采集、感知、决策至机器人控制的下行主线和从机器人感知环境交互信息、编码、反馈至人的上行主线，突出"聪敏""体贴"等关键特点，针对人机耦合系统动力学建模、人机双向信息交互、自然运动机械复现、人体运动功能改善/增强等挑战性难题，定量揭示人体下肢自然运动的构成规律，提出可减少代谢能消耗的穿戴式机器人设计制造新原理和运动能量再生新机制，解决双向神经接口感知融合和信息交互，形成系列化可穿戴机器人典型样机，服务医疗康复领域重大需求。

3."分工合作"型群体机器人

目前机器人在国防安全领域依然面临着单体智能水平较低、无人装备烟囱林立、群体弱（无）智能的挑战。面向国防安全需求，针对异构跨域机器人集群"难管理、难协同、难自主"等挑战，开展群体机器人的群体智能和操作系统架构、异构跨域群体机器人资源管理、群体协作的分布式控制与互操作方法等研究，研制群体智能机器人操作系统原型版本，开展面向典型国防应用的"分工合作"型异构无人集群试验验证，探索机械化、信息化、智能化"三化"融合。

二、智能化数控加工

（一）领域的产业需求和国家战略

当前，新一代信息技术（工业互联网、云计算、物联网技术及新一代人工智能技术）已经成为新一轮科技革命的核心技术。新一代信息技术与先进制造技术的深度融合，形成了新一代智能制造技术，成为新一轮工业革命的核心驱动力。2020 年 6 月 30 日，习近平总书记主持召开中央全面深化改革委员会第十四次会议，审议通过《关于深化新一代信息技术与制造业融合发展的指导意见》。会议强调：加快推进新一代信息技术和制造业融合发展，以智能制造为主攻方向，提升制造业数字化、网络化、智能化发展水平。作为中国制造业高质量发展、美国工业互联网和德国"工业 4.0"的主攻方向，智能制造将新一代信息技术和制造技术进行深度融合，以推进新一轮工业革命。机床是制造业的"工作母机"，数控系统是机床的"大脑"，数控加工的智能化程度对智能制造的实施具有重要影响。随着新一代信息技术的发展，数控加工智能化技术迎来了新的发展机遇。中美贸易摩擦以来，西方国家不断通过《关于常规武器与两用产品和技术出口控制的瓦森纳协定》、"实体清单"等对我国高端机床装备实行产品禁运，国防军工等领域高端机床装备"卡脖子"问题依然突出。当前，我国数控加工技术及装备产业正处于爬坡过坎的关键时期，发展任重道远。利用新一代信息技术赋能，加快发展智能数控加工技术，解决我国制造领域的"卡脖子"问题，不仅是数控加工行业面临的转型升级的紧迫需求，更是打造制造强国的关键和基础。

以航空航天为代表的高端制造业体现着国家科学技术的核心竞争力，是国家安全和国民经济的重要保障，对高新技术发展具有重要的引领作用，是制造业科技创新主战场和制高点。《国家中长期科学和技术发展规划纲要（2006—2020 年）》将航空、航天装备列为数字化智能化制造装备重点支持方向。随着航空航天等领域高端装备功能朝多样化、极端化和精准化方向发展，新材料与新结构不断获得应用，零部件和整机的精度与性能指标不断提升、趋于极致。例如，航空发动机叶片设计精度高，加工后型面精度控制在 35～75 μm，表面粗糙度 Ra 控制在 0.4 μm 以内，但叶片种类多（风扇叶片、压气机叶片、涡轮叶片等），尺寸跨度大（60～700 mm），结构多样化（多联叶片、空心结构、带气膜孔），前后缘超薄（<0.5 mm）；每架C919 大型客机需要 200 余张大中型蒙皮，大部分蒙皮长 3 m、宽 2 m，壁厚仅 1.2 mm±0.1 mm，长厚比达 2500；重型运载火箭燃料贮箱直径为 9.5 m，壁板厚度达 25 mm，其对接装配的相对精度要求为：贮箱整体圆柱度小于1 mm/10 000 mm，对接面差小于 0.5 mm/10 000 mm。这些极端尺度、极高精度、超常性能的零件、结构和装备制造面临着突破现有制造极限的难题，其制造能力和水平体现了一个国家制造业的核心竞争力。

高端数控加工承担着高端装备关键零部件绝大部分材料的减材制造工作，直接关系着装备的研制周期、制造质量、制造成本和服役性能，是装备性能实现的重要手段和保证。西方发达国家不仅将高端数控装备视为具有高额利润的高技术产品，而且一直将其列为超越经济价值的战略物资，对我国采取技术封锁、价格垄断、限制的政策，严重影响了我国的国防安全、产业安全和工业信息安全，是典型的"要不来、买不来、讨不来"的"卡脖子"核心技术，制约了我国高档数控加工产业的发展。开展高效高精数控加工的基础科学探索和关键技术研究，将为我国高性能复杂机械装备核心加工与装配制造技术的突破和颠覆性创新提供理论基础及技术源泉，对提升新一代国家战略需求装备的自主制造能力和整体技术水平，支撑"中国制造"在国际竞争制高点拥有更多的制胜产品具有重大意义。

（二）未来 5～15 年发展趋势

1. 智能数控系统的发展趋势分析

机床是制造业的"工作母机"，数控系统是机床的"大脑"，其智能化程度对工艺知识的学习进化以及时变工况的自适应能力具有重要影响。智能数控系统利用自主感知与连接获取机床、工况、环境的相关信息，通过自主学习与建模生成知识，并应用这些知识进行自主优化与决策，完成自主控制与执行，实现加工制造过程的优质、高效、安全、可靠和低耗的多目标优化运行。

随着"互联网+"技术的不断推进，以及互联网和制造技术的融合发展，互联网、物联网、智能传感技术开始应用到数控加工的远程服务、状态监控、故障诊断、维护管理等方面，国内外装备企业和研究机构开展了一定的研究与实践。日本大隈株式会社（OKUMA）、德马吉森精机（DMG MORI）公司、发那科（FANUC）公司、沈阳机床设备有限公司等企业纷纷推出了各自的网络化数控加工技术。"互联网＋传感器"是网络化数控加工技术的典型特征，它主要解决了数控加工装备感知能力不足和信息难以连接互通的问题。与传统的数控加工装备相比，网络化数控加工装备利用传感器，增强了对加工状态的感知能力；应用工业互联网进行设备的连接互通，实现了加工状态数据的采集和汇聚；对采集到的数据进行分析与处理，实现了数控加工过程的实时或非实时的反馈控制。

网络化数控加工的发展主要体现在以下方面。

（1）网络化技术和数控加工技术不断融合。2006 年，美国机械制造技术协会（AMT）提出了 MT-Connect 协议，用于机床等数控装备的互联互通。2018 年，德国机床制造商协会（Verband der Werkzeugmaschinenfabriken，VDW）基于开放平台通信（Open Platform Communications，OPC）统一架构（unified architecture，UA）的信息模型，制定了德国版的数控加工装备互联通信协议 Umati。武汉华中数控股份有限公司联合国内数控系统企业和中国机床工具工业协会，提出数控加工装备互联通信协议 NC-Link，实现了制造过程中工艺参数、设备状态、业务流程、跨媒体信息以及制造过程信息流的传输。

（2）制造系统开始向平台化发展。国外公司相继推出大数据处理的技术平台。西门子公司发布了开放的工业云平台 MindSphere；武汉华中数控股份有限公司推出了数控系统云服务平台，为数控系统的二次开发提供标准化开发和工艺模块集成方法。当前，这些平台主要停留在工业互联网、大数据、云计算技术层面，随着智能化技术的发展，它们呈现出应用到智能数控加工装备上的潜力与趋势。

（3）智能化功能初步呈现。国外，日本马扎克（Mazak）公司拥有四项智能数控技术，包括主动振动控制、智能热屏障、智能安全屏障、语音提示。德马吉森精机公司推出了 CELOS 应用程序扩展开放环境。发那科公司开发了智能进给轴加减速、智能自适应控制、智能负载表、智能主轴加减速、智能温度控制、智能前端控制等智能控制技术。海德汉（Heidenhain）公司的 TNC640 数控系统具有高速轮廓铣削、动态监测、动态高精等智能化功能。国内，武汉华中数控股份有限公司的 HNC-8 数控系统集成了工艺参数优化、误差补偿、断刀监测、机床健康保障等智能化功能。沈阳机床设备有限公司通过 i5 系统、车间信息系统（workshop information system，WIS）、iSESOL 云平台层次的智能化架构布局，赋予机床智能，让它学会分享和互联。

网络化数控技术已经发展了十多年，尽管取得了一定的研究和实践成果，但到目前为止，只是实现了一些简单的感知、分析、反馈、控制，远没有达到替代人类脑力劳动的水平。由于过于依赖人类专家进行理论建模和数据分析，网络化数控加工装备缺乏真正的智能，导致知识的积累过程艰难而缓慢，且技术的适应性和有效性不足，其根本原因在于装备自主学习、生成知识的能力尚未取得实质性突破。

智能数控加工技术是在新一代信息技术的基础上，应用新一代人工智能技术和先进制造技术深度融合的技术，它必须能利用自主感知与连接获取制造装备、加工、工况、环境有关的信息，能通过自主学习与建模生成知识，并能应用这些知识进行自主优化与决策，最后具有完成自主控制与执行的能力。

智能化数控加工技术的发展主要体现在以下方面。

（1）自主感知与连接。在数控加工的进行过程中，数控系统内部会产生大量由指令控制信号和反馈信号构成的原始电控数据，这些内部电控数据是对制造装备的工作任务（或称为工况）和运行状态的实时、定量、精确的描述。数控系统内部电控数据是感知的主要数据来源，包括装备内部电控实时数据，如零件加工 G 代码插补实时数据（插补位置、位置跟随误差、进给速度等）、伺服和电机反馈的内部电控数据（主轴功率、主轴电流、进给轴电流等）。通过自动汇聚数控系统内部电控数控与由外部传感器采集的数据（如温度、振动和视觉等），以及从 G 代码中提取的加工工艺数据（如切宽、切深、材料去除率等），实现数控装备的自主感知，形成制造装备全生命周期大数据。

（2）自主学习与建模。自主学习与建模的主要目的在于通过学习生成知识。数控加工的知识就是机床等装备在加工实践中输入与响应的规律。模型及模型内的参数是知识的载体，知识的生成就是建立模型并确定模型中参数的过程：基于自主感知与连接得到的数据，运用集成于大数据平台中的新一代人工智能算法库，通过学习生成知识。在自主学习和建模中，知识的生成方法有三种：基于物理模型的制造装备输入/响应因果关系的理论建模；面向制造装备工作任务和运行状态关联关系的大数据建模；基于制造装备大数据与理论建模相结合的混合建模。自主学习与建模可建立包含机床等装备的空间结构模型、运动学模型、几何误差模型、热误差模型、数控加工控制模型、工艺系统模型、动力学模型等。

（3）自主优化与决策。决策的前提是精准预测。当数控加工装备接受新的加工任务后，利用所建立的模型，预测装备的响应。依据预测结果，进行质量提升、工艺优化、健康保障和生产管理等多目标迭代优化，形成最优加工决策，生成蕴含优化与决策信息的智能控制代码，用于加工优化。自主优化与决策就是利用模型进行预测，基于预测结果，利用多目标优化方法生成蕴含优化信息的智能控制代码的过程。

（4）自主控制与执行。利用 G 代码和智能优化代码同步控制，使得智能数控加工达到优质、高效、可靠、安全和低耗数控加工。利用新一代人工智能技术赋予数控加工技术知识学习、积累和运用能力，人和数控加工装备的关系发生根本性变化，实现了从"授之以鱼"到"授之以渔"的根本转变。

2. 复杂曲面零件高效高精智能加工的发展趋势分析

数控加工是由模型曲面上的加工路径直接驱动的，因而高效的智能加工路径规划方法是提高加工效率、保证零件表面成形精度的关键。然而，传统路径规划方法却局限于单纯几何学层面的逐点路径设计和离散调整，从运动学及切削特性层面考虑加工路径拓扑几何形状的方法较少，无法兼顾曲面几何物理特性，难以实现路径的整体调控。在复杂零件的高速高精加工中，适应性进给率是保证加工精度和加工效率的有效手段。目前，尚未完全建立起轨迹内在几何特性与进给率运动特性间的联系，规划过程通常需要多次反复，以求在多种约束许可范围内获得尽可能高的加工效率和加工精度。随着高档数控机床切削速度不断提高，对数控加工技术的研究不能仅关注常规几何学层面的走刀路径设计和运动学层面的运动规划，还必须转向实际的复杂动态物理切削过程，解决大进给量、高转速所带来的刀具负载波动、变形、破损失效问题，特别是解决加工过程中由切削力变化引起的切削系统的不稳定等问题。

切削加工质量取决于工艺参数和机床刀具的选择，因此建立准确的加工工艺参数与加工精度和表面完整性参数之间的关联关系是保证零件质量的关键。加拿大英属哥伦比亚大学的优素福·阿廷塔斯（Yusuf Altintas）教授开展了融合物理仿真与传感反馈信息的切削负荷、刀具状态自适应控制研究，提升了控制系统可靠性。瑞士利吉特（LIECHTI）公司围绕航空发动机叶盘加工，开发了专用 TURBOSOFT 工艺软件模块，使得加工效率提升数倍以上。

智能加工工艺尽管取得了一定的研究和实践成果，但到目前为止，只是实现了一些简单的感知、分析、反馈、控制。智能工艺模型的自主学习能力尚未取得实质性突破，现有的工艺决策过于依赖人类专家进行理论建模和数据分析，同时数控加工质量保障机理十分复杂，仅依靠数据知识而脱离加工机理的深度融合，难以保障自适应决策和优化的准确性与鲁棒性。需要揭示复杂零件多工序加工质量创成与演变规律，开发基于加工质量约束的复杂零件全流程加工智能工艺优化及调控技术，这已逐渐成为复杂曲面零件加工的研究重点。

3. 航空航天关键构件高形位精度加工的发展趋势分析

航空航天等大型薄壁零件具有尺寸超大（飞机蒙皮尺寸多为米级）、富含壁薄结构（最薄 0.8 mm）、特征复杂、壁厚精度要求高（公差 ±0.1 mm）等特点。以上特征导致零件刚度低，极易发生过大的加工振动和变形甚至颤振，引起零件尺寸超差、表面振纹，其高形位精度加工一直是航空制造业的一个难题。针对以上问题，国内外机床与装夹研究机构和制造厂商提出了一种新的蒙皮数控铣削加工技术，即镜像铣技术。该技术采用两台同步运动的五坐标卧式机床，一侧的主轴安装铣刀进行加工，另一侧主轴安装支撑头支撑蒙皮，两主轴同步运动，并且保证支撑头轴线与铣刀轴线在同一直线上。支撑头与铣刀时刻关于飞机蒙皮呈镜像关系，保证了蒙皮加工区域的局部刚度，有效防止颤振。通过控制支撑头与加工头之间的相对距离，实现零件壁厚和尺寸的控制。

薄壁零件的弱刚性决定了铣削稳定性是其加工过程控制的难点和重点。西班牙巴斯克大学通过有限元方法分析了材料去除和刀具轨迹变化对薄壁零件加工稳定性的影响，建立了刀具轨迹位置和主轴转速之间的关系，获得了不同轨迹的主轴转速。土耳其中东科技大学等通过更新材料去除过程中零件结构质量的变化，建立不同加工阶段工件的频率响应函数，给出了加工过程中不同阶段的铣削稳定叶瓣图，作为制定满足铣削稳定性的切深－转速工艺组合依据。然而，大型薄壁零件自身刚度随支撑位置和零件曲率变化而变化，造成支撑系统－零件－铣削系统的刚度时变，仅靠离线轨迹规划和加工参数制定，无法有效监测铣削稳定性。因此，必须在动态铣削－支撑的镜像加工过程中，对振动信号进行实时监测，并对铣削和支撑系统进行闭环调整，才能有效保证铣削加工的稳定性。在多轴交叉耦合的运动控制方面，美国密歇根大学、加拿大英属哥伦比亚大学等研究了单机床系统多轴交叉耦合的轮廓误差控制，镜像铣削加工的壁厚精度则由双五轴系统的协同运动精度共同保证。为确保薄壁零件壁厚精度，必须研究"铣削－支撑"双机床系统的多轴协同高精度运动控制。

（三）发展目标与思路

1. 机理模型与大数据模型关联的融合建模方法

针对数控加工质量提升、工艺优化、健康保障、生产管理四类应用中的建模对象，建立基于机理与大数据相融合的模型，具体包括：数控装备进给系统运动学与动力学模型、数控加工工艺响应模型（包括切削能耗、切削力、切削稳定性、切削刀具磨损等）、加工装备健康评估模型，以及装备故障诊断与预测性维护模型等。融合模型的建立可采用理论模型与大数据残差模型相融合、基于理论模型仿真数据与基于真实数据大数据迁移学习相融合等形式；建立基于融合建模方法的数控加工数字孪生模型，实现对数控加工过程的精确仿真、预测与评估。

在后期发展中，针对"三航两机"领域的关键复杂零件，搭建机理模型与大数据模型关联的数控加工融合建模理论体系框架，相比于大数据模型，有效降低数据需求，并减小数据计算量，而后进一步完善融合建模的理论体系，使其在"三航两机"等重点领域的数控加工中具备初步实用性，最终在"三航两机"等重点领域的关键复杂零件中，形成机理与数据模型相融合的成熟建模方法与模型，并开发相应的软件系统，实现数控加工的智能化与加工过程的提质、高效与低耗。

2. 复杂曲面零件高效高精数控加工智能化方法

一方面，开发复杂曲面零件数控加工智能刀路规划方法，从运动学及切削特性层面考虑加工路径拓扑几何形状，研究加工路径运动学特性对精密复杂曲面零件成形精度以及加工表面微观形貌对零件使役性能的影响，兼顾曲面几何物理特性，实现路径的整体调控。对于多目标加工路径规划，综合考虑数控加工过程中的几何学约束、奇异性限制、运动学性能以及切削力、加工变形及颤振等动态切削特性的影响，利用遗传算法、粒子群算法及人工神经网络等优化技术，充分发挥高档数控机床加工潜能，提高复杂曲面零件的加工效率及成形精度。此外，从仅关注常规几何学层面的走刀路径设计和运动学层面的运动规划，转向实际的复杂动态物理切削过程，解决大进给量、高转速所带来的刀具负载波动、变形、破损失效问题，特别是解决加工过程中由切削过程动态特性所引起的切削系统不稳定等问题，提高加工工艺的质量和效率。

另一方面，开展智能工艺参数调控的研究。在实际加工过程中，复杂曲面零件加工质量的影响因素众多，仅靠离线轨迹规划和加工参数制定，无法有效预测实际加工状态。需要研究复杂加工环境下零件几何物理属性和工况信息的在位协同感知与信息融合技术、智能执行单元 / 功能部件的设计与控制方法、性能驱动的加工过程自适应控制原理。基于新型无线传感器和智能刀具等传感设备，将无线传感网络集成到复杂曲面零件加工过程中，实现无线数据采集、传输和综合数据处理。建立基于机理模型和数据驱动相结合的复杂零件多工序加工质量预测与调控模型。利用数据模型融合的指导与决策方法，弥补解析模型和有限元仿真模型的能力短缺，基于真实数据驱动在线数字模型更新，结合大数据和工艺知识积累，通过自主学习、自主决策和反馈控制，对多轴加工过程进行在线动态建模，实现复杂曲面零件加工质量的预测以及工艺参数智能调控。

3. 大型构件高速切削与随动支撑的交互作用机理及动态适配机制

双五轴协同与实时测控是大型复杂曲面加工的发展目标与趋势。以飞机蒙皮五轴镜像铣削加工为例，飞机蒙皮部件是飞机上非常关键的气动外形件，人们通过壁厚控制来平衡其强度和运送能力，它的性能直接决定了飞机制造的质量，蒙皮零件尺寸大、形状复杂、壁薄刚性弱，其制备是航空制造业的一个难题。传统的蒙皮化铣加工工艺存在污染大、精度差和减重能力不足等缺陷。

双五轴的镜像顶撑铣削方法是飞机蒙皮未来的加工趋势，与传统多点离散夹持系统不同，蒙皮镜像顶撑铣系统由双五轴系统组成，一侧的五轴系统用于正面加工蒙皮工件，另一侧的五轴系统主轴安装顶撑装置，与用于正面加工的五轴系统做同步镜像顶撑运动，以保证工件加工部位的刚性支撑，有效防止加工过程中的颤振。与传统化铣工艺相比，五轴蒙皮镜像铣削加工采用绝对尺寸和厚度的控制，加工精度高，零件废屑可回收，加工时无污染。与传统机械铣削工艺相比，镜像铣削加工采用局部随动支撑的方式，有利于提高工件局部刚度，减小加工振动及变形，通过实时厚度控制，保证加工厚度精度，有效解决薄型蒙皮和双曲率蒙皮难以加工的问题。

最终实现航空航天大型复杂薄壁构件的镜像铣削数控加工。实现制造工艺从高污染化学腐蚀铣到机械铣的升级，提升壁厚和轮廓加工精度，减少污染排放，保证零件加工质量的稳定性，掌握大型极端弱刚性零件数控加工中随动支撑动态适配的机制和控制技术。开发出运载火箭整体箱底和飞机蒙皮镜像铣削数控加工装备与工艺，掌握大型复杂薄壁构件高效精密加工技术，加工出壁厚小于 1 mm 的大型复杂薄壁构件，壁厚精度达到 ±0.1 mm、阶差 0.1 mm、轮廓精度为 ±0.5 mm，加工进给速度达到 10 000 r/mim，实现双五轴镜像铣削数控加工工艺在运载火箭整体箱底和飞机蒙皮等航空航天大型薄壁构件中的工程应用及示范。

三、精密与超精密智能制造

（一）国家产业发展与战略需求

以精密与超精密加工技术为支撑的高性能武器，对现代战争的进程及结果发挥了决定性的作用：涡轮叶片的精度与表面完整性决定了航空发动机的效率和可靠性；导航器件（如各种型号陀螺仪）是战略武器和运载火箭飞行过程中的"眼睛"，其核心零部件（如激光反射镜、陀螺腔体、非球面透镜等）的制造精度水平直接决定了飞行器的导航精度；红外观测设备提升了部队夜间行动与作战能力，在现代化军队中广泛装备；激光武器和惯性约束聚变装置中服役于极高功率激光辐照环境的强光光学元件需要非球面、纳米级面形精度、亚纳米级粗糙度和近零缺陷表面，必须用超精密加工工艺保障精度。此外，大口径光学元件是红外卫星、侦察相机、光电雷达等探测系统的核心部件，光学元件的加工精度决定了探测系统的空间分辨率、时间分辨率、光谱分辨力，精密与超精密加工为深空探测、地球观测、资源勘测等提供了有力的技术保障。

精密与超精密制造综合应用了机械技术发展的新成果以及现代电子、传感、光学和计算机等高新技术，是国家科学技术水平和综合国力的重要标志，因此受到各工业发达国家的高度重视，已设立多项研究计划以推动超精密加工工业的发展，包括 2001 年美国的国家纳米科技推动方案计划、2002 年英国的多学科纳米研究合作计划、2002 年日本的纳米科技支撑计划等。

我国已建成了独立完整的现代工业体系，是全世界唯一拥有联合国产业分类中全部工业门类的国家，已跃升为世界第一制造业大国。但"中国制造"创造的利润非常有限，且被少数发达国家"卡脖子"的情况屡见不鲜。中国被"卡脖子"的主要是高端技术和产品，"高端"首先体现在精度上。精密与超精密加工直面制造业中的关键零部件，占据了研发周期与生产成本的大部分，是利润的核心和最丰厚部分。因此，为了解决"卡脖子"问题与提升制造业利润，必须大力发展精密与超精密加工装备与技术。《中华人民共和国国民经济和社会发展第十四个五年规划和 2035 年远景目标纲要》提出，要加强产业基础能力建设，补齐基础零部件及元器件和基础工艺等短板，提升制造装备产业的自主创新能力和核心竞争力，推动我国由制造大国向制造强国迈进。

（二）未来 5~15 年发展趋势

超精密加工是现代高科技产业和科学技术的发展基础，是现代制造科学的重要发展方向。以超精密加工技术为支撑的三代半导体器件，为电子、信息产业的发展奠定了基础，现代科学技术的发展以实验为基础，所需实验仪器和设备几乎无一不需要超精密加工技术的支撑。在汽车、能源、医疗器材、信息、光电和通信等产业的推动下，超精密加工技术逐渐成熟，广泛应用于非球面光学镜片、超精密模具、磁盘驱动器磁头、磁盘基板、半导体基片等零件的加工，设备精度逐渐接近纳米级，可加工工件的尺寸范围也变得更大。超精密加工是以每个加工点局部的材料微观变形或去除作用的总和所体现的，当加工尺度达到纳米级时，会产生一系列介观物理现象，如小尺度效应、量子尺寸效应等，此时再用宏观的切削原理来描述加工过程和各种介观现象，解释表面形成机理已力不从心，必须用分子动力学、量子力学、原子物理学等近代基础理论来研究这一加工过程，进而建立纳米级加工过程的理论，指导纳米级超精密切削加工实践。

超精密加工技术是降低工件表面粗糙度、去除损伤层、获得高精度和表面完整性的加工手段，现阶段，以不改变工件材料物理特性为前提的超精密加工需要使工件的形状精度和表面粗糙度分别达到亚微米级、纳米级。随着材料去除量的进一步减少，超精密制造技术正朝着纳米级面形精度和亚纳米级表面粗糙度发展，并向其终极目标——原子级加工精度逼近，即制造对象与过程直接作用于原子，材料在原子量级去除、转移或增加，实现原子与近原子尺度制造。当加工的尺度从微米、纳米向原子尺度迈进时，原子尺度下的材料去除、迁移或增加等现象已无法通过经典理论进行解释。制造技术将从以经典力学、宏观统计分析和工程经验为主要特征的现代制造技术走向以量子理论为代表的多学科综合交叉集成的下一代制造技术。原子尺度制造通过构建原子尺度结构实现特定功能与性能，并实现批量生产以满足设计需求，是突破当前科技前沿制造瓶颈的下一代制造技术的主要发展趋势，对未来科技发展和高端元器件制造具有重大意义。

1. 微激光辅助加工的发展趋势分析

微激光辅助加工技术是超精密领域的研究热点，是一种激光原位辅助单点金刚石切削技术，其创新性地将激光束和单点金刚石刀具进行有机耦合，通过调整激光束穿过金刚石刀具切削刃出射的位置，使材料在加热软化的同时被刀具去除。激光辅助加工将激光能量引入加工区域，提前预热并软化难加工材料，以改善其变形行为，使得材料可以从延展性区域去除，从而提高温度诱导下材料的加工性能。材料通过外部热源加热软化后，在加工过程中可以减少切削力和刀具磨损、改善表面光洁度、提高材料去除率和减少工件表面损伤。美国佐治亚理工学院与德国弗劳恩霍夫研究所率先开展了硬脆陶瓷光学材料的激光辅助加工，实现了陶瓷材料的塑性域去除。然而，引入激光极易造成光学脆性材料成形表面的热损伤，导致热裂纹扩展，无法实现光学脆性材料的高质量超精密制造。

针对传统激光辅助加工的不足，美国西密歇根大学和德国弗劳恩霍夫研究所提出了微激光辅助金刚石切削技术，避免了传统激光辅助切削技术造成工件高能热损伤的问题。微激光辅助金刚石切削技术成功实现了激光与刀具的耦合，使激光光束穿过刀具本体并聚焦于切削位置处，对工件材料进行原位加热，加工区域温度精细可控，有效降低激光直接辐照造成的烧蚀和热裂纹扩展。激光原位辅助超精密切削技术提高了脆性材料的塑性流动能力、抑制裂纹扩展、降低切削力、减小刀具磨损，从而实现高效率、低成本、高质量硬脆光学元件的超精密成形制造。西密歇根大学将微激光辅助金刚石切削技术应用于单晶硅、单晶锗、氟化钙、碳化钨、硫化锌等难加工红外材料。德国弗劳恩霍夫研究所基于产学研研发模式，将其研发的微激光辅助切削系统应用于模具钢光学模具及单晶硅、氟化钙微透镜阵列超精密微细制造，孵化出宜诺来（Innolite）超精密制造装备高科技公司，将微激光辅助切削技术服务于美国国家航空航天局和欧洲航天局地球同步轨道空间遥感卫星探测光学系统的轻质化和小型化发展需求。

国内研究机构对激光辅助加工的研究起步较晚，哈尔滨工业大学针对Si_3N_4陶瓷等难加工材料的激光辅助车削和铣削加工的切削机理与工艺参数进行了深入的研究，湖南大学针对Al_2O_3陶瓷激光辅助加工的温度场进行了数值模拟研究。在激光辅助超精密切削方面，天津大学通过分子动力学和切削实验证实了微激光辅助加工可以明显提高零件表面质量与刀具使用寿命。

自 2012 年起，华中科技大学数字制造装备与技术国家重点实验室开展了微激光辅助超精密制造装备研制与前沿理论等方面的研究工作，联合上海航天控制技术研究所共建新型光学功能器件精密制造联合实验室，在国家自然科学基金、工业和信息化部高质量发展专项、国防基础科研项目等课题的资助下，成功开发了微激光原位辅助超精密切削加工技术，并联合武汉锐科光纤激光技术股份有限公司完成了其关键装备研制，实现了 60 mm 口径单晶硅透镜超精密制造，表面粗糙度 Ra 达到 1.99 nm，面形精度 P-V 值达到 0.19 μm，并应用于上海航天控制技术研究所红外制导武器光学系统和空间导航探测光学系统。微激光辅助超精密切削技术突破了传统金刚石切削加工技术对工件材料的限制，还具备复杂面形光学元件高效高质量制造及表面修复能力，已成为单晶硅超精密制造技术发展的重要方向之一。

微激光辅助切削加工技术未来将应用于石英玻璃、碳化硅等硬脆光学材料的纳米级表面精度和粗糙度的获得，有力支撑国防军事领域与空间探测领域急需的硬脆光学零部件的制造技术发展。未来的主要发展趋势包括：①研究微激光辅助加工中材料去除部分温度场分布对切削力、刀具磨损、加工质量的影响机理；②研究激光参数和切削参数间的相互配合关系，实现加工过程中热作用参数的在线控制，搭建温度在线反馈和切削力反馈系统。

目前，我国在微激光辅助超精密制造方面能力的不足主要表现为核心部件（激光器）工作稳定性及可靠性不足、创新工艺体系缺少数据库支持及最优工程化应用验证、装备系统的长期可靠性和精度稳定性智能维护与保持能力不足，导致单晶硅加工过程面形精度保持能力较国外水平尚有不足之处。发达国家对光学元件超精密制造核心理论和关键技术极少公开报道，先进的超精密制造技术和装备被发达国家所垄断，我国超精密制造技术的理论基础研究相对薄弱，自主创新能力不足，缺乏航天、军工等领域急需的高端超精密技术装备研制能力，还未摆脱因高端装备依赖进口或重大专用设备核心技术禁运而受制于人的局面。

2. 超声振动辅助加工技术的发展趋势分析

激光原位辅助金刚石切削技术有望解决硬脆材料高效高质量超精密制造的难题，然而在硬脆光学材料塑性去除机理、低损伤加工机理以及激光辅助制造工艺优化等方面的问题尚未解决。开展硬脆材料激光原位辅助切削机理与低损伤加工机理的研究，深入探索激光原位辅助制造的核心科学问题，有助于加深对该技术的理解和认识，为硬脆光学材料的高效高质量超精密制造提供理论指导与技术支撑。

如图 3-1 所示，二维超声振动辅助加工技术实质上是高速冲击和微切削的复合加工过程，从微观上看，这是一种间歇式的脉冲切削。它改变了刀具与工件表面的接触条件，将传统加工中刀具与工件的持续接触变为断续接触，单个振动周期内有一定时间可以实现刀具、工件、切屑的完全分离，进而改善加工性能。超声振动辅助加工技术减小了切屑形成区的变形，能够有效降低切削力，抑制硬脆材料裂纹的生成及扩展。与此同时，改善了切削液到达切削区的条件，刀具与工件的断续接触可以使切削液更容易到达加工部位，进一步优化冷却和润滑效果，有效降低加工温度、抑制金刚石刀具的石墨化。

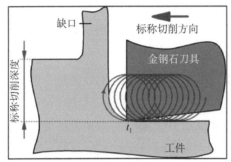

(a) 二维超声振动辅助加工　　　　　(b) 碳化硅镜面超精密制造

图 3-1　二维超声振动辅助加工和碳化硅镜面超精密制造

相较于普通切削，超声振动辅助加工的切削效果更好，加工精度高，能够有效降低刀具磨损度，大幅提高刀具的耐用度和使用寿命。基于其独特的技术特点，超声振动辅助加工对材料的适用性高，可以广泛应用于加工硬脆性光学材料单晶硅、碳化硅及其复合材料及黑色金属铁、钴、镍及其合金材料等多种难加工材料。

超声振动辅助金刚石制造使用间歇式的脉冲场辅助超精密材料去除。德国弗劳恩霍夫研究所研发了一维超声振动辅助切削技术并在黑色金属超精密光学模具制造领域获得应用。日本名古屋大学提出二维超声振动辅助超精密制造技术，实现黑色金属和硬脆性光学材料的超精密复杂自由光学曲面制造。美国西北大学探索了超声振动辅助制造技术在超精密光学功能微织构制造领域的应用。韩国机械材料研究所进行了钴铬钼合金的椭圆振动切削镜面加工。椭圆超声振动辅助金刚石切削技术经过几十年的发展已实现了多种光学元件材料的高精度低损伤超精密表面成形制造。大连理工大学、清华大学、天津大学、吉林大学、北京航空航天大学、河南理工大学、长春工业大学等将超声振动切削方法引入难加工材料超精密制造领域，证实了超声振动辅助方式对切削力和亚表层损伤的抑制能力。

随着实验条件的改善，高性能表面和金刚石超声振动辅助超精密制造的发展呈现高表面精度、高加工效率、低表面损伤的发展趋势。因此未来需要：①研究大振幅、高频率、频率可调、振动平面可调的金刚石超声振动辅助超精密制造新工艺方法，实现高性能自由曲面的超精密加工。②探索空间光学元件微织构雕刻的不同加工方法、不同微织构形态及面形精度对光学功能表面性能的影响机制，研究空间光学元件表面微织构雕刻加工方法，实现轻量化高质量成像系统。

在超声振动辅助制造过程中，每一个振动周期内材料的去除量极小，该过程是一个融合了弹塑性力学、材料力学和摩擦学在内的多场耦合动态非线性过程，目前针对超声辅助超精密制造表面成形机理研究极少，制造过程中工件材料变形、应力分布、刀具冲击等与成形表面质量及面形精度的创成机制亟待探究。

3. 复合能场作用下表面抛光与亚表面损伤修复的发展趋势分析

单一形式的超精密制造方法（如超精密金刚石切削、磨削和抛光），很难满足对硬脆难加工材料超高表面质量和面形精度的超精密制造的需求，基于流场、磁场、电场、超声场、光场等多能场辅助的超精密加工方法可拓宽超精密加工的适用范围，提高其加工质量。

传统抛光方法（如手工、机械、电化学抛光等）抛光时间长，成本高，易引入表面缺陷与亚表面损伤。激光抛光对材料的限制性极低，几乎可以应用于各种材料的表面抛光，是一种利用高强度激光束使各种材料表面光滑化的技术。当激光束辐照材料表面时，由于高温表面开始熔化，熔融材料在表面张力的作用下产生"由峰至谷"的迁移，实现材料表面平坦化。通过改变工艺参数（如激光强度、能量密度、光斑直径和进给速率等），可以获得不同的表面粗糙度。相较于传统的抛光技术的诸多缺点（如对自由曲面的抛光能力差、环境污染、加工时间长、操作人员的健康危害等），激光抛光消除了上述所有缺陷，其抛光成本低、可靠性强，适用于各种复杂曲面的抛光，有着广阔的应用前景。作为非接触加工，激光抛光的另一个优点是高重复性和低机械应力。此外，在进行抛光操作时，激光抛光不需要任何额外的抛光液或研磨剂，抛光过程时间短，适用于复杂几何形状零件的抛光。目前，大量研究人员利用激光抛光对合金、半导体等材料进行了表面光滑处理，其应用领域已经从光学延伸到了模具与生物医学等领域。

以单晶硅为例，单晶硅是一种重要的光学材料，超光滑硅基反射镜广泛应用于空间成像探测、武器光学制导、重大科技基础设施等先进光学系统。由单晶硅制成的曲面光学透镜和由石英玻璃制成的共形曲面头罩与谐振陀螺等部件广泛应用于红外导引、红外夜视/成像、红外探测等国防安全和航空航天空间探测领域。美国新一代预警卫星增设的凝视红外焦平面探测单元的全部探测光路均采用了单晶硅衍射光学元件，成像精度大幅提升，有效载荷显著减小。

同时，硅是一种典型的硬脆材料，传统加工方法极易产生表面缺陷并引入亚表面缺陷，不仅影响整个光学系统的成像质量，还会使反射镜在高能束线的辐照下产生损伤，因此需要进一步的原子级抛光修复。激光抛光作为一种非接触式微区抛光方式，可以实现亚纳米级表面加工，适用于硬脆材料与自由曲面的抛光。其通过激光束辐照熔化单晶硅亚表面损伤层，在表面张力的作用下，液态硅在熔池流动中重新分布，以实现降低表面粗糙度、消除亚表面损伤的目的。

日本应庆大学对单晶硅晶片的边缘和切口进行了纳秒脉冲激光辐照，以恢复磨削引起的亚表面损伤。美国普林斯顿大学探究了低能连续激光抛光工艺，避免了因高能束辐照产生的材料蒸发。德国弗劳恩霍夫研究所研究了双光束激光抛光工艺对表面粗糙度的影响。我国在相关领域也取得了重要的进展，中国科学技术大学、上海交通大学、西安科技大学等分别对二氧化硅、单晶硅及钛合金进行了激光抛光实验，并建立了熔池的二维流动模型。

传统激光抛光利用梯度温度场产生材料的自发流动，不仅流动速度较慢，且易造成材料分布不均匀，而磁场对流体产生的电磁搅拌作用可以优化池流动特性，促进液态硅的传热传质行为，起到消除亚表面缺陷、光整液态硅表面的作用，同时磁场能够调控单晶硅的定向生长。因此，磁场能够优化单晶硅激光抛光工艺，使硅基反射镜获得更优良的表面性质与亚表层质量。

考虑到经济效益，相较于连续激光，能以低功率达到抛光效果的脉冲激光器更有发展前景。由于表面氧化和碳化，抛光过程常会导致表面损伤，形成裂纹，需要精确调控激光参数（如能量密度、光斑直径、光束强度等），以实现高光泽度的表面抛光。激光光斑直径可以根据使用的激光功率进行调整，通过使用更高的激光功率，容许采用更大的激光光斑，从而大大减少抛光次数。然而，使用高激光功率、高扫描速度和大填充距离会使加工表面产生波纹。

探索各种材料的激光抛光工艺及能场（如磁场）辅助下的激光抛光工艺，分析已知因素对抛光过程的影响，探究适用于不同材料的加工策略对提升高端装备关键零部件的服役性能有重要意义。

（三）发展目标与思路

1. 微激光辅助切削亚表面损伤及微裂纹成形机理

微激光辅助切削亚表面损伤及微裂纹成形机理的研究和发展目标是通过精确重构微激光辅助切削过程温度场，从宏观和微观层面追溯温度场诱发硬脆光学材料脆塑转变的机制，揭示微激光辅助切削加工过程中硬脆光学材料塑性切削机理，阐明亚表层损伤的构成特征和亚表层材料对应变能的耗散机制，揭示硬脆光学材料微激光辅助加工技术的低损伤切削机理，最终实现微激光辅助切削的亚表面低损伤加工。微激光辅助加工技术预期可实现部分硬脆光学材料（如单晶硅、氟化钙、硫化锌、碳化硅、熔融石英等）的纳米级表面精度和粗糙度的平面、球面、非球面、自由曲面以及光学衍射微结构等的超精密高效低损伤制造。

微激光辅助加工技术以一种硬脆光学材料（如单晶硅）为具体研究对象开展单晶硅激光原位辅助切削温度场重构及工艺优化的研究：基于 COMSOL 软件建立单晶硅激光原位辅助切削瞬态三维温度场模型，利用实验测量得到的热影响区温度数据，采用粒子群算法优化传热模型参数，反演出单晶硅激光原位辅助切削温度场，并通过金刚石刀具表面温度的测量验证重构温度场的准确性；研究激光功率密度对温度场、塑-脆转变临界切削深度、加工表面粗糙度、切削力、热裂纹的影响，探索适于激光原位辅助切削的最优工艺参数。

2. 超声振动辅助超精密制造材料去除与失效机理

未来 15 年，超声振动辅助加工技术的研究和发展预期是可应用于红外制导、空间探测等系统或装置的核心部件的加工，如红外导引头、轻质高强的机体薄壁件等，实现对以单晶硅、石英玻璃、碳化硅为代表的光学硬脆材料以及以钛合金、碳纤维复合材料为代表的难加工材料的加工。

超声振动辅助加工技术的发展思路主要分为以下四个方向：①研究超声振动辅助加工时颤振产生的机理和抑制方法，提高加工效率，实现大振幅、高频率难加工材料及光学硬脆材料表面的超精密加工；②研究超声振动辅助的超精密加工空间光学元件表面微织构雕刻加工方法，在空间光学元件表面微细雕刻出功能微织构，实现轻量化高质量成像系统；③建立超声椭圆振动辅助金刚石切削加工硬脆难加工材料的有限元模型，基于工件材料的脆塑性转变、材料去除机理及刀具振动冲击影响，建立单个振动周期内刀具－切屑－工件界面的 Abaqus 软件接触模型，揭示硬脆难加工材料表面微观创成机理；④研究切削工艺参数对高精度表面成形质量及形状精度的影响机制，探索工件材料塑性域高质量去除工艺，获得超声振动金刚石切削难加工硬脆材料最佳刀具几何参数和切削工艺参数。

3. 复合能场下表面形貌演化机制及亚表面损伤修复机理

高端行业总是需要各种用途的高精度设备，比如深空探测设备、红外成像设备、X 射线光源等，其中的超光滑透镜与反射镜加工也可以采用激光抛光。激光抛光作为一种颠覆性的新型表面处理技术，适用于各种材料的加工，尤其适用于传统加工技术难以加工的特殊表面、微尺寸零部件。德国弗劳恩霍夫研究所举办的第四届激光抛光讲座强调：激光抛光技术能够最佳地完成最后的精加工工序。另外，激光抛光有实现自动化的潜力，甚至可以集成到生产过程中。近年来，科研人员对氩气氛围下的激光抛光、热辅助激光抛光、磁场辅助激光抛光、激光化学复合抛光等工艺展开了研究。依赖于上述加工优势，激光抛光及复合能场下的激光抛光在未来会有更广泛的研究。

具体以单晶硅磁场辅助激光抛光为例（图 3-2），结合热力学、麦克斯韦方程、材料相变、流体力学、微纳米力学等多学科理论，建立多物理场耦合理论模型，使用仿真模拟和实验等手段，对单晶硅的激光抛光机理进行深入研究，探究磁场辅助加工手段对降低表面粗糙度、修复亚表面损伤的机制，以实现单晶硅超光滑表面的复合能场抛光加工。基于麦克斯韦方程，研究磁场调控下熔融硅相变界面与表面形貌演化的响应机制，并建立磁场－流场耦合动力学模型，通过有限元仿真研究磁场强度与方向对熔池形态转变的影响规律。利用分子动力学模型，结合晶体传热理论，研究硅的融化与生长过程，建立相变界面演化动力学模型。同时结合熔融硅磁场调控实验，揭示磁场对熔融硅的作用机理，以此为基础对磁场进行调控，优化熔池流动热性与传热传质行为。

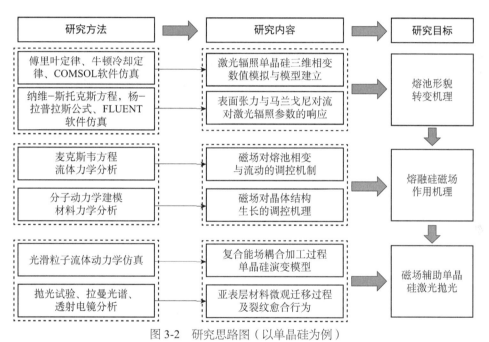

图 3-2　研究思路图（以单晶硅为例）

四、特种能场智能制造

（一）国家产业发展与战略需求

当前我国的激光加工领域面临的关键难题或需求主要有：先进的激光加工工艺面临"卡脖子"风险，亟须开发新的自主加工技术；此外，高性能、大功率激光器及其核心零部件面临禁运、封锁的风险，导致我国在超高功率/

超快速度激光加工领域的发展严重滞后，亟须研发具有完全自主产权的激光加工核心装备来突破这一瓶颈。"制造强国"战略第一个十年行动纲领所列举的十大重点发展领域中的航空航天装备（如航空发动机激光焊接）、海洋工程装备及高技术船舶（如海洋恶劣工况下材料表面激光清洗提高性能）、先进轨道交通装备（如高铁车身侧墙激光表面强化）、节能与新能源汽车（如核心零部件激光制孔与激光增材）、电力装备（如高性能动力电池焊接）等都对激光加工有着极大的需求。

电加工已成为先进制造技术不可或缺的重要组成部分，在航空航天、军工、汽车、精密模具、微电子、微机电系统、生物医疗等高端制造领域有着大量不可替代的需求。但我国电加工行业在诸如高端能量发生系统、高端控制技术、高端工艺技术等高端核心技术方面，与国际先进水平还存在明显差距，基础技术研究缺位，一些关键核心部件为国外跨国企业所垄断，一些重要基础配套件、元器件还需大量依赖进口，导致国内外市场需求的一些特种加工高端装备全部为外企所垄断，内资企业缺乏市场竞争力，难以获得高附加值回报，许多企业在中低端产品中恶性竞争，深陷价格战泥潭，无法良性发展。因此，高效、高精度、智能化的电加工技术亟须发展与突破。

超声加工作为一项基础工艺技术，面向高端制造、国防、新技术产业的需要，被广泛应用于难加工材料加工、超精微细加工及精准医疗、硬脆材料加工和抗疲劳表面强化等领域。我国在超声加工领域的研究起步晚，日本、美国、德国等国家已有多个型号的高端设备投入市场。目前，我国在超声振动铣削、超声辅助增削、超声表面强化和改性等领域已取得阶段性成果，解决了高强钢、碳纤维增强塑料（carbon fiber reinforced plastics，CFRP）等新型材料的加工难题。超声复合加工技术如超声复合电火花加工、超声复合电解加工、超声复合磁力研磨加工和超声复合激光焊接可以综合多种加工工艺的优点，形成独特的复合加工工艺，显著提升加工效果，提高加工质量，是未来超声加工技术发展的重要趋势。日本与欧美等国家和地区在相关领域早已布局并开展了深入的研究，而我国则刚刚起步，亟须在关键技术和核心理论上取得突破。

未来五年，电子束加工与离子束加工将具有广阔的发展前景，其主要的发展趋势是提升加工尺度、精度、效率等方面的综合指标以及在新产品与产业中的应用。重点研究领域包括：纳米尺度加工／三维打印新方法及机理，着重研究高精度、高效率的电子束曝光装备；新型高端电子束加工抗蚀剂及导电聚合物；电子束选区熔融增材制造与焊接等新方法，着重探究轻质合金、钛合金在电子束处理后的微观组织与力学性能；电子束焊接，聚焦于厚壁构件焊缝组织与物理性能的均匀性；离子注入改性技术，超光滑表面离子束修形、功能微纳结构器件离子束加工制造新技术。中国电子束与离子束加工发展迅速，但与国际先进水平仍有较大差距，并且缺乏有突破性原创技术。

射流加工利用非热源的高能量射流来加工，几乎可对所有金属及非金属材料进行加工，目前已广泛应用于多个领域。汽车制造业中切割各种非金属材料，如车用玻璃、揣测内装饰板、仪表盘、石棉刹车衬垫及其他组件的成形切割；航空航天工业中切割特种材料，如钛合金、碳纤维复合材料、增强塑料等；机械制造中水射流切割技术、水射流清洗技术、水射流抛光技术及水射流喷丸强化技术等。《全球主要国家水刀切割机行业发展现状及潜力分析研究报告》预测了"十四五"期间的行业发展趋势，明确了超高压水射流机研发及应用的重要性。目前，我国高压水射流技术与世界先进水平相比，在提高功率、可靠性、喷嘴寿命、智能化水平等方面仍有较大差距，并且在加工精密度、材料去除率及材料表面粗糙度的控制方面仍需要进一步提升。

（二）未来5～15年发展趋势

1. 激光加工的发展趋势分析

激光加工具有高灵活性、高适用性、高效率、高精密等显著优势，近年来发展十分迅速。激光加工是先进、高端制造的重要手段之一，并越来越广泛应用于航空航天、海洋工程、新能源、轨道交通、电力电子、医疗等重大工程领域。当前激光加工的研究现状如下。①激光焊接：已针对激光焊接过程多种维度、多种参量、宏-微观以及不同问题等进行较为精准的数值模拟；已研发单激光焊接、双光束焊接、激光搅拌焊接、激光-电弧复合焊接、激光-电弧-磁场复合焊接等多种焊接工艺；已研究激光焊接过程状态实时在线感知／监测和缺陷离线检测等多种方法与技术。②激光表面处理：已阐明激光表面处理对金属材料性能的影响规律；已揭示激光表面处理使得金属材料的力学、结构、组织等方面产生变化；已通过数值模拟的方法对激光表面处理的宏－微观状态进行感知。③激光切割与制孔：已在全材料、高精度、跨尺度和异形结构激光切割与质控方面取得研究进展；已实现航空发动机涡轮叶片等关键构件大深径比要求的激光制孔。④超快激光微纳制造：已通过设计超快激光的时域、空域、频域分布，调控局部电子密度、温度、激发态分布等瞬时局部特性；已揭示飞秒激光纳米自聚焦的能量尺寸效应及其对纳米材料连接的作用机理和纳米尺度的界面冶金连接机理。

当前激光加工的发展态势呈现激光能量密度越来越高、激光运动速度越来越快、材料越来越难加工、辅助能量源越来越多的趋势。国外对于先进工艺、核心技术、高端激光设备及其零部件等对我国实现严格的技术封锁，我国亟须打破垄断，进一步提高国际竞争力。当前，在海洋工程装备领域对激光能量密度要求极高，而我国目前的超高功率激光加工存在明显短板，激光的功率和能量密度达不到要求，且超高功率激光与材料作用机理不明；在动力电池、医疗等领域要求激光运动速度极快，我国目前的激光加工速度无法达到超高速级别，且超快速度下的激光加工过程稳定性缺乏保障；在海洋工程、轨道交通等领域，电弧、磁场等能量源越来越多地被用于辅助激光进行加工，而多场耦合下的激光加工机理目前尚未完全研究清楚；在航空航天、新能源汽车等领域，材料的高强度高韧性等带来的是可加工性较差，应运而生的新工艺如激光搅拌（摆动）加工的机理和工艺窗口目前尚未完全摸清；此外在严苛、复杂、安全性要求高的服役坏境中，加工后材料的性能要求也越来越高，这对激光加工过程的在线监测提出了更高的要求，须实时感知到加工过程中的干扰和异动，保证加工质量。

综上所述，当前对各种金属材料的激光加工的研究现状可以从机理、工艺、监控三个方面进行总结。在机理方面，当前对于较低能量密度的单激光（不含辅助能量源）的加工机理研究得较为成熟；在工艺方面，对多种低能量密度、低速度的合适工艺参数窗口探究得较为全面；在监测方面，目前已经能实现加工过程状态的精确感知和预测。激光加工领域未来的研究趋势主要为：①研发超高功率／超快速度激光加工装备、技术与工艺，并研究超高功率／超快速度激光与材料作用机理与加工过程稳定性调控方法；②将激光加工过程的在线监测转变为工况的智能化自适应反馈控制，变"监测"为"监控"；③将更多的材料特别是高性能的非金属材料（如树脂、陶瓷等）用于激光加工；④研究多能量源耦合下的激光加工机理与工艺。

2. 电加工的发展趋势分析

放电加工脉冲电源是放电加工的关键核心技术，国内外在微精、高效、节能、数字化及智能化等关键技术的研究方面不断取得突破。在电火花成形加工中，为了提升脉冲电源的高精度和一致性，采用脉冲宽度调制（pulse width modulation，PWM）开关电源替代工频变压器作为电火花脉冲电源的供电系统，采用储能元件电感代替耗能元件电阻，使能量利用率达到 60% 以上。在电火花线切割加工中，单向走丝电火花线切割脉冲电源已从单极性有电阻结构发展为双极性无电阻、防电解结构，该类电源的脉冲峰值电流达到千安培以上、脉冲宽度可控制在数十纳秒；我国往复走丝电火花线切割脉冲电源实现了数字化控制，研发了无电阻型脉冲电源，通过对电流上升沿的控制，实现了电极丝的更低损耗，并获得了更高的加工效率。在电火花高速小孔加工中，广泛采用独立式控制、高峰值电流、窄脉宽脉冲电源，明显提高了小孔加工的效率和表面质量。微细电火花加工中的脉冲电源提高了 RC[①] 电源能量的可控性，减小了独立式脉冲电源的脉宽，降低了单次脉冲能量，提高了脉冲电源的能量利用率。我国虽然在理论研究方面取得了许多成果，但电火花成形加工脉冲电源产品仍主要采用工频变压器作为供电系统，沿用传统 RC 电源拓扑技术，存在对电网依赖度高、能量利用率低、不易模块化等不足。

同时，随着零件形状复杂程度、个性化加工需求、尺寸精确性、表面加工质量和加工效率的不断提高，多轴联动柔性加工、精密伺服进给、自动上下料、自动更换工具电极成为电火花加工机床主机的重要研究方向。为满足精密自动柔性加工的需求，国际知名厂家已经实现了机床油槽自动升降、工具电极自动更换，以及高精密机床主机结构、高精高速伺服进给机构等的成熟应用。日本松本公司等研发出精密单轴和双轴全浸液转台，可满足多轴联动柔性电火花加工需求。我国在上述机构与功能部件的开发方面，与国际知名厂家均有明显差距。

对于精密加工，外界环境因素的影响非常明显。为了能够更好地屏蔽外界环境变化对加工精度的影响，需要开发环境温度自适应系统。虽然国内外

---

① RC 指电阻器（resistor）和电容器（capacitor）。

厂家生产的精密数控电火花加工装备已安装了冷却系统，但不具备局部温度的调整能力。通过模块化设计可以很好地实现局部温度场的灵活控制，进而最大限度地降低环境温度对零件局部精度的影响。当前世界各国对安全生产的要求越来越高，甚至成为产品准入的必要条件。国外高端装备已配备了危险自预警、自处理系统，而国内还处在探索和试验阶段，有待进一步完善。

3. 超声加工的发展趋势分析

超声加工技术目前广泛应用于难加工材料的加工、弱刚性结构件加工、超声表面光整强化、超声波焊接和磨料冲击加工中，取得了大量研究成果。难加工材料（如高温合金、高强钢、陶瓷材料、碳纤维）被广泛应用于机械制造、国防以及航空工业等重要领域。传统加工方法难以加工，超声加工技术对难加工材料有着极强的切削能力，并且超声辅助效果在低放电能量中比高放电能量中明显，还可以减少放电过程中的电弧放电现象，减少工件表面损伤。超声表面光整强化技术对精细光整表面有极微细的光整能力，对抗疲劳表面有极高的强化能力，能提高加工表面的硬度和耐磨性、降低表面粗糙度。超声波焊接具有焊接速度快、焊点强度高、焊接表面平整、不影响非焊接区域和可实现自动焊接等优点，目前被广泛用于食品包装、航空航天等领域。磨料冲击加工是利用超声波振动直接驱动磨料悬浮液里的磨粒高频往复振动对硬脆性材料工件表面的高精度研磨抛光的技术。

随着新材料尤其是超硬、超脆等难加工材料的不断呈现，超声复合加工技术逐渐成为研究热点和重点。超声复合加工技术能够综合利用超声加工技术和其他加工方法的优点，取得"1+1＞2"的加工效果。超声复合电火花加工将超声振动引进到电火花微细孔加工过程中，可以在火花放电的同时利用超声空化作用和泵吸作用，有效实时去除电蚀物，加快工作液循环，改善放电条件，得到更高的加工精度，但是超声复合电火花加工工艺的加工机理尚需要进一步的研究。超声复合电解加工将脉冲电解引入超声振动磨削中进行生产加工，加工速度会比一般的脉冲电解加工的速度更快，加工精度比一般超声振动磨削加工的精度更高。相比其他超声及超声非同步复合加工方式，同步超声复合电解加工在精度和表面质量方面更具技术优势，但超声电解复合加工尚有许多方面的内容有待于进一步研究，特别是表层金属的去除机理以及表面粗糙度的影响因素。超声复合磁力研磨加工技术是超声加工技术与磁力研磨加工技术相结合的新型加工技术。引入超声波振动，可以克服磁力研磨的尖点效应，磁性磨粒受到磁场力作用的同时，在工件表面施加脉冲压力，可以显著提高研磨效率。此外，超声复合激光增材制造、焊接等加工技术的相关研究也逐渐增多。

超声复合加工可以综合多种加工工艺的优点，形成独特的复合加工工艺，能够显著提升加工效果，提高加工质量，必将是未来超声加工技术发展的重要趋势。

4. 电子束/离子束加工的发展趋势分析

电子束/离子束加工的关键技术问题主要围绕加工尺度、精度、效率等综合性能参数的提升，以及在新产业中的应用。1968 年，聚甲基丙烯酸甲酯被首次用来作为电子束抗蚀剂。1972 年又有研究人员以硅材料作为衬底，利用电子束曝光结合金属沉积技术在其表面制作出横截面为金属铝的线条。以上这些工作都是在扫描电镜的基础上完成的。2010 年以来，在一台商业电子束曝光机问世之后，随之而来的是第一台商业变形束电子束曝光机的出现。未来 5～15 年，国内外对于电子束曝光技术的研究主要会聚焦于新设备的开发。电子束选区熔融增材制造技术主要有能量转换率高、加工速度快、抗污染性好、操作方便、能最大限度地降低材料的残余应力等特点。这项技术最早由 Arcam 公司提出并进行商业化，至今 Arcam 公司制造的设备及其系统在国际上处于领先地位。法国空中客车 A320 上大量采用了增材制造技术成形的飞机零部件，其中一个合页就使飞机的重量减轻 10 kg。清华大学和西北有色金属研究院金属多孔材料国家重点实验室最早在国内开展了电子束选区激光熔融增材制造设备的研发和成形工艺的探索。未来 5～15 年，我国电子束选区熔融增材制造技术的发展趋势主要会围绕电子束选区熔化（electron beam selective melting，EBSM）设备的研发以及新工艺的探索方向展开。电子束焊接正式进入焊接领域的标志是 1954 年斯托尔（Stohr）博士成功实现了核反应堆燃料套管的电子束焊接。这一举措展现了电子束焊接技术在制造业领域光明的应用前景。该项焊接技术的成功问世，引起了各先进国家，特别是当时需要大力发展原子能工业和航空航天技术的美国、英国、法国、苏联等国家的高度重视。我国自"一五"计划以来,对电子束焊接技术展开了大量研究。起初电子束焊接仅应用在尖端工业和一些对焊接有特殊要求的部门。经过十余年的研究与发展,电子束焊接设备开始从通用型实验室装置转变为工业生产专用型设备。到20世纪70年代,电子束焊接设备的稳定性大幅提高,操作自动化水平显著提升,设备内部快速抽真空系统、机械传动系统和电控系统日趋完善。电子束焊接技术在我国尖端工业保持牢固地位的同时,在汽车制造、特种轴承生产等机械制造领域也得到了迅速的推广与应用,生产线上不断出现了大量的电子束焊接专用设备。到80年代末,该项焊接技术已发展得较为成熟,并进入稳定发展阶段。未来5~15年,我国将着重对电子束焊接中的材料及其工艺进行探索,其中包括轻质合金、不锈钢、耐热钢以及钛合金。最后,随着表面科学的发展,离子束加工已经成为国际上光学面形加工技术的一个不可或缺的重要技术。在国内,精密的光学面形加工技术还相对落后,中国科学院长春光学精密机械与物理研究所在国内光学元件的精密加工领域处于领先水平,但是在离子束加工技术方面仍属空白。

5. 射流加工技术的发展趋势分析

射流加工技术是高端制造的重要手段之一,对各种热敏、压敏、脆性、超硬等材料均可实现高质高效加工。当前研究现状如下。①磨料水射流车削加工技术:该技术是在磨料水射流切割技术的基础上发展起来的,通过工件的旋转及磨料水射流沿工件轴线方向的进给完成对回转体的加工。主要针对不同偏置模式及相关工艺参数研究材料去除率的影响、加工工件表面沟道形成机理、材料去除机理等,建立磨料水射流车削工艺参数优化模型。②超声振动辅助磨料水射流抛光:主要研究超声振动辅助磨料水射流脉动行为、抛光冲蚀机理与工艺。模拟振动边界冲击射流流场、射流冲击振动工件表面时的流固耦合作用,研制超声振动工作台和超声振动辅助流化磨料供给装置,模拟研究超声振动辅助磨料水射流抛光加工中振动工件表面的射流冲击流场、材料去除机理、工件超声振动对抛光效率和表面粗糙度的影响。③磨料水射流三维复杂零件加工:主要研究超高压磨料水射流精密切割三维模型,提出高压水射流切割误差试验方法,并建立可精确预测切割前沿后拖量曲线的回归模型。④激光-水射流复合加工:目前已研发出国内首台近无损伤复合加工系统，并研究氧化铝、单晶硅、碳化硅、氮化硅等材料近无损伤微加工机理和工艺；提出考虑工件材料高温热物理性能参数变化的激光－水射流复合微细加工单晶碳化硅的温度场模型，建立激光－水射流复合微细加工单晶碳化硅时槽深、槽宽和材料去除率的回归预报模型；解释工艺参数间的交互作用对槽深、槽宽和材料去除率的影响规律，阐释激光、水和工件之间的多场耦合作用机理与规律。构建激光－水射流复合及公共单晶碳化硅的工件材料去除廓形有限差分模型，并采用实验验证模型的有效性，该模型对槽深、槽宽和切口截面轮廓的预测均具有较高的精度。⑤水射流辅助破岩：主要研究水射流在周围空气中扩散时质量和动量的交换过程，基于光滑粒子流体动力学（smooth particle hydrodynamics，SPH）和有限元法（finite element method，FEM）耦合算法建立磨料水射流冲击岩石的数值模型，研究水射流和磨料水射流冲击下的损伤演化和破坏效应、水射流冲击瞬态动力特性及破岩机理，为高压水射流掘进机工业应用提供理论和实验依据。⑥水射流清洗：主要分析清洗工艺参数的选择，简化并优化清洗参数的选择方法，通过不同参数的定性分析确定高压水射流的打击力的影响因素。

我国高压水射流技术目前已相对成熟，但是在更为高端的超高压水射流领域，却一直处于国外少数大企业的垄断之下。2012 年，杭州太空高压射流科技股份有限公司研发出增压泵超高压水射流技术，将中国超高压水射流技术推向世界前沿。《浙江省高端装备制造业发展重点领域（2016）》明确提出，超高压数控水切割机的制造与应用、超高压水射流辅助深井钻孔技术也是我国石油产业发展的核心所在。辽宁万临科技有限公司超高压增压技术可将水增压至 400 MPa 以上，形成速度能达到 2～3 倍音速，具有极高动能的水箭。

（三）发展目标与思路

1. 超高功率 / 超快激光加工稳定性调控与智能化过程监控

揭示超高功率 / 超快速度激光加工过程中的能量传输及密度分布对加工稳定性的影响机理，研究航空航天、海洋工程、轨道交通、新能源汽车、电力装备等重点领域的典型 / 难加工材料的高性能激光加工技术以及稳定性调控方法，提出超高功率/超快速度激光加工过程工况实时感知及工艺/质量智能化自适应监控策略，为重点领域的激光加工提供理论与技术支撑。重点开展以下工作。①建立超高功率/超快速度激光加工高保真度数值仿真模型，阐明激光能量传输规律、能量密度分布对加工稳定性、质量的影响机理，全方位、多维度对激光加工过程进行精准模拟；②揭示超高功率/超快速度激光加工工件的宏观形貌和微观组织生成机理，优化激光工艺，在超高功率/超快速度激光加工领域赶超国际先进水平；③研究强干扰下的超高功率/超快速度激光加工过程工况实时感知技术，对加工过程状态进行智能化预测，提出工艺与加工过程/质量自适应监控策略，通过在线调控激光形状、脉冲、波长等新方法完成加工过程的闭环控制；④开发超高功率/超快速度激光加工工艺知识库与过程稳定性感知方法，实现高性能航空发动机、潜艇壳体、船舶全回转推进器导流管、高铁核心零部件、新能源汽车车身、高性能动力电池等"国之重器"的高质高效激光加工。

2. 高可靠高精准节能脉冲电源控制的自动柔性加工方法

未来 5 年，对电火花脉冲电源放电波形实施纳秒级实时监测及智能自适应控制，实现高精准放电加工；研制出高精度的双轴全浸液转台，满足多轴联动柔性加工需求。未来 10～15 年，开发出高效节能脉冲电源，实现拓扑优化及磁脉冲压缩等技术的应用，解决储能电感引入脉冲电源而带来的脉冲电流开始结束时的爬坡和拖尾问题，降低寄生参数影响、实现 80% 以上能量利用率，并提供精准的放电波形。将白盒测试及高加速寿命试验等手段引入脉冲电源，对电源系统波形、电磁场分布、失效机理等进行分析，达到从机理上排除潜在隐患、提升系统可靠性的目的。同时，将直线电机驱动技术成熟应用于精密电火花加工机床，实现高速高效电火花成形加工；开发出危险自预警自处理绿色电火花成形加工技术，屏蔽外界环境对加工精度的影响，及时消灭电火花加工火灾及尽量降低不正常火花放电发生概率，降低人员误操作造成的人员伤害，减少有害介质排放，提高装备自动化水平，进而实现电火花加工装备的精密、高效、安全、绿色生产。

3. 超声复合加工系统的稳定性和能量的高效传输

超声复合加工技术已发展出了十多种加工方法，为实现现有超声复合能场加工系统的加工稳定性和能量的高效传输及其加工过程可控性目标，研发针对不同材料、不同加工要求的高性能不同超声复合类型的超声复合智能化加工装备，关键技术、核心理论和加工装备达到国际同等水平。研究思路：首先，需要针对不同加工材料/构件（难加工材料、脆硬材料、弱刚性构件）、不同加工目标，研究不同超声复合加工的复合类型（超声复合电火花、超声复合电解、超声复合激光焊接）或者开发新的超声复合加工技术，研究不同复合能场能量协同分配规律，揭示加工过程稳定性机理；其次，优化复合加工过程多工艺参数和复合加工过程不同能场能量传输方案，实现能量的高效传输；最后，为保证在复合加工过程中加工稳定性不受不确定因素的影响，实时监控加工过程，凭借先进传感设备和智能方法实现复合加工过程实时可控，保障加工产品的质量。基于上述研究成果和研究思路，结合其他加工能场开发新的超声复合加工技术，实现超声复合加工在生物医学制造、微纳制造等领域的应用，同时规划开拓新的应用领域和行业。

4. 高精度、多尺度电子束/离子束加工的束源品质特征研究

针对实现大尺度、高精度、高效率的电子束/离子束加工，具体发展目标与思路包括：①对于电子束曝光技术，发展一种可实现纳米级电极的大面积、低耗、高效、高分辨率而又间距可控的新工艺是纳米电极制备中亟须解决的问题。目前，很多新颖的纳米加工技术层出不穷，较为突出的就是将纳米压印技术和其他纳米加工技术结合起来制备纳米电极。②对于激光选区熔融增材制造技术，如何实现激光选区熔融增材制造技术成形钛合金的微观组织均匀细小和力学性能的均一仍是摆在增材制造工作者面前的难题，这需要进行新的工艺探索。③对于电子束焊接，其未来发展目标主要是深入认识大厚度构件电子束焊接的工艺机理，改善和提高接头疲劳、断裂性能，完善焊接结构的完整性评估，探索大厚度结构电子束焊接控形控性方法，提高我国航空装备的制造水平。④对于离子束加工技术，其远景目标是研制具有高精度光学镜面加工能力的离子束加工设备，通过进行多项相关的工艺试验，以加工出质量完好的光学元件表面面形，这在投入大量科研经费的同时，还需进行大量的实际设备设计、加工、检测以及实验验证等工作。

五、智能成形制造

（一）国家产业发展与战略需求

成形制造技术是衡量一个国家制造技术与工业发展水平以及重大、核心关键技术装备自主创新能力的主要标志之一。材料成形既可以作为零部件毛坯的制造方法，也可以直接制造出最终的零部件，如近净成形等，可以实现大规模的精确制造；又如模具在很多材料成形方法中占有重要地位，被认为是材料成形制造的基础成形装备，享有"工业之母"的美称，也被称为"效益放大器"，可以为大规模精确制造提供重要保障。材料成形制造因其极高的生产效率而具有的大规模生产特点，使其成为机械制造的、重要的、不可替代的组成部分。

在航空航天领域，导弹、运载火箭、大飞机所需的蒙皮、叶片、轮盘、密封环、燃料储箱等关键构件，均需要成形制造。成形制造对国防力量的增强也日趋重要。以战斗机的关键部件为例，发动机单晶叶片采用定向凝固铸造，起落架采用金属模锻、垂直尾翼采用树脂传递模塑（resin transfer molding，RTM）成形，整体化座舱外罩可采用塑料注射成形。飞机发动机的涡轮盘、后轴颈（空心轴）、叶片，机翼的翼梁，机身的肋筋板、轮支架，以及起落架的内外筒体等都是涉及飞机安全的重要锻件。我国在汽车交通领域采用轻质高强构件，可以大力继续推动节能减排，实现我国可持续发展的战略目标，我国高速列车的更快、更安全、更舒适的发展方向也要求车身构件更轻、更强、更精密。又如海洋装备领域，舰船锻件包括主机锻件、轴系锻件和舵系锻件，涵盖推力轴、中间轴艉轴、舵杆、舵柱、舵销等关键零部件，深海井口装置和采油设备的管头、三通、阀体、深海连接器等零部件中也均需广泛使用锻件。因此，高质量成形制造是高端空天装备、尖端武器装备和海洋装备等国家战略领域研发与制造的前提与基础，也是高速列车、新能源汽车等交通运输领域向更快速、更绿色、更高端突破的关键。

另一方面，我国是成形制造技术与装备大国，铸造、塑性成形、焊接、热处理等成形制造行业规模位居世界第一，但不是成形制造技术强国。国产成形装备也正在从中低端产品向高端产品迈进，装备水平总体落后于世界先进水平5～10年。基础材料、基础零部件、基础制造工艺等直接涉及成形制造理论方法与工艺技术，是短板与"卡脖子"关键技术之基础。整体来看，我国材料成形制造中资源与能源利用率低，高端装备与发达国家还存在较大差距，不利于行业的可持续发展。

因此，从国家重大工程需求与行业发展看，成形制造科学与技术研究未来将发展成为高质量精准绿色成形制造。成形过程智能化通过精确调控，可以使得零构件质量性能在坯料基础上得到大幅度提高，并且可以制造出具有复杂结构形状的高精度零构件，不仅实现了精确化近净成形制造，而且实现了形状性能精准可控的轻量化、整体化、极端化、绿色化制造。发展成形智能化技术对国民经济发展、国家重大工程建设和国防建设具有重要作用。

（二）未来5～10年发展趋势

1. 关键技术一：轻量化、高性能成形现状及发展趋势

轻量化、高性能是智能成形制造技术发展的重要方向之一。以铸造为例，压铸件以其快捷、高效的生产效率和轻量化的优势，特别是在汽车轻量化制造方面，应用迅速。增材制造将三维实体加工变为若干二维平面加工，大大降低了制造的复杂度。该技术可制造出传统方法难加工（如自由曲面叶片、复杂内流道等）甚至是无法加工的非规则结构，可实现零件结构的复杂化、整体化和轻量化制造。在航空航天领域，增材制造成形的大型航空航天结构件已获装机应用。

近年来，我国在轻量化、高性能成形方面有较大发展。中国机械工程学会铸造分会编制的《铸造行业"十三五"技术发展规划纲要》专门针对压铸进行布局，指出：压铸是铸造工艺中应用最广、发展速度最快的金属热加工成形工艺方法之一。压铸作为一种先进的有色合金精密零部件成形技术，适应了现代制造业中产品复杂化、精密化、轻量化、节能化、绿色化的要求，其产品已遍及汽车、航空航天、机械、家电、通信、五金等许多领域。经过多年的努力，我国已构建起一个完整的压铸产业及其配套产业链和若干较为发达的压铸工业基地，如宁波北仑、浙江余姚、辽宁大连等，产量世界最大，成为世界压铸大国。我国航空航天领域广泛应用增材制造成形，实现了关键构件的轻量化、高性能成形。我国成为继美国之后世界上第二个掌握飞机钛

合金结构件激光快速成型及在飞机上装机应用技术的国家。

我国虽然在高性能构件制造方面取得了大量的创新成果，但是未来仍然面临极大的机遇和挑战。在大型复杂、整体、薄壁、精密轻量化结构件高性能成形质量、效率及精度等方面与国外相比还有较大差距。未来在轻量化、高性能成形制造方面需要更加注重形性协同调控，注重全流程组织演变及其不均匀性调控机制与方法的研究，注重探索研究复杂构件成形的新方法、新工艺、新装备，以使这类构件的成形更省力、更高效、成本更低。

2.关键技术二：极限/极端成形现状及发展趋势

极限/极端成形制造是推动航空航天、大型舰船、深海探测、能源动力等国民经济重要领域的技术进步的重要动力，是制造业未来的重要发展方向。为满足新一代航天、航空、高铁、能源动力设备对高可靠性、长寿命和轻量化的要求，我国对高性能超大尺寸部件的需求巨大。由于结构集成，整体化部件的尺寸变得非常大，例如车身直径 10 m 的重型运载火箭的油箱穹顶和连接环等。整体化结构件的应用导致了一系列大尺寸、形状复杂、高性能构件的出现。一方面，随着电子信息、生物医疗产业的发展，迫切需要发展微电子元器件、精密光学元件、半导体基板、人体植入等微小型零部件的成形制造技术。这些零件尺寸或特征尺寸在亚毫米或微米量级，通常采用金属、塑料、陶瓷等非硅材料制造，微成形工艺成形效率高、成本低，是低成本批量制造的重要加工方法。另一方面，铝合金、镁合金、钛合金等高比强度与高性能材料日益应用广泛，这些材料变形抗力高、塑性差、成形能力弱，要制造出结构复杂、尺寸极端的零件，往往会超过其成形变形的极限。同时，为了确保产品在重载、变载、冲击、高低温等工况下长期稳定使用，还需要产品结构的极高精度成形技术。例如，新一代战斗机整体进气口的成形尺寸精度要求小于 0.25 mm，以保证其隐身和气动性能，同时避免后续加工，满足微观结构和其他性能的关键要求。

我国载人航天、探月工程的不断实施，对火箭运载能力要求持续提高，重型运载火箭箭体结构尺寸不断加大，超大尺寸构件成形制造能场的不均匀性使成形与成性协同制造难度大幅提升，挑战形性制造技术极限。2013 年，中国第二重型机械集团有限公司成功研制了 800 MN 大型模锻液压机，解决了我国缺乏大型设备的问题，已经应用于大飞机起落架等关键零部件的制造。我国30万t超级油轮、下潜7000 m的"蛟龙"号载人潜水器、新一代核电机组等一批极限装备取得重大突破，未来极限制造将在各种高能量密度环境、物质的深微尺度、各类复杂巨系统中不断出现新发现、新发明。如根据《电力设备与新能源 核电深度：绿电基建大时代，核电迎再次腾飞》，第四代钠冷快堆设计寿命为40～60年，650 ℃和700 ℃超临界火电机组的设计寿命为30万～40万 h，上述重大装备的服役环境极为恶劣复杂，承受辐照－蠕变－疲劳交互作用，诸多零部件是可靠性的最薄弱环节和长寿命服役运行安全的瓶颈。

随着对深空、深海、深地战略的不断深入，未来我国对超常规工艺、超常规性能、超常规材料制造以及极端环境制造技术及装备的需求将更为迫切。我国已经成为极限制造大国，我国在极限/极端成形制造相关基础理论与技术研究方面，取得了阶段性研究成果。我国极端制造中强场多维、多尺度演变、微结构精密成形与选择性性能控制等理论及方法实现了重要突破和应用。超常条件下锻、焊、铸基础工艺及装备实现了重要突破，达到世界先进水平，特别是航空航天极端复杂构件具有极大整体尺寸、极薄壁厚和异性截面等极端复杂难成形的特征，在超大型锻件成形、钛合金复杂大件等温局部加载成形、高强铝合金高筋薄壁构件成形等方面均实现了突破。

3. 关键技术三：绿色化和复合成形现状及发展趋势

随着构件形状愈来愈复杂，目前通过增加工序降低成形难度的设计方法导致工艺流程变长、影响因素增多，使得构件的形性难以控制，并且成本增加。因此，需要对传统的成形制造流程进行创新性重建，减少从原材料到成品构件的制造环节，在确保成形和性能的前提下降低制造成本。铸造与锻造联合、增材制造与铸造/锻造联合、粉末冶金与锻造联合、冲压与锻造复合等成形技术，既能充分发挥铸造、增材制造、粉末冶金和压力加工在成形复杂形状方面的优势，又能利用精密锻造完成精确成形和提高力学性能，还可以显著缩短制造过程，进一步降低能耗，促进成形制造的绿色化。例如，高性能复杂构件一般经历多道次的成形和加热工序才能实现精确制造，发展铸造与锻造联合、增材制造与锻造联合、粉末冶金与锻造联合、冲压与锻造复合等成形技术，既能充分发挥铸造、增材制造、粉末冶金和压力加工在形成复杂形状方面的优势，又能利用精密锻造完成精确成形和提高力学性能，还可以显著缩短成形制造过程。再例如，对可热处理强化铝合金，近年来国外出现了一种将固溶处理融入热成形前的加热过程的方法，在成形的同时完成淬火处理，随后再进行时效处理。这显著缩短了构件成形的制造流程，并且具有较高的材料成形能力，可以减小板材的回弹和减少铝锻件的粗晶。

另外，构件的性能／功能集成度愈来愈高。例如，航空发动机的双性能整体叶盘由原来的多个分体件装配而成改进为一个整体件成形，避免了单性能零件组合时弱连接区域的产生，并且整体叶盘内外侧的性能要求不同，降低了性能冗余，节约了制造成本。因此，面向复杂多性能构件的精准成形制造研究是一个重要的发展趋势。在构件的多性能化方面，既可以通过挤压、叠轧、连接成形、局部增材加工、粉末冶金等方式获得具有多种性能的成形坯料再成形，也可以通过施加局部能场、调控局部成形条件或热处理条件获得材料的不同性能。美国在粉末冶金高温合金坯料基础上，采用双重热处理技术开发出局部性能精确的双性能涡轮盘，并成功应用于第四代战斗机 F22 的 F119 发动机上。精确控制局部性能是在构件形状精确控制基础上的进一步发展，是近／净成形技术的一个最新发展方向。

多材料一体化成形也快速发展，为了充分利用金属与树脂基复合材料的独特优势，近年来一种新型的纤维金属层合板结构应运而生，与单一金属材料相比，纤维金属层板的密度小、比强度高、比模量高；与单一树脂基复合材料相比，其损伤容限高、抗冲击性能和抗湿热性能好。欧洲空中客车公司超大型客机 A380 整个上机身蒙皮和垂直方向舵的前缘已经全部采用纤维金属层板并计划将其推广至其他型号客机使用。但是随着构件结构复杂化以及材料种类多样化，对纤维金属层板构件的成形提出了更高要求，纤维金属层板构件的形性精准协同制造成为多材料一体化成形方面的一个重要发展方向。

材料成形大多是在高温与高压下进行的，材料和资源消耗十分突出，企业对节能降耗有迫切需求，也是当前成形技术发展的重点。通过成形过程的能量的按需供给、能耗和效率的综合调度与优化，能够在不同层面实现节能降耗，如伺服技术的应用在液压机、注塑机上广泛应用，节能效果显著。由中国模具工业协会统计数据可知，通过伺服电机直接驱动油泵驱动，速度转换平稳，减少了能量损失。伺服压力机与普通液压机比较可节电20%～60%，可减少50%的液压油，可降低噪声20 dB以上（中国模具工业协会，2017）。新型伺服节能型注塑机，通过速度、电流闭环控制液压系统的流量与压力，节能率可达到40%～70%。

4. 关键技术四：智能化技术与成形技术深度融合现状及发展趋势

信息技术、智能技术与成形制造技术的不断融合赋予了材料成形数字化智能化更为宽广的内涵，是实现高质量精准成形不可或缺的关键支撑技术。智能成形的根本目标是实现产品及其成形制造过程的最优化，实现高效、优质、柔性、低耗等效果。在成形领域，智能技术的发展加速了新材料成形工艺快速研发。长期以来，以人为主的试错研发模式导致材料研发周期长、研发成本高；美国提出的材料基因组工程通过材料计算和模拟有效缩短了开发时间。近年来，美国空军研究实验室致力于将人工智能技术和机器人、大数据以及高通量计算、原位表征技术相结合，数量级地加快设计、执行和分析迭代材料试验，进一步缩短了新材料的开发时间。新材料不断涌现必将迫使材料成形发展出新的工艺方法，智能化为新材料成形工艺的研发提供技术支撑。

成形仿真技术综合材料学、流变学、传热学、力学，借助有限元法、有限差分法、边界元法和有限体积法等数值计算，通过分析材料的流动与变形过程、加热与冷却过程、材料组织结构的变化过程，预测产品成形缺陷、精度与性能等。随着对各种因素越来越完善的考虑，仿真软件所采用的数学模型越来越可靠，计算精度也越来越高。此外，智能化系统应用于成形工艺及产品设计，可以更好地表达工艺设计过程中出现的大量经验性、非确定性知识，使得设计结果更具合理性与灵活性。智能化设计技术与成形仿真技术结合的一体化技术已经成为重要的研究方向之一。

同时，能化技术与成形技术的深度融合实现了加工过程形/性一体化调控。材料成形过程为满足精密高性能成形要求，需要对形/性实现一体化调控。但加工过程控制既涉及复杂空间物理场变化，如温度、压力、速度等，也包括加工产品形/性演变，涉及产品精度、材料微观结构等。由于材料微观结构对加工物理场呈现高度非线性响应，受工况变化、加工过程的扰动机理影响，基于全过程多尺度仿真建模的智能优化和控制技术提供形/性一体化调控途径。大量传感技术的应用，使得成形过程具备主动感知的能力，如高精度位置、温度、压力传感器广泛应用于成形装备控制量的检测，从而实现全闭环控制，大幅提高了成形装备的精度与效率。同时，模内传感器的广泛使用，实现了成形过程中热、力等熔体状态量的在线测量，极大地促进了成形过程监测与控制的研究与应用。此外，智能化视觉检测与激光测量技术的迅速发展，大幅降低了产品质量检测对人工操作的依赖，使得快速、精确的自动化在线产品检测成为可能。同时，装备也具备了智慧决策的技术，传统的成形装备属于一种被动的机器，即当工艺人员完成工艺参数的设置后，只能通过完美地"复现"出由工艺参数所决定的执行过程，来实现对成形过程的控制。然而，工况的波动会造成成形条件的改变，重复不变的执行过程并不能适应这种改变。传统的成形装备属于被动的执行者，因此需要赋予成形装备决策能力以根据实际成形条件决定合适的执行过程。如奥地利恩格尔公司推出了智能注塑机，通过智能质量控制功能，可以针对性地对由环境条件变化、停产或使用回收材料造成的工艺波动做出响应，并对波动进行补偿，从而实现更快速、更精密的成形过程，并最终获得稳定的产品质量。

我国数字化、智能化成形制造技术虽然发展较快，但在原创性理论与方法、自主可控的模拟仿真软件、应用经验与水平等方面与国际先进水平仍有差距。在成形过程模拟仿真方面，华中科技大学基于传统宏观模拟进一步提出了铸造、注射成形等的全流程、多尺度仿真模型，研发出完全自主可控的铸造、冲压、焊接、注射成形全系列成形模拟仿真系统，并已经实现小规模应用。湖北三环锻造有限公司对生产线上的产品规格、尺寸进行扫描比对，实现了自动检测并实时反馈，提升了产品品质，使产品不良率降至0.05%。未来的数字化智能化成形制造技术必将进一步深度融合，成形制造过程的跨尺度建模与数字孪生技术、成形制造过程复杂外场重构与产品形/性的在线感知技术、成形装备的运行状态表征、识别与自适应调控技术以及面向大数据的成形过程知识发现与重用技术将会有更大的发展空间。

（三）发展目标与思路

材料成形智能化的总体发展目标和思路如下。①在目标产品上，加强智能技术在轻量化、绿色化与精密化产品中的应用。轻量化是汽车、航空航天、电子电气等行业应用关注的焦点，是实现轻量化的有效途径。金属压铸和精密模锻生产的高精度产品在航空航天、汽车船舶、轨道交通、矿山机械等领域也具有广阔的应用前景。环境友好型复合材料产品、高性能可降解塑料产品的应用有利于环境保护和资源的可持续发展。因此，通过智能化推动轻量化、绿色化与精密化产品成形技术与产业的发展，是我国材料成形技术发展的重要方向之一。②在生产方式上，采用智能技术提高成形效率、拓展成形极限、降低成本与节能降耗。材料成形在我国属于劳动密集型产业，人均产出与工业发达国家相比还有较大差距，提高产出和降低成本是材料成形生产的两个传统问题，智能制造能深刻改变制造业的生产模式，从更高层面解决节能和高效问题，如推进机器人、自动化产线的广泛应用，将数字技术、网络技术和智能技术融入产品研发、设计、制造全过程，无疑将成为企业提高生产效率、降低成本的重要手段。同时，以智能技术驱动新装备的研发，推行绿色、节能、高效生产工艺，实现节能降耗，也可以提高企业经济效益和市场竞争力。③在服务模式上，重点建设数据共享与创新能力提升平台。针对我国材料成形行业以民营和中小型企业为主、基础差、技术力量弱、创新能力不足、关键共性技术和核心装备缺乏系统攻关、整体解决方案能力弱等问题，依靠互联网、大数据和信息平台，将分散的技术集成并共享，使众多中小企业更好地融入全球产业链和创新链，产业分工更加专业化和精细化。

1. 精准化成形制造过程的定量调控与预测

精准化成形制造过程的定量调控与预测的发展目标是面向航空航天、船舶、轨道交通、信息电子、医疗等重点领域对轻量化、高精密结构件的需求，探明轻合金、高强材料、复合材料等轻量化材料和大型/整体/精密/复杂/薄壁/功能化结构成形过程中组织、性能、尺寸精度的演变机理，发展出相应的调控技术，如数字化绿色成形、复合材料高性能成形、轻合金复杂构件成形、高强轻质合金构件一体成形、结构功能一体成形、复杂构件近/净成形、异质材料焊接/连接成形等。

在研究思路上，一方面，通过集成计算材料工程（integrated computational materials engineering，ICME）将仿真层次从宏观逐步发展到介观、微观等多个层次，模拟仿真突破单尺度的限制，提高仿真的精度，实现材料－产品－工艺的一体化设计。另一方面，发展智能近似模拟技术，基于仿真数据、融合实验设计与优化技术，对仿真模拟中的不确定性进行定量化度量与分析，为在复杂设计空间中快速、自动、精准找到优化方案提供有力的工具。

2. 极限／极端成形制造的控形控性与评估

极限／极端成形制造的控形控性与评估的发展目标是针对航空航天、能源装备、冶金石化等领域对极端成形制造有着巨大需求，引领极端成形制造前沿技术理论方法的创新，建立极端尺寸构件形性协同调控理论，揭示极端服役构件变形机理，建立极端复杂环境构件服役评价准则，不断突破制造极端尺寸（极大或极小）和极端服役环境的边界。

在研究思路上，首先突破极限／极端成形制造过程与产品形性的检测难题，产品几何精度在线测量需要解决三维复杂结构的测量盲点、加工能场干扰等问题，发展激光、图像等光学检测方法，实现微纳米量级几何形状的非接触式测量。材料微观组织结构与性能的在线精确感知难度较大，其在线检测方法与传感器研发还有待突破，为产品性能的闭环控制提供必要的反馈手段。在上述基础上，发展数据降维、特征发现、优化拟合等智能方法，建立成形过程工况、加工能场、服役环境与材料演变过程的精确预测模型，实现极端成形制造过程的控形控性与极端服役环境下材料行为的可控。

3. 数字化、智能化与精准成形的深度融合

数字化、智能化与精准成形的深度融合的发展目标是在成形制造过程中，通过物理信息系统的融合使成形装备具有面向实际工况的智能决策与加工过程的自适应调控能力，有效保障成形过程中的产品质量，实现能源与材料优化利用，满足行业节能降耗的迫切需求。通过知识发现、数据挖掘等手段促进设计数据的重用，通过构建工业软件与大数据、工业互联网等使能工具，改变企业与上下游研发、服务孤立的状态，构建"研发—制造—服务"的产品全生命周期服务体系，促进材料、装备、制造、产品等上下游企业形成利益共同体，优化产业链结构，促进产品设计质量的提高。重点突破智能化成形基础控制、成形制造数据协同与优化理论等基础理论。

在研究思路上，针对不同成形工艺，解耦各工序阶段的位置、速度、压

力、温度相互影响的问题，建立基于机理模型或数据拟合方法的动态调控方法，平衡和补偿环境和生产条件等的波动带来的产品一致性差异，提高产品的精度和稳定性。

六、复杂机械系统智能装配

（一）国家产业发展与战略需求

世界新一轮工业革命以及产业变革正在紧锣密鼓地孕育兴起，与我国政府提出的制造业升级换代形成历史性交汇。随着全球新一代信息技术快速发展以及产业转移，我国传统制造业的市场竞争力将会面临越来越大的压力。对于新一轮的以信息技术与制造技术深度融合的制造产业革新，世界主要国家大都围绕"信息通信技术（information and communication technology，ICT）+先进制造（advanced manufacturing，AM）"制定了本国的发展战略及目标。因此为了推动我国制造业转型升级、摆脱生产低附加值产品的困境、抢占未来高利润产品制高点以及实现"制造强国"战略，我国政府在2015年制定了第一个关于"制造强国"十年发展战略规划，推动我国制造业发展实施"三步走"战略，力争让我国进入世界制造强国行列。然而我国制造业虽然规模全球第一，但是仍然具有"大而不强"的特点。因此要实现"制造强国"战略第一个十年行动纲领所设想的愿景，制造业数字化、网络化和智能化将是我国制造业变革的突破口与主攻方向，核心在于将我国目前传统落后的生产模式改造为先进的智能制造模式。

然而，长期以来装配技术与机械加工技术的发展并不平衡。一方面，与机械加工用的机床等工艺装备不同，装配工艺装备是一种特殊的机械，其通常是为特定的产品装配而设计与制造的，因此具有较高的开发成本和开发周期，在使用中的柔性也较差，导致装配工艺装备的发展滞后于产品加工工艺装备。另一方面，装配具有系统集成和复杂性特征，产品装配性能是指受装配环节影响的部分产品性能，通常装配不仅要保证产品的几何装配性能（如装配精度，包括相互位置精度、相对运动精度和相互配合精度等），有时还需保证其物理装配性能（如发动机转子的振动特性），装配问题的复杂性导致装配的工艺性基础研究进展与机械加工相比，也相对滞后。

随着运载火箭、航空发动机、坦克、高档数控机床等产品朝复杂化、轻量化、精密化和光机电一体化等方向发展，日益恶劣化和极端化的复杂服役环境对各类精密机械系统装配性能提出了更高要求，但是，即使装配精度要求越来越高、装调难度越来越大，目前反复装配、盲目调整、严重依赖装配经验等情况在制造业企业中仍普遍存在，缺乏科学的理论指导，使得在装配过程中难以兼顾装配工艺与产品性能之间的相互影响。显而易见，以传统"经验驱动"为导向的装配工艺设计思想已无法满足机械系统在复杂载荷环境下的高服役性能、高可靠性要求。

由此可见，装配已经成为制约精密机械系统的生产效率和装配质量的最薄弱环节之一。与此同时，"制造强国"战略第一个十年行动纲领规划明确指出：制造质量是支撑我国制造业持续稳定发展的基石，是建设制造强国的生命线。质量成为装配环节最为重视的元素，传统装配模式已经不能满足精密机电系统日益增加的高装配质量要求。因而要想实现智能制造，保障精密机电系统高服役性能，提高我国制造业核心竞争力，发展复杂机械系统智能装配技术成为我国因应精密机械装配性能要求高性能化与极端化趋势的不二选择，也是摆脱传统"经验驱动"装配模式下我国精密制造业"大而不强"困境、实现高端装备装配质量"弯道超车"的关键一招。

智能化高性能机械装配是机械学、力学、材料学、信息学、仪器科学、计算机科学等多学科交叉的产物，其本质是基于装配性能多空间尺度和时间维度演变理论与相应的装配工艺、检测和执行装备的发展而产生，从装配连接的基本力学、材料、物理等问题入手，结合数值计算、微纳传感和人工智能等技术，探究复杂多物理场作用下装配结构、制造精度、装配误差等几何量（"形"）与装配性能物理量（"态"）的相互作用规律，揭示装配结构与装配工艺设计对装配性能的影响机理及装配性能在时空域上的形成、保持与演化机制，提高机械系统初始装配性能并保障服役过程装配性能的长期稳定性和可靠性。

（二）未来5~15年发展趋势

制造业的转型升级不仅是制造强国转型发展战略目标之一，也是我国经济未来迈向高质量发展的核心诉求。其中，智能化高性能机械装配是转型升级的关键一环。智能化高性能机械装配的核心是将信息自动化技术与装配工艺分析设计相结合，从而实现产品装配的高精度、高稳定性、高可靠性、高一致性和高合格率。因此，智能化高性能机械装配技术总体上是由装配机理与理论、装配技术与方法两大类组成的，如图 3-3 所示。

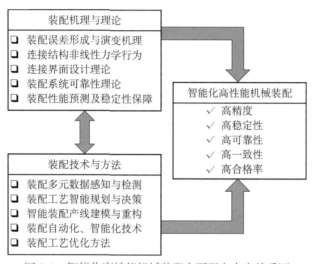

图 3-3　智能化高性能机械装配主要研究内容关系图

　　在装配机理与理论层面，装配连接界面接触物理场的设计调控是提升装配质量、保障装配性能的关键技术，目前国内外学者主要围绕宏观接触模型与微观接触模拟两个方面开展研究。宏观接触主要应用有限元法、边界元法、有限差分法与相关接触理论相结合，微观接触由于其尺度效应，统计学法、分形方法、分子动力学法应用较多。在装配精度分析方面，国内外学者围绕公差建模、装配偏差传递分析、公差优化与装配精度控制等方面取得了大量研究成果，装配精度分析中综合考虑零件表面形貌与受力变形以及数据与物理驱动的装配精度设计是当前的研究热点。在装配技术与方法层面，美国、德国、印度、新加坡等国学者将智能优化算法、计算机辅助设计、大数据与人工智能技术、分解与重构方法等融入面向装配的设计中，以解决装配过程中的装配序列最简化、结构评估精细化等优化问题。在装配连接工艺方面，国内外学者运用理论分析、试验和有限元仿真等手段围绕螺纹连接、铆接等不同连接方式开展了大量研究工作；目前螺纹拧紧工艺的研究已经比较成熟，但螺栓连接的松动问题一直没有得到彻底解决，其松动机理尚未理清；铆接工艺的研究主要集中在铆接机理、工艺参数优化、结构疲劳寿命和先进铆接设备等方面，目前金属结构铆接研究已相对较为完善，但复合材料低应力铆接成型机理尚不清晰。在数字化装配方面，相关理论研究主要涉及计算机辅助装配工艺规划、数字化预装配与虚拟装配等。在装配测量与检测方面，国内外学者主要围绕几何量测量、物理量检测、状态量检验三个方面的相关技术和工具开展研究工作。

1. 关键技术一：装配精度设计、装调工艺与可靠性保障技术的现状及发展趋势分析

几何误差传递分析模型构建与分析方法是尺寸工程的核心，是进行误差溯源、装配误差精准调控的前提。长期以来，各国学者在装配几何误差传递分析中开展了多方面的研究工作，其研究的基本思想是将几何特征误差视为理想特征在空间中的位姿变动，通过运动学方法求解累计误差。基于这样的建模与分析方法，计算机辅助公差分析技术应运而生，而且已经发展成为PTC 公司、达索公司、西门子公司等产品数字化分析软件的重要组成部分，实现设计阶段装配误差的统计学分析。然而，这种简化方法难以考虑装配配合面形貌误差、配合状态和物理属性。航空发动机转子薄壁件、可展机构杆系连接间隙配合中，由于包含形貌误差、配合间隙和零件变形等因素，这使得装配误差传递分析中将会产生较大的计算误差。正是由于缺乏基于实际几何形貌与考虑装配场景的几何误差传递准确预测，这将造成选配、调整等装配过程几何误差调控工艺的盲目性，限制了机械系统装配精度与装配性能的进一步提升。因此，如何突破几何理想特征和刚体假设，考虑实际几何形貌与物理属性，实现装配误差精准预测，已经成为当前复杂、精密机械系统尺寸工程问题中亟须解决的难题。

几何精度理论分析模型从简化与抽象的角度通过不断做减法，尝试给出工程可行方案。然而，产品装配过程涉及几何、碰撞、接触、变形、摩擦等复杂几何－物理实现过程。面对更加苛刻的产品服役环境和装配精度要求，从几何解析表达与求解的角度进行装配误差建模和分析已不能满足复杂工况下的工程需要。这就促使我们转变解决问题的思路，避免机理驱动的复杂建

模过程，转而从其外部表象直接入手，在几何层面直接测量真实形貌，在物理层面建立物理模型，构建接近真实形貌与物理过程的装配过程几何-物理数字孪生模型。当前计算机仿真技术引领的算法研究不断突破，通过融合几何-力学理论分析算法，开发准确、高效的机械结构装配过程数字孪生模型与计算内核，成为解决精密、复杂机械系统尺寸工程问题的新途径。

产品几何形貌的准确快速获取离不开精密测量技术与数字化工厂的强力支持，装配微小尺寸几何-物理复杂仿真分析模型的求解离不开大规模高效计算技术的不断突破和硬件支撑。运用数字孪生技术解决生产制造过程宏观与微观复杂问题已成为当前学术界与工业界的共同期许。若能够以当前数字化、自动化精密测量技术与并行计算技术快速发展为契机，着力突破衔接几何误差测量、表征、建模、仿真的核心关键问题，突破装配误差传递分析中几何要素的单一考量，则有望构建面向装配过程复杂要素精准建模与快速计算的几何误差传递分析方法和理论体系。实现复杂、精密机械系统装配精度保障与综合性能进一步提升的关键在于装配误差传递的准确分析与预测。为此，必须进一步突破理想几何特征与刚体假设，实现装配过程实际几何与物理要素的综合考量与精准分析，打通装配误差问题的测量—建模—计算全流程，为装配工艺精准决策提供支撑，推动实现"全域全要素"数字孪生的智能制造技术突破。

随着工业自动化、信息化技术的深入发展，以及车间级、企业级智能制造的逐步实施，零件机械加工质量检测、产品装配过程工艺参数检测、产品装配性能检测会产生大量的检测数据，在数据中蕴含的精密机械性能衍生规律将会极大地促进对装配工艺技术的理解。辛辛那提大学的李杰（2015）教授指出，"中国制造"需要利用大数据实现向预测型制造的转变，这个转变有望给中国制造业提供一个"弯道超车"的机会。由此可见，利用数据挖掘解析检测数据，还原装配性能衍生所包含的几何误差、装调工艺与物理性能复杂关联关系，成为实现装配性能精准调控的又一选择。

数据技术在制造领域的研究与应用方面，数据挖掘与知识发现已经成为国内外研究者对制造业大数据研究的热点问题。通用汽车基于质量控制与大数据技术提出了制造过程数据驱动的面向质量过程监控（process-monitoring-for-quality，PMQ）思想，并已将这一思想应用于雪佛兰电动汽车的生产过程中。数据技术以数据为驱动，挖掘数据表象背后的关联关系，为深刻理解产品性能衍生内涵机理提供了一种新的认知范式，为揭示产品制造过程乃至全生命周期的性能演变提供了一种有效的技术手段。数据技术应用于制造领域的关键在于深入研究制造模式的具体特点与需求，及其与数据挖掘算法逻辑的匹配关系。

在数据与机理混合模型构建方面，机理驱动与数据驱动融合的"混合模型"构建方法与分析方法在针对装配过程的产品性能衍生研究中尚未见报道，然而"混合模型"的思想与方法在非线性系统等研究领域已经被一些研究者提出和采用，其中开创性的研究包括匹斯科奥吉斯（Psichogios）提出的混合模型。混合模型方法中最主要的思想是将已知经验或机理模块与非线性逼近器模块相结合，因此也将该混合模型称为"基于机理与数据驱动模型"。机理模型与数据模型融合的研究方法为解决装配过程复杂因素问题提供了一种有效的技术手段，特别是在当前装配过程数据充分获取、数据分析技术不断发展的情况下，研究机理与数据驱动的装配过程混合模型建模与分析方法就变得十分必要。面向"几何误差与物理性能"的精密机械综合装配性能保障目标，单一机理研究或数据研究的方法在模型构建中存在瓶颈与不足，将机理驱动与数据驱动研究方法融合，必将促进对装配性能形成规律的进一步认识。

在基于数据或机理模型的装配工艺决策研究方面，从制造系统角度出发，国内外研究主要集中于制造过程监控、诊断以及面向产品质量的优化设计几个方面。无论是基于机理模型还是数据模型，国内外研究者对制造过程质量控制的工艺决策问题都进行了充分研究，提出的面向制造过程质量控制的测量工艺规划方法、制造缺陷诊断与溯源方法、工艺参数优化设计方法促进了产品性能的明显提升。然而，装配误差的形成与迁移机理，特别是服役时间域上装配精度与性能的非线性演变和退化机制及精度保持技术等理论一直未取得突破。

2. 关键技术二：装配连接性能衍生与工艺方法的现状及发展趋势分析

装配连接性能是保障复杂机械系统整机稳定性与可靠性的关键所在，国外学者与行业协会在装配连接理论分析、装配界面设计、连接工艺设计、试验测试等方面，开展了大量卓有成效的研究工作，并逐步形成了相关行业标准。但另一方面，尽管在行业协会与组织的推动下，国外学者开展了大量研究工作，但在复杂机械系统实际装配过程中仍然存在连接工艺复杂、连接预紧力离散度大、连接性能保持性不高等问题，这也一直是诸如美国机械工程师协会等行业协会每年主办国际会议的热点议题之一。

接触问题是装配连接性能衍生与工艺方法研究的基础问题，接触界面形貌具有典型的多尺度特征，体现为形状误差、波纹度及粗糙度的综合叠加，其多尺度耦合下的接触机理是解决装配界面密封、摩擦、磨损、刚度、阻尼、电阻和热阻等接触性能的基础。国内外学者对此进行了大量的研究，其理论可以分为：以 Gromov-Witten 理论为代表的统计模型；以分形几何为代表的分形理论；以快速傅里叶变换（fast Fourier transform，FFT）方法为代表的傅里叶分析；基于实测数据的确定性模型。目前，国内外学者针对结合面多尺度耦合在数值解析、有限元仿真与试验研究方面取得了一些很有意义的成果，但很多接触理论都依赖粗糙表面的统计和周期性特征，只适用于随机性或周期性表面，以及将粗糙表面特征过于均值化和理想化的情况，仅适用于小载荷问题求解。

装配连接性能精确预测与仿真是支撑装配界面反演设计及装配连接工艺设计的基础。考虑装配界面自身的几何形态、理化性质等属性直接影响其在服役过程中的力场传递、能量耗散，在应力、刚度、阻尼等装配连接性能精确预测与仿真过程中，如何对真实装配界面进行等效建模至为关键。国内外学者通过弹簧－阻尼模型、虚拟材料模型、机械结构结合部界面元模型及有限元模型等模型接触行为，对装配界面的刚度、阻尼等特性进行预测。

装配界面设计包含多尺度几何量设计与差异化机械特性设计。在几何量设计上，国内外学者基于数学规划、渐进结构优化（evolutionary structure optimization，ESO）、固体各向同性材料惩罚方法（solid isotropic material penalty method，SIMP）、移动渐近线方法（method of moving asymptotes，MMA）等经典优化方法以及水平集法（level set method，LSM）、扩展有限元法（extended finite element method，X-FEM）、神经网络等新方法对接触边界、接触域或接触体进行了优化设计，有效提升了装配连接性能。此外，解析法、等效静态位移法、超单元法、基于密度分布的敏度优化方法等也被应用于装配连接性能提升问题中。装配界面差异化机械物理特性设计由西安交通大学洪军团队提出，该团队从材料机械物理特性（如刚度、硬度等）入手，提出了非均质装配界面创新设计理念，即通过改变和精细控制装配界面表层材料的机械物理特性（如刚度、硬度等），将装配界面设计为具有非均匀机械物理特性分布的表面，并成功开发了装配界面材料刚度、硬度设计数学工具，大幅改善了装配界面接触应力分布均匀性。

装配连接工艺设计可分为装配连接工艺方法设计与装配连接工艺参数设计。针对工业中常用的连接方式包括螺纹连接、焊接、铆接以及黏胶连接等，国内外学者展开了大量研究。传统的装配工艺设计常常以保障产品的几何精度为目标，并未深入研究建立装配工艺参数与产品装配性能之间的内在科学联系。随着机械产品朝精密化、微细化、光机电一体化方向发展，对于复杂机械装备，需要研究并找到影响产品装配性能的关键装配环节和工艺参数，并突破多学科参数耦合装调的相关理论和技术，量化各种工艺参数，真正实现可控、可测、可视的产品装配。

近年来，我国也逐步迈入世界发达国家的研究梯队，然而相比而言，我国在装配连接领域以跟踪模仿为主、自主创新为辅，以应用研究为主、基础研究为辅。研究工作往往停留在实验评价和定性分析阶段，缺乏基础理论与技术层次上的深入探讨。这就使得国内企业在复杂机械系统智能装配连接时，只能照搬国外的连接工艺与技术，往往"知其然而不知其所以然"，不可能规划出适应自身特点的最优连接策略，无法保障整机装配性能的可靠性，从而影响产品的自主发展。

综上所述，尽管装配连接性能保障是传统的基础性问题，国内外学者也对其进行了大量研究，但是目前的工艺技术水平仍然无法完全解决这一问题，而我国在此方面的研究基础又尤为薄弱。因此，在复杂机械系统向结构小型化、轻量化、复杂化和服役环境恶劣化方向发展的大背景下，装配连接性能衍生、装配界面反演设计、装配连接工艺设计与性能保持性的基础研究是保障我国复杂机电系统高质量装配的重要方向之一。

3. 关键技术三：装配性能在线检测技术的现状及发展趋势分析

复杂机械系统对整机性能、精度要求日益提高，因此在装配过程中对关键环节的在线检测具有重要的意义。装配在线检测直接将检测仪器布置在装配线上，通过对装配过程实时检测、实时反馈，达到及时掌握装配过程品质信息和状况、提高装配质量、降低废品率、减少决策时间的目的。传统的人工机械检测效率低，一致性差，不能满足越来越高的质量要求，高精度自动化在线检测成为目前的发展趋势。目前的装配在线检测技术依赖于装配精度几何量的高精度检测，同时由于对装配性能要求的日益提高，装配性能物理量的检测需求也日益迫切。

复杂机械系统智能装配过程中精度几何量的检测至关重要，以飞机、火箭总装为例，如何保证各部件之间的相对位置关系符合对接标准，直接关系到飞行器的使用性能和安全性，因此需要测量设备同时对各个部件的位姿实时监控。传统机械装备的装配几何量的检测依靠塞规、千分表及大量夹具，依赖人工操作，效率低、精度差、一致性低。几何量在线检测系统，按照其测量原理和方式，可以分为接触式和非接触式两大类。接触式在线检测系统包括关节臂测量系统、三坐标测量机等。非接触式在线检测系统包括激光测量系统、摄像测量系统等。目前，随着各种先进的非接触式测量技术的出现，装配在线精度几何量检测技术呈现出高效率、高柔性的发展趋势。

在机器视觉研究领域，位姿测量与目标跟踪一直是研究的热点问题。根据摄像机数量的不同，视觉跟踪定位系统可以分为单目、双目或多目三个类别。对于单目视觉跟踪定位系统，一般通过获取目标图像序列，根据图像间对应特征的图像坐标点，采用直接线性变换、四点透视、弱透视成像模型求解姿态。对于双目、多目视觉跟踪定位系统，利用的两幅或多幅图像中对应点之间的几何位置关系来确定被测物点的空间三维坐标，并进一步估计物体的空间位姿。视觉跟踪定位技术可以实时提供物体的姿态信息。基于机器视觉的位姿测量算法研究的焦点是在于机器人如何感知周围环境、判断和规避障碍物、人机交互等。但受到测量原理的限制，基于视觉的测量系统是一种离线的测量系统，实时性较差且定位精度较低。近年来，随着深度学习技术的迅速发展，基于深度学习的装配缺陷机器视觉识别方法也快速发展，并已开始应用到工业生产中。

基于激光的定位技术包括相对定位技术和绝对定位技术，相对定位技术包括激光干涉仪等增量式测量技术，然而由于该技术仅能测量相对坐标且不能断光，因此难以应用到装配在线检测中。激光绝对距离测量技术不需要导轨，因此可以进行三维坐标测量，受现场通视的限制小，使激光绝对测距更加适用于工业现场的测量环境。最具有代表性的绝对定位技术有：无线定位、激光雷达定位和室内 GPS[①]（indoor GPS，iGPS）定位等。无线定位包括蓝牙定位和 Wi-Fi 定位等，然而其定位精度低（1 m 以上）、功耗大，因此应用较少。激光雷达是一种通过向目标发射激光束，并且接收从目标位置反射回的激光束，测量二者的时间差进而实现距离测量的大尺寸测量系统，其原理主要有相移检验法、相干时间法和脉冲检测法三种，其工作方式为旋转扫描。但是，国内外对于激光雷达导航的研究都无法突破厘米级这一精度局限性，同时数据刷新速率较低，这就导致激光雷达无法胜任高精度及装配现场运动较快的导航定位。

iGPS 的数学模型为空间角度交会原理，是借鉴 GPS 卫星定位系统的原理开发出的一种室内大尺寸定位系统。iGPS 一般由激光发射机、传感器和上位机等部分组成。和其他测量方式相比，iGPS 最主要的优势为可以在几十米的大尺寸范围内对多目标进行实时动态测量与跟踪，且整个测量过程中无须人工辅助，测量效率、精度高。目前，船舶、飞机等大型机械设备的制造与装配过程中均已有 iGPS 的成功应用。以飞机、火箭等飞行器结构装配为例，美国波音公司、欧洲空中客车公司均采用 iGPS 来对机身部段的位姿进行实时测量，保证机身装配中的安全与高效。我国运载火箭的总装车间中也逐步全覆盖布置了国产 iGPS，以此保障装配质量。

随着复杂机械系统对装配性能要求的不断提高，仅依靠精度几何量的检测已经无法完全满足装配质量要求，因此对于性能物理量的在线检测需求日益迫切。以航空发动机盘轴装配和总装为例，发动机性能除受到精度几何量的影响以外，发动机中螺栓预紧力、接触特性等对于发动机振动等关键性能具有极大影响。在此方面，传统的装配过程依赖于装配工人通过“手把”、敲击声音、人听声音等，根据经验判断装配体的力学特性，进而检测装配质量。传统人工检测方法虽然较为可靠，但极其依靠检测人员的自身经验，造成检测效率低、装配一致性差。

振动、声学信息中包含了丰富的结构力学信息，因此装配性能物理量检测技术一般采用振动、声学、超声信号，根据信号特征识别或反演装配过程

---

① 全球定位系统（global positioning system，GPS）。

中的各部件间的力学状态。在基于振动信号的装配质量检测技术方面，目前已经应用到回转部件，比如汽车变速箱、汽车发动机等关键部件的装配质量检测中。以汽车变速箱装配检测为例，为在线掌握某型重载卡车变速箱的装配品质、快速定位装配故障源，目前已通过在线检测变速箱振动信号，对比变速箱装配是否合格情况下的动力学特征，包括频率等判断装配质量，并确定故障源。

近年来，快速发展的声音检测技术为基于声音的装配在线检测提供了可能。相较于振动信号，声音信号波长更短，检测灵敏度更高。以火箭总装中的多余物检测为例，通过对声音传感器阵列的精心设计和声音信号处理技术的合理选择，可以实现在多种噪声条件下基于声音信号的多余物的自动识别，从而解决传统火箭总装多余物测试中依赖人听声方法灵敏度不高、对人依赖性强的问题。

复杂机械系统中广泛应用螺栓连接等机械连接方式，螺栓预紧力、结合面接触特性等对机械系统的性能具有重要影响。螺栓预紧力、接触特性检测是装配性能在线检测的重要应用领域。在螺栓预紧力检测方面，基于声信号、超声体波、超声导波的预紧力检测受到了学者的广泛关注。在传统装配检测中，有经验的工人可以通过敲击螺栓连接部，根据声音判断螺栓预紧力，借鉴该思路，目前国内外的研究机构提出利用声信号，结合基于深度学习的语音信号处理方法，实现螺栓松动在线检测。由于声音信号的频率在约 10 kHz 及以下，波长仍然较长，因此目前仅实现了完全松动螺栓的识别。针对薄壁结构，可以采用超声导波，超声导波的检测频率通常在 20 kHz～1 MHz，频率更高，可以实现螺栓早期松动的识别，该方法通常在螺栓连接部的两侧布置传感器，可实现多个螺栓连接部的同时检测。超声体波的检测频率通常在 1 MHz 以上，灵敏度最高，是检测螺栓预紧力的有效方法。由于螺栓预紧力会导致螺栓的伸长，以及高阶弹性模量的变化，因此可以根据超声纵波、横波在螺柱内部的传播时间来确定轴向应力。该方法通常需要使用接触式超声探头，贴在螺栓头上检测超声在螺柱内的传播时间，目前美国等已经为此研制了专用的检测设备，比如美国达高特（DAKOTA）公司的 Mini-Max、Max Ⅱ等超声螺栓预紧力检测仪，然而国内在此方面的专用检测设备比较欠缺。

由于结合面的封闭性，结合面接触性能的准确测量存在很大困难。对于接触特性检测，目前工程实际中广泛应用涂粉法、薄膜法，然而上述方法均有不同程度的局限性。涂粉法一般采用红丹粉作为显影剂，将其涂抹于接触面上，在与配合面对研后，工件表面的凸点（接触点）便会清晰地显示出来，然后通过凸点数量判断接触面积的大小。该方法的精度取决于对接触表面涂粉的均匀程度，而且凸点数量并不能完全反映接触面积的大小，加上在工厂中一般采用目测确定凸点数量，因此该方法检测精度较低，不适用于检测精度要求较高的场合。压力薄膜，比如日本富士胶片株式会社的感压纸可以测量接触面积、接触压强，然而由于该方法会改变结合面的接触状况，而且其接触压强检测范围、分辨率等均受到限制，因此难以用于装配车间的在线检测。

超声体波是检测结合面参数的有效方法，当一束超声信号入射到一个结合面时，该信号会在结合面处发生部分反射，该反射信号可以反映结合面的接触状况，以此可以实现对接触面积、接触刚度、接触压强的检测。该方法可以在不拆卸工件的情况下直接测量，而且不改变工件的接触状态，因而受到广泛关注。国内外学者对超声检测方法开展了广泛研究，并已开始将超声方法应用于螺栓结合面、圆柱配合面、滚动轴承、滑动轴承等工程对象中。然而在采用超声体波检测时，超声探头需要耦合剂与被测结构耦合，特别是在对结合面扫描时通常需要采用水浸式超声探头对被测结合面进行扫描，需要将被测结构放置于水中，这极大地影响了其在装配现场的应用。

随着在线检测的逐步推广和应用，产生了海量的装配过程检测数据，精准地识别数据的偏差模式，有利于实现故障的快速定位和诊断。装配车间随机扰动频发、生产环境开放，在线检测数据包含多源噪声的影响，导致有效信息的提取和利用困难。20 世纪 90 年代初，美国密歇根大学吴贤铭制造研究中心开创性地将多元数理统计中的相关分析、主成分分析等方法引入汽车车身在线检测数据分析和处理中，并与美国三大汽车公司合作完成 "2 mm 工程"，其结合基于专家知识的故障诊断技术，有效地解决了车身尺寸波动问题，对提高车身制造水平起到了重要作用。上述方法依然依赖于主观经验进行特征选择，且忽略时间维度参数。随着深度学习技术的快速发展，学者针对车身在线检测数据融合与分析，提出采用深度学习技术，将激光、机器视觉测量的数据进行融合，实时高效地监控车身装配线运行状态，自动智能地识别异常模式，保障生产线快节拍、低故障率地运行。上述研究仅限于车身精度几何量的检测数据融合。随着目前在线检测技术的进一步发展，如何进一步融合不同环节、不同物理量的海量数据，并以此进行装配质量评估与故障溯源成为迫切需要解决的难题。

从上述分析可以看出，目前装配现场仍然依赖千分表、定制工装等装配精度几何量检测，或者通过三坐标测量机等采用抽检的方式确保装配质量。装配在线检测技术已经逐步在工程中实际应用，基于激光、机器视觉的精度几何量和基于振动、声与超声的性能物理量是在线检测的主要技术手段。然而装配在线检测技术仍然存在以下问题：①装配过程正从"大批量、刚性"的生产模式转向"小批量、个性化"的生产模式，同时随着对生产效率、装配精度与性能要求的日益提高，可灵活配置的柔性非接触装配在线检测系统的需求日益迫切；②装配性能物理量检测仍然依赖于接触式检测，存在检测效率低、装配现场应用困难等问题，开展非接触式的性能物理量检测是面临的重大问题；③由于装配车间随机扰动频发、生产环境开放，在线检测大数据体现出高噪声的特性，这直接限制了在线检测系统的应用。如何利用多元统计分析，以及深度学习等新兴技术，开展大数据挖掘与数据融合，以此实现检测数据集成处理与故障智能诊断系统成为迫切需要解决的难题。

4.关键技术四：装配工艺智能规划与产线重构技术的现状及发展趋势分析

装配工艺智能规划与产线重构是实现高端装备、航空航天的单件小批量、多品种混线高效生产的核心技术之一。装配工艺过程的场景实时感知是装配质量控制的基本保障，在混线制造和定制化模式下，准确实时感知装配产线的全要素（人机料法环）状态和工艺过程状态是工艺自主规划与产线动态重组的决策输入。国内外学者在高保真装配信息模型构建、计算机辅助装配工艺规划、装配仿真等领域开展了一系列研究工作。

高保真装配信息模型主要通过图论模型、矩阵模型、层次模型、语义模型等典型方法进行表示，计算机辅助装配工艺规划研究主要包括装配顺序规划、装配路径规划、装配工序编排研究等。其中装配顺序规划是装配工艺规划的难点，受到各国研究者的广泛关注，如基于知识的装配顺序规划、基于语义的装配顺序规划、基于实例推理的装配顺序规划、基于规则的装配顺序规划、基于自由度推理的动态干涉检测等。同时，各种人工智能算法（如遗传算法、蚁群算法、模拟退火算法等）也应用于装配顺序规划研究中。近些年，以深度学习技术为代表的人工智能技术发展迅速，但是由于装配工艺信息的复杂性，当前少见基于深度学习的装配工艺规划研究。国内外学者将装配路径的规划方法主要分为两类：自动生成法和交互式定义法。装配路径的自动生成法，是通过输入装配环境的三维模型位姿信息以及装配体内各零部件之间的关系模型，自动计算出避免与其他零部件或设备资源发生干涉的合理装配路径；交互式定义法是在虚拟环境下根据人为定位装配相关信息以实现装配路径的规划。

装配仿真依据实现方式的不同划分为两种比较典型的方法：基于三维CAD 软件下的可视化过程仿真和基于虚拟现实技术的装配仿真。虚拟装配工艺规划通过虚拟现实技术建立逼真虚拟装配环境，设计者可通过三维输入设备，交互完成装配操作，验证规划装配工艺。但是当前虚拟装配工艺规划多停留在几何仿真研究阶段，对于装配变形、装配误差、装配力等装配过程中的物理仿真研究还有待进一步深入。数字孪生技术可以将数字孪生体与物理实体实时映射，具有"虚实融合、以虚控实"功能，可以形成状态感知—装配工艺预测优化—反馈—改进闭环工艺规划机制，然而当前数字孪生技术装配工艺规划尚处于探索阶段。

美国在飞机、潜艇、航空母舰、特种车辆等大项目研制中，从设计、制造到装配、试验等全流程都采用了先进的数字化技术，通过产品数字化定义、并行工程等手段，大大缩短了研发周期，提高了设计和制造质量。例如，美国波音公司在 B-777 飞机研发过程首次采用了数字化设计与制造技术，缩短了一半的交付时间；美国 M1 特种车辆制造全过程采用三维设计、数字化装配，4 条机器人焊接生产线平时生产量为 30 台份 / 周，战时动员生产产量可迅速提升至 250 台份 / 周。

国内在航空、航天等先进行业也采用了全数字化样机设计技术及装配技术，实现了产品的数字化定义、虚拟试验和数据协同管理及并行工程。中国航天科工集团有限公司大力推行数字化技术在工程设计、生产制造和企业管理等方面的应用，通过三维设计、虚拟现实仿真技术和并行工程实现装配路径及装配过程优化设计，应用数字化柔性装配系统实现大型构件的自动化精准装配。中国航空工业集团公司第一飞机设计研究院在某型号飞机物理样机的研制中，首次将全三维设计技术应用于型号的研制中，在此研制过程中，没有使用一张二维图样，全部使用三维模型，其缩短研发周期、提高研发质量的效果十分显著。

可以看到，数字化装配技术已成功应用于国内航空航天等先进行业中。但整体而言，相较于国外，在技术研究方面，国内在装配工艺关键技术、计算机辅助装配工艺规划、数字化装配等方面的研究存在一定差距。近几年，装配工艺智能规划与产线重构技术研究仍然存在一些问题：①尚未形成基于装配检测数据的装配工艺状态感知、装配工艺知识生成、装配工艺规划的技术体系，未能充分利用人机料法环多源异构装配检测数据实现装配工艺状态的感知和规划，无法快速响应柔性生产需求所引发的制造工艺频繁变更。②对于复杂航天装备的混线装配，人是装配生产的核心要素，当前对产线重构中的人机交互研究还有待进一步深入，如产线重构中人的装配操作监测、装配工艺辅助信息智能生成与显示技术等。③尚未形成基于数字孪生技术的装配性能在线预测和装配工艺在线优化理论体系，特别是在装配数字孪生模型的一致性和"以虚控实"方面仍需进一步深入研究。

未来装配工艺智能规划与产线重构技术的发展趋势主要表现在以下几个方面。①基于人机料法环多源异构装配检测数据的装配工艺状态感知和规划，结合虚拟建模与仿真、人工智能等技术，实现装配流程精准化、智能化，数据自主感知、大数据趋势分析，最优装配工艺决策和自主规划、工序智能编排等。②装配中的人机交互技术研究，如结合机器视觉、脑电信号分析、深度学习等技术，监测装配人员的状态和装配意图等；借助增强现实（augmented reality，AR）技术将规划的装配工艺信息以三维模型的形式智能输送给装配人员，提高装配效率，减少误操作；借助强化学习、演示示教学习、元学习等实现基于少量样本的机器人自主装配技术。③基于一致性数字孪生模型的装配工艺规划和产线重构技术，在数据一致的基础上，建立一致性装配误差模型、装配变形模型等，实时预测装配性能，在线调整装配工艺，建立"状态感知—装配工艺预测优化—反馈—改进"的闭环装配工艺智能规划机制。

5.关键技术五：装配自动化执行装备的现状及发展趋势分析

装配工艺执行装备是整个装配过程的载体，也是实现产品自动化、智能化装配的工具，依据功能主要可以分为自动化装配操作平台与综合性能检测平台，目前主要的研究领域有：装配单元自动数字对准设备开发、装配自动执行机构开发、自动化装配性能检测设备开发等。在航空航天等高性能、高可靠性要求产品装配中，装配自动化执行装备技术研究与应用显得尤为突出。航空航天产品制造面临前所未有的高难度、重任务和时间紧迫的要求，因此亟须新方法、新工具来解决制造和装配工艺中面临的问题。

以航空发动机转子装配为例，近年来，国内外制造企业分别应用自动化装配工艺装备以提高转子连接过程中预紧力及界面压力一致性、减少转子装配过程中的误操作等，如转子内腔的螺栓拧紧机器人、大型低压涡轮单元体装配平台设备等。中国航发商用航空发动机有限责任公司制造的低压涡轮主单元体自动化对接及安装设备，可实现六自由度自动化调姿和多轴力感测、力控制。为进一步提高装配性能一致性，针对大尺寸、多盘零件的复杂结构高压组合转子，美国通用电气公司等开发并应用了均压技术和相应装置，使转子总体刚度、配合面贴合质量大幅上升，并降低了对螺栓安装顺序的控制需求，减少了预紧力分散性。目前为止，我国对均压技术原理尚未研究清楚，即使应用均压装置，均压工艺参数确定仍需依赖于美国雅森公司（Axiam）等国外企业。

同时，对于航空发动机高压转子堆叠装配这一转子系统代表性装配难题，2008年以来，国外知名发动机公司普遍应用高压转子堆叠优化设备，使得装配精度和效率明显提升，更为关键的是，可以实现基于转子零件实测的几何跳动数据，预测最优安装相位，使最终的转子组件几何特征参数优化。另外，针对复杂转子的高精度装配需求，美国雅森公司针对特定转子，开发了集成高性能堆叠技术的超级栈（SuperStack）系统，该系统可以对转子零件装配约束变形进行量化预测，针对特定转子进行定制开发，实现高精度装配指导和预测。根据美国雅森公司提供的 CFM56 系列发动机的现场应用数据总结，在没有采取任何修磨和换件措施的情况下，美国雅森公司的转子装配方案所产生的跳动一般是发动机手册最大要求的1/3。我国多家航空发动机制造企业也应用了成套配件系统（set parts system，SPS）等堆叠装配设备，但应用效果与国外具有较大差距。

大部件自动对接技术主要集中在航空领域。对接技术是飞机总装的核心，其主要对接任务包括机身段对接、翼身对接和尾翼对接。为了克服飞机总装工程中装配周期长、通用性差、装配协调关系复杂等缺陷，美国先进联合技术公司（AIT）、德国伯爵（BROTJE）公司、西班牙托里斯（M Torres）公司、美国波音公司（如 737、777、787、C-17 机型）、欧洲空中客车公司（如 A380、A320、A340 机型及军用运输机 A400M）等针对不同型号飞机的装配工艺特点，研制了各类高效柔性化、自动化工艺装备，代替了以往大型的固定对接平台，大大减少了工装数量，缩减了工装准备时间。这些柔性自动化对接装配系统的主要特点是：①依靠自动化定位控制系统，同时协调多个机械传动装置的运动，以预定的方式准确平稳地操纵飞机部件；②使用激光测量子系统来确定部件位置并控制飞机几何形状；③自动定位与校准系统由机械传动装置、控制系统及激光测量组件组成，机械传动装置用来支撑飞机分装配件在 X、Y 方向的直线移动，以及 Z 方向的俯仰，实际上每个机械传动装置都是三轴机床，通过带有旋转分解器反馈的伺服电机来完成精确运动。

近十年来，我国沈阳飞机工业（集团）有限公司、成都飞机工业（集团）有限责任公司、西安飞机工业（集团）有限责任公司等几大飞机制造厂或已经建成或正在建设柔性自动化装配系统，配套的测量技术相对比较成熟，已经应用到实际工程生产当中，代表了国内大型设备制造装配及测量的顶尖水平。我国西安飞机工业（集团）有限责任公司与浙江大学柯映林团队通过产学研合作，设计并制造了具有自主知识产权的大型飞机机身对接系统。该系统采用了塔式分布式结构，主要利用激光跟踪仪测量装配件上的定位工艺孔，识别实测与理论装配位姿的差异，进而通过调整固定工件上的球头相对固定于定位器上的球窝的相对运动，实现其装配位姿的对准。

采用上述装配位姿对接系统，可以大幅度降低用于飞机机体部装与总装对接的刚性工装数量、制造成本与周期，并提高对接精度，但该工艺的实际生产应用也面临许多新挑战，因为多点驱动条件下大型装配件的多轴协调驱动方法演变成了该设备使用的瓶颈。装配件多点联合驱动时，各驱动点的不协调运动，即驱动偏差必然会带来对装配件的撕扯，造成装配件的损伤，因此保证对接后大型装配件的外形精度和装配性能的关键在于装配件装配位姿调整的精度与稳定性。

世界领先的飞机公司目前大量采用自动对接系统代替大型的固定对接平台。总装中，传统的人工对接平台已被计算机控制的三坐标数控定位器、自动检测系统和装配位姿控制系统组成的柔性对接平台所取代。例如，德国宝尔捷自动化（Brötje-Automation）公司研发了飞机机身柔性装配对接工装，该自动对接工装主要有分布式和托架式两类结构。分布式对接工装采用定位器直接支承工件，其优点在于装配面积小、结构简单，缺点在于需考虑装配对准过程中定位器对工件的驱动力，以免造成与工件接触部位的变形和损伤。与其相比，托架式对接工装多采用带保型的固定托架托起工件、定位器支承固定托架的结构，显然固定托架增大了定位器与工件的接触面，可避免大部件的受力变形。

目前我国运载火箭普遍采用二/三自由度移动架车、配合辅助工装和吊车，通过人工协调、手动调整完成总装。同时，在总装过程中，需要在对接装配工位、多余物检查工位和质量质心测试工位之间多次吊装不同箭体。这种对接装配方式造成我国运载火箭装配工艺烦琐、装配周期长、装配精度低和装配质量一致性差等问题，难以保证航空业对批量化和高精度的要求。为了解决上述问题，需要将现代制造技术、在线检测技术与传统对接装配工艺有机结合，研制集多余物检查与质量质心测量等功能于一体的运载火箭总对接装备和自动化垂直装配装备，开发多轴协调伺服控制系统和控制算法，结合具备多目标动态跟踪定位能力的大尺寸空间位姿测量系统，提高我国运载火箭自动化和柔性化对接装配的水平。

未来装配工艺装备正朝高可靠性、自动化、柔性化、智能化、应用集成化等方向发展；同时装配工艺复杂性、结构及工艺参数不确定性等也要求装配工艺装备在研制过程中，实现工艺装备与工艺、检测技术的系统集成。

总结上述智能化高性能装配各关键技术的研究现状与发展趋势，得出近几年机械装配技术研究仍然存在一些问题：①装配误差的形成与迁移机理，特别是服役时间域上装配精度与性能的非线性演变和退化机制及精度保持技术等理论一直未取得突破；②多物理场耦合的复杂服役环境下，装配连接结构及界面材料物理机械行为的演化机制、对装配性能保持性的影响机理尚未明确；③随着装配过程日益精细化和智能化，测量与检测量的数量和精度均呈几何级数增长，亟须实时在线感知、测量与检测新原理新技术；④尚未形成系统的装配工艺优化设计理论体系，现有的装配工艺系统和信息技术的融合有待进一步深入研究，仍需要开展相关应用基础研究，包含面向加工与装配的公差优化设计、连接工艺定量优化与控制、装配工艺过程智能规划、智能型装配信息与知识系统技术。

　　未来，智能化高性能机械装配的发展趋势主要表现在以下几个方面：①从宏观精度和微观行为的关联耦合机理出发，实现装配精度在空间域、时间域的动态可保持性和可控性；②基于制造精度和装配误差等几何量（形）对装配连接性能物理量（态）的影响规律，实现装配性能智能精准预测和控制；③基于装配连接界面物理机械特性和连接工艺的设计调控，建立有效的装配工艺参数设计与控制规范；④基于新型智能传感、测量、检测技术，实现装配连接界面和装配性能几何量、物理量等信息的实时化、高效化、精确化获取；⑤结合基于误差模型的虚拟建模与仿真、物理数字孪生和人工智能等技术，实现装配流程精准化、智能化，数据自主感知、大数据趋势分析，最优装配工艺决策和自主规划、工序智能编排等；⑥基于人工智能和机器人技术，开发各类人机协同装配机器人，实现装配工艺各环节的自动化、智能化执行。

（三）发展目标与思路

　　针对智能化高性能机械装配具体关键科学技术问题，对应的发展目标与思路如下。

1. 装配质量保障数字孪生技术及数据驱动的装配质量保障技术

　　结合装配误差传递分析与性能精准调控目标，从数字孪生技术与数据驱动两个角度开展相关研究。在装配几何质量保障数字孪生技术方面，建立微小尺寸几何－物理特性数字孪生模型，是提升装配性能快速、准确预测的前提条件。大规模的点云数据是保证微小尺寸形貌精度的不可或缺的输入信息，采用基于光滑粒子的三维模型表达方法，提高点云的精度，为几何－物理特性融合误差传递模型提供良好的数据基础；利用三维点云－光滑粒子－物理属性的仿真引擎，结合基于图形处理单元（graphics processing unit，GPU）加速的装配误差并行分析技术，实现基于几何－物理数字孪生仿真引擎的装配精度快速预测。在数据驱动的装配质量保障方面，从数据描述入手，围绕装配过程性能衍生，以装配过程检测数据到装配性能检测数据为中心线，研究测量数据对应的工艺描述与多源多尺度检测数据表征方法。建立与装配工序过程关联的检测数据关系描述，通过数据挖掘方法，获取几何误差、装调工艺参数与装配物理性能之间的关联规则。融合已有机理模型的先验知识，构建数据与机理驱动混合模型，提高模型透明度与性能预测准确性。基于装配工艺要素与性能要素关联分析和混合模型，建立装配过程性能衍生的系统传递模型，运用最优控制方法，形成基于检测数据的精密机械装配工艺决策、工艺参数优化与检测工艺优化方法。

2. 多物理场耦合环境下装配连接性能在空间域与时间域的形成、保持和演变机制

结合装配连接精准预测与保持目标，从数字孪生技术与数据驱动两个方面开展相关研究。通过建立宏观－界观－微观多尺度、空间－时间多维度的装配连接性能演化模型，形成高端装备装配服役全生命周期中装配连接性能的量化评价指标；开发多物理场耦合作用下的高保真装配系统建模仿真技术，实现复杂工况下产品装配连接性能的精准预测。进一步厘清多物理场耦合环境下装配结构连接性能形成的多尺度行为和时变机理，研究复杂工况下装配连接物理行为及材料行为对装配连接性能的影响规律，揭示具有复杂材料行为的机械结构在多物理场耦合环境下，装配连接性能在空间域与时间域的形成、保持和演变机制。突破装配基本原理、连接工艺控制、连接性能预测以及性能退化模型等几项基础理论与方法，分析装配连接载荷的传递、形成与衰退过程，从而获取复杂机械系统智能装配连接工艺对界面性能的耦合影响规律，揭示极端服役环境下装配连接性能的退化机理，实现装配连接性能的准确预测与量化控制。基于此开展考虑真实服役工况的面向装配连接性能的连接界面反演设计与连接工艺设计研究，充分保障复杂工况下高端装备服役全生命周期的装配连接性能。

3. 装配性能的非接触检测技术与动态场景智能感知

结合智能装配动态场景智能感知目标，从光学非接触检测机理和数据挖

掘与融合两个角度开展相关研究。一方面，依据智能制造大尺寸、动态特征等场景需求，规划下一代光学测量装置与支撑技术；另一方面，研究光频梳、调频连续波激光器等光源性能提升技术、小型化集成技术，研究扫频、稳频等不同测量方案的几何距离、几何特征、振动特征测量方法，研究不同测量方案信号分析与处理技术，实现智能装配下特征的高精度、高速率测量与空间场构建。以上述技术研究为驱动，探究系统性能提升、扰动抑制的光特性调控机制，支撑相关技术实现。开展基于激光技术的不同模态超声波激励与采集技术研究，研究基于字典学习技术等的高噪声超声信号滤波方法，建立激光激励宽频超声波与结构应力状态的关联关系，以此提出应力状态（如螺栓预紧力、结合面接触压强等）的非接触检测方法，在此基础上，开发激光自动扫描与信号采集系统，研制基于激光技术的装配体力学状态非接触检测系统。研究基于深度学习的超声信号处理方法与力学状态信息提取方法，研究基于深度学习的精度几何量的处理方法，在此基础上，研究精度几何量和性能物理量检测大数据融合方法，降低开放环境中噪声对检测数据及融合的影响，建立基于大数据的装配故障智能溯源方法。

4. 面向装配工艺在线智能规划与产线重构的一致性数字孪生模型

结合装配工艺最优规划与重构目标，从智能决策与增强现实两个方面开展相关研究。研究面向装配工艺在线智能规划和产线重构的数字孪生建模理论和技术体系，构建几何一致、装配数据一致、装配工艺机理模型一致、装配性能模型一致的宏微观数字孪生模型，为装配工艺规划和产线重构奠定基础；研究装配工艺智能规划与自主决策理论，形成基于多源装配大数据挖掘学习的智能决策技术以及面向智能装配决策平台的产线物联网构建技术，构建多源异构装配检测数据的产品装配工艺知识库，实现最优装配工艺决策和自主规划、工序智能编排。研究基于数字孪生的装配工艺预测优化和产线重构技术，建立"状态感知—装配工艺预测优化—反馈—改进"的闭环装配工艺智能规划机制；通过建立面向制造全过程的机械产品多维多状态装配信息模型，开发基于知识图谱的装配工艺信息建模与智能推理算法，建立面向现场的装配增强现实辅助技术体系，最终形成数字孪生驱动模式下装配工艺的装配工艺优化与智能决策体系，搭建数字孪生驱动的装配质量数据－装配工

艺优化 - 装配知识自学习运行体系工业软件平台架构，实现装配工艺各环节的自动化、智能化执行；研究装配人机交互技术，实现人与数字孪生模型的双向通信。

5. 装配场景智能感知、决策及控制技术

结合装配工艺自主决策与控制目标，从关键技术集成、工业软件开发、通用设备研制三个层次开展相关研究。开展多维异源信息集成感知系统研发，建立装配过程场景实时状态感知技术标准，梳理产品智能装配过程监测系统中的系统管理、数据管理、装配过程控制等监测需求，突破新型传感技术、模块化/嵌入式控制系统设计技术、先进控制与优化技术、系统协同技术、故障诊断与健康维护技术、高可靠实时通信、工业互联网、人工智能等关键共性技术。加快研发智能装配实时信息感知、决策与控制所需的支撑软件，建立基于数据驱动的三维设计与建模软件、数值分析与可视化仿真软件等设计、工艺仿真软件、人工智能学习系统中的通信协议与数据处理方法，开发高安全高可信的嵌入式实时工业操作系统、嵌入式组态软件等工业控制软件。在此基础上，研究基于装配过程的在线状态数据关联关系的智能控制单元构建方法，解决装配过程中的不确定性等复杂控制因素的控制问题。最后，开发面向智能装配的执行装备，聚焦人机协同装配机器人及其相关技术、基于机器视觉的装配执行设备导引技术、具有自主感知与自我系统安全保护的嵌入式灵巧手及相关专用装备技术以及智能连接工艺通用装备，为智能装配的精准自动化执行提供支撑。

七、柔性微纳结构跨尺度制造

（一）国家产业发展与战略需求

微纳结构制造是信息和通信技术产业的核心与基石，是计算机、网络、通信、自动控制、高技术武器等众多领域的现代产品赖以发展的基础，是事关国家经济发展、国防建设、信息现代化的基础性、战略性产业。近半个世纪以来，集成电路产业一直遵循"摩尔定律"（Moore's law）快速发展，成为支撑国民经济和军工国防的基础性战略性产业。大多数现代产业的发展都离

不开微纳制造技术，微纳器件的身影遍及汽车、石化、消费类电子等传统产业，以及人工智能、物联网、5G/6G 等新兴产业。微纳制造技术能够实现健康、医疗设备的小型化、自动化与低成本化，保障国民健康，能缓解当前我国人口老龄化进程加剧过程中所面临的民生健康问题。微纳制造技术在国防领域扮演着极为重要的角色，能够有效推动仪器装备微小型化、轻量化、多功能化进程，使武器平台更灵敏、更准确、更具杀伤力，推进我国国防安全建设。

柔性电子制造需要在任意形状、柔性衬底上实现纳米特征 - 微纳结构 - 宏观器件的大面积集成，是将有机/无机薄膜电子器件制作在柔性塑料或薄金属基板上的新兴电子制造技术。柔性电子以其独特的柔性/延展性以及高效、低成本制造工艺，在信息、能源、医疗、国防等领域具有广阔的应用前景，如柔性显示、穿戴式电子、柔性能源、智能蒙皮等。国际印刷电子市场调查公司（IDTechEx）预测，柔性电子的市场规模将从 2018 年的 469.4 亿美元攀升至 2028 年的 1 万亿美元[①]。柔性电子材料、器件、工艺与装备的系统研究是实现柔性电子从实验室走向工业应用的关键，也是各国政府抢占下一代信息产业的突破口和制高点。美国国家航空航天局、美国国防部高级研究计划局（Defense Advanced Research Projects Agency，DARPA）相继制定柔性电子战略，2012 年美国总统报告确定将柔性电子制造作为 11 个优先发展的尖端领域之一，2014 年成立了柔性混合电子器件制造国家创新中心；欧盟（第七框架计划、"地平线 2020"计划）在柔性塑料基底上发展印刷技术和智能纺织品技术，英国（"抛石机"计划、建设英国的未来计划）将塑料电子作为制造业主要发展领域的战略规划，德国投资数十亿欧元建立柔性显示生产线；"韩国绿色 IT 国家战略"于 2010 年投资 720 亿美元发展主动矩阵有机发光二极体面板（active matrix/organic light emitting diode）。普林斯顿大学、麻省理工学院、哈佛大学、剑桥大学等国际知名大学都先后建立了柔性电子研究计划和研究中心。国际商业机器公司、谷歌公司、苹果公司、微软公司、飞利浦公司、乐金集团（LG）公司、索尼公司、夏普公司、三星公司、通用电气公司、日本先锋公司等计划将更多的柔性显示、穿戴式电子、智能家居引入到

---

① 柔性和印刷电子材料2023—2033：预测、技术、市场[EB/OL]. https://www.idtechex.com/zh/research-report/flexible-and-printed-electronics-2023-2033-forecasts-technologies-markets/943[2023-12-23].

日常生活中。中国在柔性电子相关应用领域已开展了系列基础研究，相关研究日益获得国家相关部门的重视，例如自然科学基金委"十二五"规划、科学技术部立项 973 计划支持柔性电子器件的基础研究，将新型显示及其制造装备列入《国家中长期科学和技术发展规划纲要（2006—2020 年）》。

柔性电子与微电子的应用具有天然的互补性，但是柔性电子从材料、器件、工艺和装备等方面都完全不同于传统微电子技术，目前并没有形成成熟的设计与工艺，良品率非常低，需要构建柔性电子的完整产业链。相对于美国、日本与欧盟等国家和地区的重视程度及资助力度，中国的投入尚有明显差距，在发展柔性电子器件等高精尖信息电子设备及其相关应用领域亟须形成一支强有力的研究团队。柔性电子材料、器件、工艺与装备的系统研究是实现柔性电子从实验室走向工业应用的关键。柔性电子是高端显示、穿戴式电子、健康医疗、新能源应用、物联网和智能生活等领域发展的关键，可提供原创性柔性电子器件、知识产权和关键技术，为新兴市场培育、高层次人才培养提供新机遇，服务并推动相关信息产业的跨越发展，打破国外的电子技术垄断现状，实现我国电子技术领域的"弯道超车"。

（二）未来 5～15 年发展趋势

1. 柔性微纳结构与器件的跨尺度制造的发展趋势分析

随着摩尔定律进一步向原子尺度延伸趋势的放缓，以集成电路和半导体为代表的微纳制造逐渐向多元化方向拓展，特别是柔性电子器件与系统、人工智能、5G、自动驾驶汽车等新兴技术的出现，触发了新的产业应用领域，对集成电路和半导体市场进行了有效延伸与补充。柔性电子器件与系统的典型应用包括柔性显示、柔性感知、可穿戴电子器件、人-机共融器件与系统、飞行器智能蒙皮等领域，以其独特的柔性/延展性以及高效、低成本制造工艺，在显示、能源、传感、国防等领域蕴含着万亿级应用市场。以柔性显示为例，现代显示面临着柔性化（曲面-可弯曲-可折叠）、大面积（G4.5-G6-G8.5）、高分辨率（1080P-2K-4K）的发展趋势，颠覆了传统平板显示形态，有机发光二极管、量子点发光二极管（quantum-dot light-emitting diode，QLED）等大量创新产品大规模涌现，以柔性显示为代表的柔性电子器件与系统正在成为未来新的经济增长点。全球主要制造大国自 2009 年起陆续对柔性器件与系统进行研究布局与市场培养，争夺未来市场的主导权与话语权。

以柔性化、大幅面、多信息感知、多功能/系统集成为主要特征的柔性电子器件与系统，对基于硬质基材与镀膜工艺的半导体制造方法提出了新挑战：小面积硅晶圆上纳米特征结构制造→大面积自由形态微纳结构跨尺度制造，平面制造工艺→曲面共形制造工艺，无机材料结构刻蚀加工→有机与无机溶液化增减材一体化加工。因而，亟须发展多材料体系、多层次结构的柔性电子器件与系统制造原理与方法。未来，柔性微纳结构与器件制造的发展趋势主要体现在自由形态结构的设计及制造、异质异构界面的精确调控与制造、多源智能感知微纳结构的设计与制造、共形柔性微系统高密度三维集成等方面。

区别于半导体制造中"刚性约束"的特征，柔性系统具有更为丰富的形态，从过去的固定曲面，到现在的可拉伸/可折叠，最终实现自由形态。因而，以"柔性约束"为主要特征的柔性系统制造，对传统以"刚性材料"为特征的制造方法提出了新的挑战。柔性电子技术融合了"坚硬"电子学与"柔软"生物学，要求电子器件柔软、易拉伸且具有良好的生物相容性，以贴合人体并随着人体自然运动，使人成为跨时空尺度信息收集与处理的中心，亟须探索自由形态结构制造的新原理和新方法，这对推动微纳制造创新应用实用化进程至关重要。在实现多功能特征的基础上兼顾"柔性"特征，柔性器件与系统需要突破传统制造方法材料单一、结构单一的瓶颈，攻克多材料体系、多层次结构、多界面匹配的核心难点。发展具有广泛材料特征的异质异构界面调控与制造，是柔性电子器件与系统的关键科学问题。在大延伸率高密度柔性基板上集成/互连各种器件，完全共形贴装在人体皮肤表面、小型武器内壁的新型三维封装技术有望解决现有技术面临的安装空间受限、抗振动性能差等难题，拓展柔性器件与系统的应用广度和深度。为实现并保持柔性传感系统和曲面共形贴合，需要研究传感系统与曲面的接触力学行为，建立界面力学模型并提出共形贴合能力调控方案。同时，需要发展共形柔性微系统多物理场协同设计方法，大变形状况下感知、驱动、控制的一体化制造方法，共形柔性微系统高可靠三维集成方法与技术，以及柔性化共形微系统的集成可靠性评估方法。

将感知结构与功能单元（多信息传感、传递、决策等）融入柔性器件的本体中，形成具有自主感知、决策、驱动的柔性多源感知功能微纳结构，突破传统外置传感、复杂安装等带来的精度一致性差、界面不匹配等本征瓶颈，实现刚体系统不能实现的多自由度大变形、复杂非线性运动，支撑航空航天、高端制造、深海探测等战略领域的引领性发展。

研究柔性传感、人工突触和信号传导电路三个功能单元的柔性一体化集成方法，提出多学科交叉的结构－材料－信息－功能一体化制造的新原理、新方法、新技术，可为未来类脑器件、智能网络结构、"类生命"特征的智能装备等前沿制造科学的研究奠定理论和技术基础。

2. 大规模原子尺度制造的发展趋势分析

当前，世界正在进入以新一代信息产业为主导的新经济发展时期，信息产业核心技术已成为世界各国战略竞争的制高点。以高性能集成电路、新型显示和 5G/6G 通信网络为代表的先进电子信息制造业是新一代信息技术产业的物理载体，成为主要发达国家和地区战略布局的重点。原子尺度的加工理论与方法是先进制造突破精度极限的关键，是特征尺度为从原子尺度至纳米范围的功能结构、器件与系统的设计和制造基础。原子尺度制造引领了制造科学发展的前沿方向，其应用领域也从传统微电子行业不断拓展到航空航天、能源环保、高端显示、生物医疗等领域，涉及机械、材料学、化学、物理学、电子等多学科的交叉交汇。原子尺度加工理论及方法的应用取决于基础制造理论、制造工艺以及装备的同步发展，在当前原子尺度操纵与制造发展趋势中，其面临的科学问题与难点主要涉及制造高精度、复杂性、一致性和制造效率等方面。

集成电路产业在过去的几十年中取得了飞跃性的发展。每 18 个月工艺进步一代的"摩尔定律"生动地描绘了微纳制造对集成电路产业发展的推动。台湾积体电路制造公司（TSMC）在 2019 IEEE 国际电子器件会议上宣告了其互补金属氧化物半导体器件（complementary metal oxide semiconductor, CMOS）工艺晶体管特征尺寸可以达到 5 nm。在器件高集成度、低功耗的需求下，原子级制程精度、高可靠性自对准、高复杂三维结构制造是关键技术挑战。目前，传统"自上而下"的光刻技术面临分辨率的物理极限，需要发展新的制造方法。并行的"自下而上"路线所代表的增材制造技术具有纳米级的精度和可控性等特点，在原子尺度制造中扮演着越来越重要的角色。对于难刻蚀材料，开发"自下而上"的选择性沉积工艺对纳米/亚纳米精度可控制造具有重要意义。对于新兴材料的加工，发展"自上而下"的高能束减材制造、"自下而上"的单原子/分子自组装增材制造以及二者结合的复合加工方法，进行单场调控或多场耦合，研究温度、湿度等外场引起的纳米材料失效不稳定性，实现复合加工。在基础理论方面，需揭示原子级的特征尺度引发的尺度效应、表/界面效应和量子效应等原理。对于原子尺度加工面临热力学与动力学等内禀驱动力问题，需突破原子级加工工具与方法极限，如衍射极限、量子效应等。加工工艺具有力学不稳定性，如原子分子黏附力与应力引起的局域不可控性，面临着原子扩散引起的不稳定性，受到纳米限域空间制造输运限制。未来研究的重点包括：①发展激光原子及近原子尺度的加工手段，如低脉宽聚焦激光束加工等；②建立激光剥离过程中的光、热、电、力学性能演变规律；③研究微纳结构界面在高温环境下的互扩散、应力失配集中造成的缺陷演化等过程的热/动力学机制。

　　进入 5G 时代，基站天线通道数量大幅增长，从现有 4G 的 4、8 通道进行通信逐步升级为 16、32、64 及 128 通道进行通信。由于每一通道都需要一套完整的射频器件对上、下行信号进行接收与发送，并由相应的滤波器进行信号频率的选择与处理，因此对射频器件的需求量将大幅增加。此外，在移动终端方面，由于需要支持更多的频段、实现更复杂的功能，射频前端在通信系统中的地位进一步提升。当前，为了应对 5G/6G 等高频通信的高损耗以及大规模多进多出（massive MIMO）的问题，射频器件需要进一步降低功耗和减小尺寸。麻省理工学院的研究团队研究了基于晶圆级三维集成和绝缘体上硅薄膜（silicon on insulator，SOI）的射频放大器。通过三维集成工艺，研究人员可以堆叠使用不同工艺技术制造的晶圆，从而能够以最低成本优化整体器件性能。此外，他们还把金属氧化物半导体场效应晶体管（MOSFET）和无源元件放在不同的层上以减小尺寸。美国得克萨斯大学的研究团队将单层石墨烯与 CMOS 系统整体集成，减少了芯片间的互联。得到的射频器件具有低功耗、低延时和便于晶圆尺度加工等优势。未来研究的重点包括：①多层异质/跨尺度结构的表/界面制造；②跨尺度构件表面材料-结构-功能相互影响机制；③多尺度、多物理域封装原理、界面分析、工艺模拟与设计，可靠性测试与快速评估。

面对极度复杂化微纳结构制造，需要突破由单原子、分子层次精确操控到大批量超快控制的瓶颈，开发非破坏性在线计量检测方法，从而实现实用复杂纳米结构制造路线。针对未来原子尺度制造方向，提升极端纳米结构制造的可控性，研究微尺度表/界面生长动力学与热力学基础理论，开发多能场/域的跨尺度模型和高效计算工具。结合外电场、离子束调控实现超高精度生长，结合原子级刻蚀方法实现非生长区域原位物质去除，提高生长选择性、定位精度与表/界面、边缘取向与平滑度控制，以制备纳米功能器件。研究材料–工艺–结构–性能的耦合关系，研究纳米尺度下结构与器件的性能演变规律，研究多层互联机理和跨尺度装配方法。突破跨尺度结构的逆向设计，制造约束的多目标优化，邻近效应修正。发展原子级空间分辨与飞秒时间分辨原位表征技术，耦合电学、光学、力学、谱学等先进表征手段，研究跨尺度集成和器件失效机理。

纳米制造受限于高精度与批量化生产的内禀矛盾。由于纳米精度制造设备通常对真空度、振动和杂质控制等具有极高要求，器件遭受周期性变化和设备不稳定的困扰。另外，在制造与服役过程中，纳米器件受到温度、湿度等扰动，出现失效不稳定性。面对大规模制造，受到加工方法个性化与兼容性矛盾约束，以及多尺度、多场耦合复杂条件下的批量一致性与制造效率矛盾影响，需要平衡个性化制造与批量制造一致性，发展空间分离的制造思路，开发并行化和自动化方法，实现连续型的微纳制造工艺过程，提升制造效率。为了满足高价值异构系统集成的需求，需要集成制造过程的前端设备和后端设备，突破跨尺度结构的逆向设计，制造约束的多目标优化，发展邻近效应修正。

面向产业支撑与培育、民生健康、国防安全、科学前沿等重大需求，研究微尺度表/界面生长动力学与热力学行为，平衡个性化制造与批量化制造一致性内在矛盾，提出原子尺度大规模制造原创性理论与颠覆性技术；重点围绕非平面/立体微纳结构制造、多层异质/跨尺度结构的表/界面调控与制造、动态大变形下智能多功能层与驱动系统集成以及光电子器件高性能制造与封装等技术开展研究，提出面向结构功能一体化微纳器件的结构–材料–功能一体化设计理论，揭示结构功能一体化微纳器件电–磁–光–声–热等多物理场耦合调控机制，发展结构功能一体化微纳器件制造的新材料、新方法、新工艺、新装备；提出再生组织结构的跨尺度描述方法及设计理论，提出低雷诺数环境下微纳操控系统的设计理论，发展和探索高通量、高准确度和低成本的生物分子检测新技术。探索基于传统二维、准三维微纳结构制造方法与微纳尺度制造等相结合的新型增材、减材、等材复合制造方法，研究多种方法复合的微纳结构多尺度制造原理与制造工艺，提出外部物理场作用下制造结构的变形、变性、重构机理与精准调控策略，发展轻薄表面大曲率变化下，尤其是局部大曲率曲面的高保真共形制造方法、测量技术与装备。

3. 多维复杂微纳结构制造的发展趋势分析

多维复杂微纳结构具有特殊的电学、力学、光学特性，支撑了以智能结构超材料、微纳机器人、柔性电子器件等为代表的结构功能一体化微纳器件的发展，在军事国防、航空航天、生物医疗、智能传感等国家重大战略领域具有重要的应用前景，近年来已成为国际微纳技术领域研究的前沿与热点方向，全球发达国家和地区纷纷对此进行战略规划。现代国防以军事力量为核心，以科技力量为支撑，讲究先发制人，御敌于国门之外，国防安全关系到全国各民族的根本利益。多维复杂微纳结构制造的复杂性在于微纳结构的维度从二维、准三维尺度逐渐向三维甚至四维尺度拓展，最小特征从微米、纳米尺度向原子尺度拓展，整体成形尺寸从毫米、厘米逐渐向米级拓展，被加工的材料也由传统的金属、无机材料向有机材料、复合材料、多材料等方向拓展。因此，迫切需要发展多维度、多尺度、多材料、多工艺的一体化新型微纳制造原理与方法，以满足结构功能一体化微纳器件发展的需求。多维复杂微纳结构制造的科学前沿包括：以集成电路光刻为代表的二维极端纳米结构制造、以微纳功能结构和超材料为代表的准三维纳米结构制造、以共形电子和芯片三维垂直互连为代表的三维微纳结构制造与系统集成、以空间可重构构件为代表的四维时变微纳结构制造。

2.5D 高深宽比纳米结构、异型微纳结构是超表面功能的载体，特定材料的 2.5D 结构可使物体呈现出特异的光学、化学特性。例如，超表面透镜由深宽比达 10 以上的高折射率纳米图形构成，使光学零件表现出近零的厚度和超高的数值孔径，可极大限度地简化超高分辨率成像系统、光刻机光学镜头组的设计，颠覆传统的光学透镜（组）的设计和制造。再如，固体表面对水、油、冰的超亲/疏特性，直接受固体表面微观结构的影响，通过设计和制造特殊的表面多级/异型微纳结构，可有效控制物体对水、油、冰的亲疏特性，是未来解决污水处理、海水淡化、飞行器/电缆/视窗表面除冰/霜/雾等多种重大工程问题的主要途径。从制造科学的角度看，2.5D高深宽比、异型微纳结构制造未来面临的科学前沿问题包括多个方面：①大尺寸超表面结构的巨量计算与设计、加工制作工艺研发与专用设备的研制、杀手级新应用的探索等；②跨尺度超表面器件在消色散、功能复用度、相干性操控、非线性信号调制等方面的新原理、新机制、新方法；③针对动态可调型超表面器件，研究结构自身的折射率、几何尺寸、环境物理参数（如温度、压力、电场、磁场、流体运动等）对其电磁响应的影响机制，研制或引进可调性、易加工制造的材料体系；④针对量子超表面器件及系统，研究超表面在量子态的制备、操控、传输、检测、识别等过程的深层物理机制，研制基于超表面的高度集成量子逻辑门、量子集成芯片、高性能量子光源、冷原子捕获系统等器件；⑤针对智能型超表面系统，研发基于超表面器件的全光信息处理系统，推广其在人工智能、图像处理及识别、激光切割手术、超分辨成像等领域的应用。

小型精准打击武器（如20 kg以下级别的微小型制导武器、小型无人机）是局部战争、反恐突击、边境巡逻的重要打击力量。由于武器直径小、长度短、所需安装空间狭小，其控制与制导组件的设计与制造面临安装空间受限、抗震性能差等难题，给现有的系统集成制造技术带来了新的挑战。基础零部件和整机系统的智能化发展趋势，要求功能化微纳结构的制造必须突破二维平面衬底的限制，适应三维曲面衬底制造的新需求。例如，在各类飞行器的三维结构件表面一体化地共形制造出感知/探测功能化微纳结构，形成薄膜式的感知/探测系统，被认为是实现下一代飞行器智能化、超高机动性、超高音速发展的关键途径；以三维垂直连接代替传统的引线键合连接，可有效提高芯片的集成度和运算速度，是超越摩尔定律的重要内容之一。未来，针对共形柔性多功能集成机电系统在柔性电路设计、柔性高密度基板制造工艺以及高可靠三维集成等方面所面临的挑战，需要攻克共形柔性多功能集成机电系统三维集成多物理场协同设计、微系统在大变形下的非线性动态响应机制等难题，形成解决柔性电路延展性与信号完整性的思路和方法，提出柔性微系统多物理场设计规范与高可靠集成方法,解决"卡脖子"的核心技术,提升国家在先进装备领域的整体水平和国际竞争力。

空间可重构的微纳功能结构是构成软体机器人的核心部件,在软体机器人的驱动、传感、执行、变形行为中扮演着重要角色,极大地丰富了软体机器人的驱动方式、感知能力、执行本领。例如,将具有磁场、电场、温度场响应特性的功能化微纳结构设计成软体机器人的驱动/感知/执行单元,不但能够由外场驱动并执行相应的动作行为,而且能够感知特定的力、热、光、电、磁等基本物理信息。面向空间可重构的四维微纳结构制造,其科学前沿问题包括以下几个方面。①四维微纳结构网络的设计理论:建立具有信息感知–传递–决策–执行能力的四维微纳结构网络设计理论与设计方法,发展微纳结构的解构/重构新原理与新方法。②四维微纳结构的多能场协同约束制造理论与方法:探明微纳尺度域内多能场作用下的多材料界面与结构的演化机制,发展多材料、多尺度、多层次微纳结构的协同约束制造原理与方法。③四维微纳结构的多源异构信息交互与融合模型:发展多源异构信息交互/融合的功能微纳结构及其智能部件(或系统),从部件级、系统级两个层次提升服役状态实时、在位监测能力。

研究与人体相融合的超高灵敏电子皮肤的设计制造方法及人–传感器界面调控,提出微纳电子器件–人体融合的新型传感原理,提出传感器活性层和电极层的新型微纳力学结构设计方法与制造方法;研究柔性电子器件和人体结合的界面材料及结构设计与加工方法,发展极端条件下人体与器件的界面匹配和器件的大规模制造方法;研究可拉伸、自黏附和各向异性导电材料的设计与制造方法。提出用于可拉伸微纳结构的设计方法与新型可拉伸表皮电极的制造技术,提出电子皮肤与假肢基体的界面匹配、触觉信号与人体交互、柔性假肢驱动等新原理、新方法。针对机器人与传感器融合的传感器制造与集成,研究曲面共形电子皮肤设计和制造技术,发展大面积、高密度、多功能柔性传感器阵列的制备方法和多传感器的集成技术以及环境适应性技术;研究大变形状况下感知、驱动、控制与制造一体化的设计方法,开发协同柔性智能感知多功能层与驱动系统,提出新的逻辑实现方式、软体机械智能与人工智能融合方法。研究结构功能一体化微纳器件多尺度、多物理场、多环境下的可靠性与稳定性,研究新型微纳机器人、可穿戴柔性传感器等与人体的生物相容性及力学的匹配特性及其应用方法和策略。研究外部能量场与局域流体场的相互作用及能量传递转化机制，提出面向复杂生物体环境的微纳操控系统实时检测与高分辨率成像方法，开发集环境识别、路径规划、构型转换及主动避障等多功能于一体的微纳操控系统单体及集群体智能控制技术。

4. 微纳器件新原理制造的发展趋势分析

近年来，基于新原理的微纳器件与系统不断涌现，主要集中在量子传感技术与生物技术研究领域。与传统传感器不同，量子传感器具有超高灵敏度和微观尺寸。量子传感是利用量子态演化和测量实现对外界环境中物理量的高灵敏度检测，具有灵敏度高、待测物理量与量子属性关系简单恒定的天然优势。量子传感器可以探测 400~700 nm 波段的光子数，利用约瑟夫森效应（Josephson effect）设计的超导量子干涉器件（superconducting quantum interference device，SQUID），可用于探测 10~14 T 的磁场，在 144 km 的自由空间内实现量子纠缠和量子密钥分发，以及百公里量级的自由空间量子隐形传态和纠缠分发（吴华等，2014）。微纳制造在生物技术相关的前沿领域，已开展了大量具有典型性的研究工作。其中，以智能组织再生、类神经器件及人 - 机融合界面的发展最具有典型性。

随着微纳器件的特征尺寸从微米尺度减小到纳米尺度，结构的纳米尺度效应、表 / 界面效应以及量子效应突显出来并成为影响器件性能的主要因素。量子技术的经典理论推动了通信、计算、导航等技术的革新，对量子传感与精密测量提出了新的机遇和挑战。量子传感测量技术可溯源到物质的最小基本量的特征信息，赋予了物理量传感测量极限突破的可能。目前，基于量子技术的几何尺寸测量达到了 0.01 nm，温度测量达到了 9 mK，力的测量达到了 0.01 nN，并且正在不断刷新物理量测量精度的极限（吴华等，2014）。固态光量子芯片技术是推动量子技术工程化应用的核心驱动力。金刚石、碳化硅、氮化硼等材料是最具有芯片化、集成化制造潜力的，但该类材料本身并无量子功能结构，需要加工制造产生自旋功能结构。在固态光量子芯片技术攻关过程中，量子功能结构的有序阵列化制造、量子功能材料的柔性化制造、量子传感器件的微纳芯片化制造是亟待解决的关键问题。为了最终实现量子传感器件的全芯片化集成，亟须开展新型量子功能材料和结构开发、量子功能结构原位制造、功能单元可控制造技术开发、多功能结构片上集成等量子系统先进制造技术研究，为量子芯片、量子器件、量子测量仪器等高精尖装备技术的发展提供技术支撑，并推动光量子传感器件逐步向芯片化、集成化、批量化发展。

生物体对外部信息的感知过程包括信息的获取和对象识别。针对复杂环境下高端装备与智能系统对功能单元服役状态的实时、在位感知需求，模拟生物体的感、知一体化功能，从微纳尺度出发，构建具有自感知、自驱动、自解构等功能的微纳结构，赋予功能单元与系统以"类生命"特征，突破传统外置传感、复杂安装等带来的精度一致性差、界面不匹配等本征瓶颈，支撑航空航天、高端制造、深海探测等战略领域的引领发展。针对人－机融合的发展趋势，开发具有高灵敏度、快速响应、生物相容的柔性压力传感器件，重点突破电极－人体组织界面传感原理，传感器活性层和电极层的新型微纳力学结构的设计方法与制造方法。研究高精度、多材料增材制造技术以及与之兼容的柔性导电材料和介电材料，构建多参数柔性传感、人工突触器件及信号传导转换电路的新结构，突破大形变条件、超软组织的力学匹配、高通透性界面的设计和柔性界面黏合等技术难点，发展极端条件下人体与器件的界面匹配和器件的大规模制造方法。借鉴生物神经网络的硬／软件结构，构建具有三维纳米网络结构、可随机互联重构的类神经元智能微纳结构，研究柔性传感、人工突触和信号传导电路三个功能单元的柔性一体化集成方法，为未来类脑器件、智能网络结构、"类生命"特征的智能装备等前沿制造科学奠定硬件基础，发展多学科交叉的结构－材料－信息－功能一体化制造的新原理、新方法、新技术，支撑我国高端制造与高端装备等领域的引领性发展。

建立多物理场固态自旋系统与被测物理量的关联模型，完成磁、热、角速度等物理量的高灵敏测量；研究高时间分辨自旋态控制方法，完成自旋态高精度控制与读出；研究磁、光、热、电多噪声隔离抑制方法；探究离散或连续体系的量子态光与原子相互作用机理，研究精密谱获取、调控及与被测参量作用机制等基础问题。探究扫描探针、量子功能结构与被测体相互作用机理；研究原子力分辨、量子成像噪声抑制方法，建立高灵敏探针噪声模型。针对小型、集成化光频梳重频高、噪声大的问题，研究光脉冲采样方法，降低对电子器件频响要求，研究噪声抑制方法；研究自适应补偿算法，实现测量信号的高精度反演重建。解决光学元器件电磁干扰、异质材料器件折射率匹配／热匹配、微纳空间光耦合、片上／片间器件集成引入的界面／插入损耗等关键科学问题，突破光学功能结构任意曲面亚纳米精度加工、跨尺度集成、异质外延生长与键合等关键技术，实现量子传感器件芯片化集成。解决自旋／声子弛豫机制、超精细能级亚赫兹分辨、多脉冲超快时间高保真调控、机械谱解调与锁定、量子态调控累积误差、声子热噪声抑制、多物理场传感信息同步解算等关键科学问题，实现量子信息调控与解调。

微纳能源器件是基于微纳制造或其他加工方法，具有能量收集、调理或存储等功能的器件，是微纳系统的动力源泉。常见的微纳能源器件包括锂电池、超级电容器等能量存储器件，以及热电发电机、太阳能电池、微机械能采集器等能量收集器件。由于环境微机械能来源广泛、能量形式多样化，微机械能采集器已成为微纳能源领域重要的研究方向。目前，国内外诸多学者和科研机构不断致力于基于不同机理的微机械能采集器研究，主要包括电磁、压电、静电、摩擦电等。微机械能采集器的新机制、新方法、新材料、新工艺不断涌现，并逐渐形成全球范围内竞争发展格局。我国在微机械能采集器领域的研究一直走在世界前列，许多研究都取得了重要突破；与国外科研机构相比，在高效俘能、换能机制与多能场耦合模型研究、非线性动力学模型与结构设计、高性能换能材料柔性加工制备、微纳加工工艺改进以及自驱动系统集成应用等方面已经处于"领跑"或"并跑"阶段。微纳能源领域需要开展面向摩擦电、压电、电磁等微纳能源器件的力－电耦合机制研究，高性能换能材料的微纳制造技术研究，宽频带、高能量密度共形微纳能源器件的研制，智能化能量管理技术研究，以及促进自驱动智能感知的实现研究等。加快微纳能源器件和自驱动微系统的技术突破，以促进微纳能源技术在物联网、智能装备、智慧海洋、环境监测、医疗健康、人机交互等诸多领域的应用。

（三）发展目标与思路

1. 极端尺度纳米结构制造中的表／界面效应与精度创成

针对原子尺度制造在制造精度、稳定性与效率方面的巨大挑战，为突破单原了精确操控到大批量控制的瓶颈，实现原子尺度大规模可控制造，重点研究内容如下。①面对制造精度与效率的内在矛盾，平衡个性化制造与批量化制造一致性，提出过程空间分离的制造方法，实现连续型微纳制造工艺过程，提升制造效率、实现原子尺度大规模制造。②突破跨尺度结构逆向设计、制造约束下多目标优化、邻近效应修正等关键技术，发展原子级空间分辨与飞秒时间分辨原位表征技术，协同电学、光学、力学、谱学等先进表征手段，揭示极小尺度制造物理过程、能量转变、力学等核心基础问题，提出原子尺度大规模制造原创性理论与颠覆性技术。

针对智能装备小型化、曲面化、智能化发展需求，突破安装空间受限、抗震性能差等制造难题，重点研究内容如下。①针对大曲率变化率的轻薄表面，尤其是局部大曲率曲面，研究高保真共形制造新方法；研究从二维平面到三维复杂曲面，多重复合材料大变形的映射规律以及失效机制；研究高保真曲面制造、测量技术与装备设计，以及高保真曲面复杂纳米结构制造理论和方法。②针对电极、半导体、介电层、功能层等多层异质结构制造，建立融合材料微观特性与构件微纳特征的制造过程分析模型；研究跨尺度构件表面材料－结构－功能相互影响机制，提出大面积构件与微纳结构制造新工艺，实现跨尺度构件表面微纳结构的形性协同制造。③针对高度自主智能软体的多自由度大变形、复杂非线性运动需求，研究长期大变形状况下感知、驱动、控制一体化的紧密协作设计以及可靠性机理与表征技术；研究软体机械智能与5G物联网、人工智能的无缝结合方法，将其应用于柔性显示、智能皮肤、飞行器智能蒙皮以及软体智能系统等领域。④基于工艺容差和可制造性的光电子芯片设计，光电信息在异质界面的复杂传输行为与电磁耦合新现象，研究微纳尺度结构制造的微区能量精确调控与纳米精度实现。

在极端尺度纳米结构制造及调控方面，提出分子尺度纳米结构组装成形的表/界面与控制方法，揭示亚纳米尺度结构成形中的分子运动规律与界面行为，发展纳米尺度下纳米材料的去除机制与微观形貌控制方法；在单原子/分子自组装复合纳米制造方面，研究电、磁、热、湿度等外场引起的纳米材料失效不稳定性，揭示原子级特征尺度引发的尺度效应、表/界面效应和量子效应，阐明原子尺度加工面临热力学与动力学等内禀驱动力问题，提出突破原子级加工工具与方法；在原子级精度制造装备原理与精度保持机制方面，厘清大规模原子级精度制造所受到加工方法个性化与兼容性矛盾约束，以及多尺度、多场耦合复杂条件下的批量一致性与制造效率矛盾，提出并行化和自动化方法以实现连续化的高效的微纳制造，发展集成制造过程的前端设备和后端设备，突破跨尺度结构的逆向设计，实现制造约束的多目标优化，以满足高价值异构系统集成需求。

2. 多维复杂微纳结构制造的形性调控机制与控制方法

以实现产品最优功能为目标，通过材料与结构的不同组合，从材料、形状、尺寸、结构不同层次和角度进行设计、制造与调控，主要研究内容包括：①研究面向结构功能一体化微纳器件的结构－材料－功能一体化设计理论，提出传感、检测、分析、控制等多功能耦合复杂系统集成理论与多学科驱动创新设计方法；②研究面向结构功能一体化微纳器件制造的新材料、新方法、新工艺、新装备，提出多尺度、多材料、多进程、多工艺制造方法及其在结构功能一体化微纳器件制造中的应用策略；③研究结构功能一体化微纳器件电、磁、光、声、热等多物理场耦合调控机制，探索宏观尺度下对微观结构与器件精确调控的创新方法，提出高密度阵列器件的物理场产生与调控方法，以及探测对象的高分辨率成像方法；④研究结构功能一体化微纳器件多尺度、多物理场、多环境下的可靠性与稳定性，探索新型微纳机器人、可穿戴柔性传感器等与人体的生物相容性与力学的匹配特性及其应用方法与策略。

面向人体复杂环境内药物输送、微纳操作及传感检测，主要研究内容包括：①在生物组织层级，提出再生组织结构的跨尺度描述方法及设计理论，研究再生组织仿生机理与多尺度微纳制造方法，揭示材料与细胞之间的相互作用机理，研究高活性载细胞墨水制备及成形中的耦合交联机制，提出基于再生组织表／界面调控的细胞迁移行为、活性物质传递及细胞功能化控制方法；②在生物细胞层级，提出低雷诺数环境下微纳操控系统的设计理论，研究外部能量场与局域流体场的相互作用及能量传递转化机制，提出面向复杂生物体环境的微纳操控系统实时检测与高分辨率成像方法，开发集环境识别、路径规划、构型转换及主动避障等多功能于一体的微纳操控系统单体及集群体智能控制技术。

在 2.5D 微纳功能结构及超表面设计与制造方面，揭示基于 2.5D 微纳结构的器件原理与功能生成机制，提出大尺寸超表面结构的巨量计算与设计方法，发展复杂异型微纳结构的大面积制造与形性调控技术。在面向三维空间曲面的共形微纳结构制造方面，提出复杂变形下的二维/三维映射规律与共形器件设计方法、微纳结构三维曲面原位制造的界面结合性能调控技术，发展三维复杂结构的服役特性与系统封装方法。在三维微纳系统垂直互联与集成制造方面，提出电气互连稳定性设计及高密度集成方法，发展高密度硅通孔制孔及填充技术，提出三维微纳系统的集成可靠性评估方法。在四维时变多源感知智能微纳结构设计制造及调控方面，阐明复杂四维微纳结构网络的设计理论与重构机制，提出传感－驱动一体化四维微纳结构的多能场协同约束制造理论与方法，构建四维微纳结构的多源异构信息交互与融合模型。

3. 多材料体系/跨尺度结构制造及其三维系统异质/异构集成方法

为了满足微纳结构与器件小批量、个性化、快速化、灵活性等特殊需求，迫切需要发展多维度、多尺度、多材料、多工艺的一体化新型制造方法，主要研究内容包括：①研究宏－微－纳跨尺度制造固化反应过程中的材料流变、时变、相变行为规律，揭示固化过程微尺度光化学行为、流体动力学行为、相变热力学行为等对成形质量的影响机制；②揭示传统微纳制造方法下电子束、离子束、温度场、湿度场等外物理场对微纳结构卷曲、折叠等变形过程的作用机理，研究不同材料、工艺下二维、准三维结构转变为三维结构的映射规律、失效机理并研究相关的测量方法；③研究制造约束下的多功能高效集成逆向设计和拓扑优化方法，揭示超材料微纳制造工艺和装备中制约高效率、高精度制造的关键因素并提出解决方法，探索复杂三维微纳结构成形及转移工艺中误差的产生和传递机理及其消除方法。

为了实现微纳米结构具备纳米材料的尺寸、量子、表面等特异效应，需要发展直接在复杂三维表面上制造微纳米功能器件的技术，主要研究方向包括：①探索基于多场复合的空间纳米结构"自下而上"制造新方法，深入研究空间纳米流体的形成机理，探明多物理场因素对纳米流体行为、成形纳米结构尺寸/形状/形貌、空间纳米功能结构机械/力学/电学性质等方面的影响机制，实现纳米流体和空间纳米结构"自下而上"成形的高质高效调控；②围绕空间阵列互连纳米结构的动态电磁耦合效应、刚柔异质异构界面的变形非线性动态响应等关键问题，研究复杂空间纳米结构集成多物理场协同设计、在大变形下的非线性动态响应机制等难题，提出解决功能空间纳米结构的高性能保持性方法；③研究多场作用下微小/微纳器件及系统集成封装/组装稳定性影响机理及其变动规律，提出具有时变特性的动态物理数字孪生理论和建模方法，突破微小/微纳器件及系统集成过程在线实时检测、微器件微米/亚微米级精度组装机器人等关键技术。

探索自由形态结构制造的新原理和新方法，提出柔性系统自由形态结构的设计及制造技术，发展适应不同材料特征的异质异构界面调控与制造方法，完成异质表/界面效应、无机/有机界面精确调控、热力耦合等作用下的可靠性设计，实现电子器件柔软、可延展等特性，且具有良好的生物相容性以贴合人体并随人体自然运动；研究软硬材料/异质界面电子系统的高密度集成与分布式融合，提出异质异构特征的界面匹配与应力调控技术，发展新型材料精确三维、四维、五维加工原理与方法；研究传感系统与曲面的接触力学行为，建立界面力学模型并提出共形贴合能力调控方案，提出柔性微系统多物理场协同设计方法、大变形状况下感知-驱动-控制的一体化制造方法，发展刚柔混合微系统多物理场协同设计与一体化集成技术，实现完全共形贴装在人体皮肤表面、小型武器内壁的新型三维封装技术。

4. 基于新型物理效应的微纳器件敏感机理与设计方法

针对量子精密测量这一新型传感与先进测试技术领域的研究前沿，主要研究内容包括：①提出光子-声子/自旋耦合模型及其相干传感测量方法，建立多物理场调控下光子-声子/自旋量子耦合模型，探索声子机械模态与光学模态的相干机制，解决微观尺度下光子-声子/自旋极化、弛豫、压缩及其传感结构优化设计等问题；②构建晶体空位自旋功能开发分子动力学演化模型，解决自旋结构原位生长、自旋系统空间有序分布制造、自旋数量和位置精准制造等关键科学问题，探索微观尺度下光力功能结构精密成型、色散调控等微纳制造技术，实现固态量子材料与功能结构微纳制造。

提出基于量子效应的新型微纳传感器设计与制造方法，研究自旋结构的原位生长与控制、色心捕获自旋电子制造、晶格原子有序可控替代制造、多自旋结构可控分离制造和自旋空位精准制造等技术，提出自旋结构原位制造、单纳米结构中自旋结构可控制造、自旋结构原位阵列化制造和阵列结构多自旋结构调控方法，发展高稳定性、高导热性、抗冲击、抗电磁干扰的集成封装技术，以及有源器件、相变器件和光电探测器件的材料性能匹配及键合技术；提出类神经元智能微纳结构及器件制造方法，构建类神经元微纳结构网络的设计理论、类神经元结构的动态解构/重构原理、全生命周期的功能自修整原理，发展多学科交叉的结构-材料-信息-功能一体化制造的新原理、新方法、新技术；提出生医交叉与人机融合微纳器件制造方法，提出微纳电子器件-人体融合的新型传感原理，发展传感器活性层和电极层的新型微纳力学结构设计与制造方法、一体化软材料加工技术和柔性器件多功能集成技术，开发器件大规模制造工艺，提升传感器的集成度和与皮肤接触的共形性，突破大形变条件、超软组织的力学匹配、高通透性界面的设计和柔性界面黏合等技术难点。

八、智能制造运行状态感知

（一）国家产业发展与战略需求

航空、航天、航海等领域大型复杂零件，如飞机蒙皮、火箭贮箱网格壁板、航空发动机叶轮等，直接关乎国家战略安全，其高品质制造被公认为是高端制造的痛点难点。这些典型复杂零件多具有尺寸超大、薄壁、型面复杂、材料难加工等特点，如图 3-4 所示的 CR929 蒙皮，尺寸 $\geqslant 40\ m \times 40\ m \times 10\ m$，长厚比 $\geqslant 2000$，壁厚加工公差为 $\pm 0.1\ mm$；某型航空发动机整体静子叶环，直径 $1000\ mm$、叶片进排气边缘角半径 $0.4\ mm$，精度要求 $\pm 0.065\ mm$（马志阳等，2021）。当前，通用数控加工装备和常规加工工艺缺乏测量加工一体化功能，采用"人工 + 数控机床"的加工方式加工此类大型复杂零件存在效率低下、一致性和精度差的问题，难以克服复杂零件拓扑结构多样与质量要求严苛之间的矛盾。

图 3-4　CR929 蒙皮

构建测量加工一体化系统的前提是将测量功能与加工功能集成到一个设备上，并在统一的坐标系下实现测量数据与加工数据的信息传递。在该系统中，与零件数字化加工相关的形状、精度、材料、工艺、工具、性能等特征信息彼此之间相互关联。并且，系统要求数字化信息格式与数据预处理、曲面建模、轨迹规划与性能分析等环节有机协调、合理匹配。测量加工一体化不是测量与加工的简单累加，而是使数字化加工过程面向零件几何精度和使用性能的技术，通过过程仿真、信息获取、数据分析、面形设计、工艺规划、质量评价等处理环节形成加工误差的闭环反馈。因此，测量加工一体化系统实质上是一个可实现复杂曲面数字化加工的信息集成平台，图 3-5 是测量加工一体化系统的典型应用。

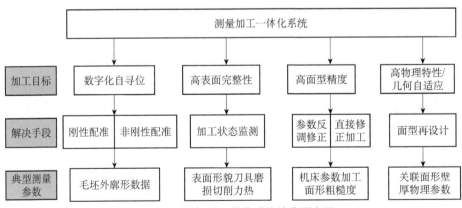

图 3-5　测量加工一体化系统的典型应用

智能制造背景下，工业大数据在制造各业务环节的价值正在凸显，信息数据流贯穿于整个制造过程和产品运维过程。高质量生产要求跟踪制造全过程，进行多状态多参数在线检测与调控，保证制造功能原理的精准实现。高精度检验检测技术是获取质量信息的前提和保证，不仅要求分辨率高、重复性好、抗干扰，而且需要能溯源到计量基准上。同时，为快速形成测量—加工闭环反馈，要求检测方法适于工业现场使用，检测装置便于与制造装备集成，并与周边和上下游检测装置联网组成分布式测量系统，有效监控产品制造全过程中的时-空域信息流。在极大、极小、极高精度、形性协同制造过程中，针对产品精度、性能、可靠性产生的测量难题是制造质量工程的研究前沿。

三坐标测量机整体框架具有质量大、刚度低的特性，其在高速高加速度运动中产生的动态误差对测量结果具有较大影响。由高速向高超速扫描测量发展是大型零件生产计量的必然要求。除此之外，随着生产效率的不断提升，大规模生产的工件没有足够的时间进行恒温精密测量，发展车间环境下的精准测量是实现大规模生产中质量检验的关键。研究材料的热膨胀特性与热误差补偿技术是实现大温差范围下精密测量的关键技术。进入 21 世纪的第二个十年，欧、美、日等发达国家和地区力图抢占高端制造市场并不断扩大竞争优势，在高端计量装备领域对中国实施技术封锁。解决上述"卡脖子"技术是保证我国制造业自主可控的迫切需求。

（二）未来 5～15 年发展趋势

大型复杂薄壁零件尺寸大、刚性弱，其毛坯的面型与定位基准无法精确预知，且在装夹与加工过程中容易发生扭曲和变形，若仅采用常规数控加工方法，无法加工出满足几何精度和壁厚要求的零件。随着现代几何量测量技术和多物理量传感测试技术的发展，智能化加工-监测-检测一体化技术在制造领域的应用越来越广泛，是实现该类零件高质高效加工的有效途径。具体来说，智能制造运行状态感知发展趋势可概括为如下几个方面。

1. 大型构件数字化寻位的研究现状与发展趋势

大型薄壁零件的定位基准因装夹受力不均、应力释放变形等容易发生位置浮动，因此需要进行在线测量以获取装夹毛坯表面数据，并与理想设计模型进行最优配准，保证毛坯各处具有充足且均匀分布的加工余量，同时获取加工坐标系与设计坐标系之间的位姿变换关系，在此基础上规划加工路径，实现零件在任意安装状态下的自寻位加工。现有的针对大型复杂构件的测量方法分为两种思路。一是直接获取大空间范围内的密集形貌信息，如使用大行程固定式三坐标测量机。该方法精度高、稳定性好、可实现自动化测量，但存在成本高、环境要求高、接触式测量容易划伤构件、被测量构件尺寸受限严重、无法原位测量等许多问题。二是采用组合测量方法，利用小范围高密度形貌测量方法得到曲面各个局部的形貌信息，然后将各部分形貌信息进行拼接，得到大范围复杂曲面的整体形貌，如图3-6所示。图3-6采用激光跟踪仪与条纹投影传感器的组合测量方法，条纹投影传感器测量被测物时，通过跟踪仪测量传感器支架上可测点得到传感器位姿，并实现点云拼接。组合测量方法的主要优点是小范围形貌测量方法的传感器尺寸较小，可以安装在移动平台（如机器人）末端，从而能够对大型构件实现灵活的柔性化原位测量，该方法逐渐成为一种研究趋势。然而，大型复杂构件表面多为机加工的高反光曲面，缺乏充足的几何和纹理特征，无法利用传统的特征描述点云之间的匹配信息，由于寻位精度取决于匹配质量，目前的测量手段与匹配算法都难以实现亚毫米匹配精度。

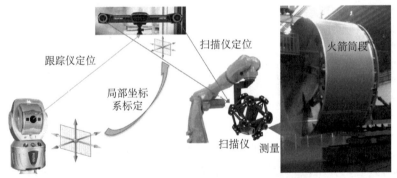

图3-6 组合测量方法：跟踪仪与条纹投影传感器

2. 多工序加工智能管控的研究现状与发展趋势

多工序加工智能管控主要研究结合机理模型和数据驱动的复杂零件多工序加工质量预测与加工质量约束的零件全流程加工工艺优化。以前复杂零件多工序加工工艺优化与决策主要依赖部分高效加工规则和专家经验，缺少旨在保障零件多工序加工质量的核心工艺知识支撑。随着加工要求由高精度、高效率向高性能、智能化转变，揭示复杂零件多工序加工质量创成与演变规律、建立全流程加工工艺智能优化技术体系正逐渐成为多工序加工的研究重点。然而，目前加工系统的感知功能缺乏对跨尺度、强干扰、时变加工工况的适应性，感知系统鲁棒性有待提升，系统对环境特征的依赖度有待降低。

3. 加工 – 测量一体化的研究现状与发展趋势

加工 – 测量一体化主要研究动态环境下加工过程的实时感知与智能优化决策以及基于在机测量的加工质量闭环控制。在制造过程感知信息处理方面，美国通用电气公司、德国西门子公司等推出大数据处理平台，推动机床运行参数采集和建模，模拟并预测机床状态与健康度。日本的马扎克公司和发那科公司、德国的德马吉森精机公司和海德汉公司、我国的武汉华中数控股份有限公司和沈阳机床设备有限公司等将加工状态识别引入数控系统，利用感知 – 决策 – 控制一体化技术，集成负载及断刀监测、工艺参数优化、误差补偿、自适应控制等智能化功能，最大限度地发挥机床工具能效。测量 – 加工一体化通过测量数据到工艺规划的反馈形成闭环加工，其关键是根据性能测量结果反算补偿加工余量 / 机床运动参数。我国学者在性能驱动的数字化加工 – 测量一体化制造技术方面取得了瞩目的成就。大型复杂薄壁零件加工变形控制是制造领域的经典难题。近期，在机测量 – 补偿加工技术展示出优异的效果，获得了较为广泛的应用，特别是双五轴镜像铣机床（图 3-7）集随动支撑、壁厚实时测量与闭环控制等功能于一体，代表了大型蒙皮壁板加工的最新技术和发展趋势。然而，由于表征加工状态的特征数据难以获取，且数据量大，处理困难，如何将加工特征数据融入智能决策模型有待研究。另外，囿于时滞性等原因，基于检测数据反馈的实时加工控制仍具有相当大的难度。

　（a）镜像铣机床　　　　（b）刀具-工件-支撑系统　　（c）加工出的贮箱筒段

图 3-7 镜像铣装备

大型复杂零件加工工序复杂、制造周期长、不确定性因素多，其制造手段需要在时间维度由"离线规划、依规执行"向"自主学习、适应调整"转变，由"固化工艺、严格复现"向"知识迁移、迭代提升"转变。因此，当前国际上加工 – 测量一体化智能制造技术与装备的发展表现在以下几个具体方面。

（1）机器人全场景多模态跨尺度感知与自主寻位。改善机器人定位技术，提高数据配准精度，增强感知系统的鲁棒性，降低感知系统对环境特征的依赖，实现机器人的感知智能化与自主寻位。

（2）多工序加工质量创成与全流程工艺优化。采用机理模型和数据驱动相结合的方法，研究零件多工序加工质量创成机理、传递机制与演变规律，推动零件加工由高精度、高效率向高性能转变。

（3）多自由度高动态力位控制末端执行单元设计。创新设计执行单元 / 功能部件，研究"机器人 – 末端执行单元 – 工件"工艺系统交互动力学，建立多源耦合激励下工艺系统动态响应机制，实现机器人 – 工件的高灵巧性和顺应性交互。

（4）多模态加工信息监测新装置研制与智能加工技术。利用新型传感器和新材料，研制新型实时监测装置，实现对加工过程中的物理量，（如切削热、切削力和振动特性等）的在线监测。结合大数据和工艺知识积累，对加工过程进行动态建模，通过自主学习、自主决策和反馈控制，实现高性能复杂零件的高质高效加工。

4. 超高精测量的研究现状与发展趋势

对于超高精测量技术，国外知名测量机公司（如德国莱兹公司、德国蔡司公司和日本三丰公司）等均已具备了生产亚微米级三坐标测量机的技术，并禁止向中国出售该类产品。相比之下，国内尚未具备自主研发测量机核心功能部件的能力。未来 5 年，应聚焦坐标测量各环节的精度控制与误差溯源；未来 15 年，应完全掌握测量机框架、传感器制造技术与高精度标定、误差补偿技术，实现材料科学、控制科学、信息科学在测量系统内的高度集成融合。

英国雷尼绍公司研发的 REVO 扫描测头，可以实现最高 250 mm/s 的扫描速度，成为目前超高速坐标测量的标杆技术。目前该技术具有垄断性自主知识产权，尚未有对应竞品出现。未来 5 年，应优先研究高精度动态误差补偿算法，发展新型扫描测量策略。未来 15 年，应逐步掌握高精度光电位移测量技术与测头制造技术，突破连续扫描式测头技术壁垒。

5. 复合光学传感器三维测量技术的研究现状与发展趋势

大型复杂构件表面多为机床加工的高反光曲面，缺乏充足的几何和纹理特征，难以得到点云匹配所需要的表面纹理特征，而基于光度的摄影测量技术对于被测表面的深度变化非常敏感，因此在获取高频纹理方面拥有巨大优势。近年来，部分学者利用复合传感器测量技术，将基于三角法的光学测量技术（包括双目立体视觉、激光扫描、条纹投影等）与基于光度的摄影测量技术相结合，有效避免了由被测表面曲率变化过大导致的相位解算错误。然而目前的研究仅利用光度摄影测量数据对点云测量数据进行改善，没有从光反射特性出发，从原理层面对多种光学测量技术进行协同，未能很好地发挥复合传感器测量的技术优势，对测量精度的提升也较为有限。

（三）发展目标与思路

1. 工艺知识与监测信息融合驱动的制造装备和系统自律运行原理

通过收集融合处理加工过程中的各类感知数据，实现加工过程的实时监测与主动控制。研究思路如下：创建零件宏微观几何特征/使役性能的在机测量与表征新原理；提出基于多模态感知的加工过程状态监测与自适应控制理论；探索感知－决策－控制一体化智能功能部件新原理和新技术；实现数据与机理混合驱动的制造系统智能决策方法以及数字孪生制造系统运作优化技术等。

2. 高速高精测头感知基础理论与技术

通过探索新型光电式表面精密感知原理，研制兼具接触柔性与测量精度的新测头，并结合高速精密运动控制与构件轻量化技术，实现高速高精接触式感知测量。研究思路如下：结合新型光电测量原理与柔性测杆结构设计技术，探索轻量化、柔性兼具的高精度测头感知技术与设计制造方法；研究测头高速测量运动过程对动态测量误差生成的影响，实现柔性光电式表面感知测头动态测量误差可控的高速精密驱动技术。

3. 不稳定测量环境中的测量精度演变规律与补偿方法

探索有效的实验设计方法，研究变温度、变湿度、震颤等非稳态测量条件与测量不确定度间的耦合关系，定量分析多因素引起的测量不确定度演变规律。基于试验分析建立不稳定测量环境中的多因素测量不确定度补偿模型，提出不稳定环境中测量不确定度最优的测量方法。

4. 高精度三维光学测量及弱几何特征数据融合技术

通过研究高动态范围三维光学测量方法，并提升对表面微尺度形貌特征的描述能力，实现高精度三维光学测量及弱几何特征数据融合。研究思路如下：研究新型近景三维光学测量方法，以非朗伯模型为基础，打破被测表面为朗伯漫反射表面的基本假设，提升对非朗伯高光反射的鲁棒性，避免因成像质量导致的精度降低和数据缺失；研究表面宏微形貌特征亚微米级表征方法，基于多模态不变性特征描述，实现局部数据高精度融合等。

九、工业互联网与制造大数据

（一）国家产业发展与战略需求

当前，企业分工日趋精细，相互之间的合作越来越紧密，但也面临着同质化竞争、标准制定权争夺越来越激烈的局面，各国制造企业争相朝着制造价值链的高端方向发展，以掌握更高的话语权、主动权并收获更高的经济效益和社会回报。为了适应激烈的市场竞争环境，发展高质量、优质服务、低成本、高效率、快速响应、交付周期短的制造业需求变得愈发强烈。同时，全球工业正在从传统的供给驱动型、资源消耗型、机器主导型、批量规模型向需求引导型、资源集约型、人机互联型、个性定制型转变。为了解决制造业面临的巨大瓶颈和困难，必须对制造业进行产业智能升级、体系模式创新。

工业互联网基于新一代信息技术和制造技术的深度融合，利用网络技术对人机料法环测、生产者与消费者、企业上下游等信息进行全面连接，获得工业生产中全要素、全产业链、全价值链的数据。通过工业互联网平台汇聚和分析数据，形成智能决策，实现工业生产的深度协同和资源优化配置，推动制造业沿数字化、网络化、智能化路线的升级改造。工业互联网已经成为企业提升效率、降低成本的基础设施，将促进传统工业体系改造升级和产业链协同发展，为工业高质量发展注入新动能。工业互联网依托其深度感知、智能分析、高效处理、集成互通等能力，以数据驱动的智能决策为核心，形成面向不同工业场景的智能化生产、网络化协同、个性化定制和服务化转型等智能应用解决方案。具体需要以工业领域知识机理及数字孪生等功能型技术为主，互联网、大数据、云计算、人工智能、区块链以及机器视觉、工业机器人等新技术引领，融合软件、控制、装备、安全等领域行业知识，围绕数据分析、知识沉淀、价值挖掘、安全保护等核心能力，构建形成相互作用、深度融合的支撑体系。集中精力攻克这些核心技术，才可以抢占国际工业互联网理论研究和技术创新的制高点。

工业大数据分析技术作为工业互联网实现功能的核心技术之一，可使工业大数据产品具备海量数据的挖掘能力、多源数据的集成能力、多类型知识的建模能力、多业务场景的分析能力、多领域知识的发掘能力等，对驱动企业业务创新和转型升级具有重大的作用。工业大数据分析的目的是不断优化生产资源的配置效率，实现可视化生产全过程、高端定制化生产、产品生产节能增效、供应链配置优化、企业智能化管理等，达到提升质量、降低成本、灵活生产、提高满意度等目的，促进制造业全要素生产率的提高。来源于产品生命周期各个环节中的海量数据，为工业大数据分析提供前提和基础，而海量的工业数据如果不经过清洗、加工和建模等处理是无法直接应用于实际业务场景的。工业大数据分析通过模型来描述对象，构建复杂工业过程与知识之间的映射，实现知识清晰化、准确化的表达。

（二）未来 5～15 年发展趋势

工业互联网通过新型网络、人工智能、大数据等新一代信息技术和先进制造技术进行深度融合与创新应用，构建人、机、物等生产要素间泛在连接的全球性网络体系，进而形成实体、数据和服务全面联网的综合平台。工业互联网已成为实现工业网络化和智能化发展的重要基础设施，要实现工业互联网的赋能作用，工业大数据技术的发展必不可少，两者相辅相成。下面将从四个方面探讨智能制造转型升级中工业互联网与工业大数据领域的发展趋势。

1. 工业互联网驱动的智能制造技术的发展趋势分析

与发达国家相比，我国制造总体发展水平及现实基础仍然不高，产业支撑能力不足，核心技术和高端产品对外依存度较高，关键平台综合能力不强，标准体系不完善，企业数字化网络化水平有待提升，缺乏龙头企业引领，人才支撑和安全保障能力不足，与建设制造强国和网络强国的需要仍有较大差距。在大规模生产制造中，虽然整体效率与质量日益稳定，但由于市场形势激烈，生产线更新换代的速度越来越快。一般情况下，企业需要采用高端设备来提高柔性与效率，而设备能力的提升会有很大的局限性，单纯地从提升设备能力来考虑改善生产系统，颇有难度。

信息技术与制造业的融合和应用促进了制造业的变革。为应对制造业的变革，世界各国提出先进制造发展战略，促进本国制造业的转型升级换代。以德国"工业 4.0"、美国工业互联网为代表的新工业革命正在逐渐影响世界工业化的发展。德国提出实现制造过程的智能化，美国提出"再工业化"。为了促进新一轮工业革命，我国发布《关于深化"互联网＋先进制造业"发展工业互联网的指导意见》，强调到 2025 年，基本形成具备国际竞争力的基础设施和产业体系，到 2035 年建成国际领先的工业互联网网络基础设施和平台，形成国际先进的技术与产业体系，工业互联网全面深度应用并在优势行业形成创新引领能力，安全保障能力全面提升，重点领域实现国际领先。

工业互联网制造的未来发展趋势分为以下两种。①网络协同制造模式。以工业互联网为驱动力，通过信息链接的深度与广度，通过提升信息交互与传递能力，实现设备级至供应链级各级制造系统状态的精准感知能力，可通过构建基于工业互联网的高端产品设计－制造－服务一体化研制环境，实现高端复杂产品的协同研制、工艺优化改进、运维服务等场景优化提升，为制造数字化转型赋能。②虚实结合的制造模式。面向特定工业场景下的智能化生产需求，依托工业互联网平台探索数字孪生制造技术，采集生产过程、设备运行、工况环境等工业数据，搭建模拟实际研发设计和生产制造等工业场景的虚拟数字环境，推动数据、知识、经验的平台化集成，基于数字孪生可视化模型，实现特定工业场景在虚拟数字空间的实时监控、在线预测和动态优化。

2. 工业互联网安全防护技术的发展趋势分析

随着新一代互联网、大数据、人工智能等信息技术与传统工业运营技术的融合日益深化，工业互联网的网络安全防护能力将直接影响工业生产和业务运行，成为网络安全政策管控、产业保护实践的重要组成部分。基于这种发展背景，工业互联网网络安全已成为诸多传统发达国家、新兴发展中国家抢占发展机遇、加快战略布局的重要方面。例如，美国建立了以网络安全审查为手段的供应链管控体系，制定了《2020年物联网网络安全改进法案》。我国的工业互联网网络安全研究起步较晚，但跟进速度较快，注重完善工业互联网网络安全的顶层设计，引导安全技术和产业发展。2019年，工业和信息化部等十部委联合印发《加强工业互联网安全工作的指导意见》，要求针对工业互联网安全，加强攻击防护、漏洞挖掘、态势感知等安全产品研发，探索利用人工智能、大数据、区块链等新技术提升安全防护水平。

工业互联网作为新一代信息技术与制造业深度融合的产物，安全是其重要的组成部分。网络作为工业互联网的"动脉"，保障网络安全是工业互联网安全的核心内容之一，加强工业互联网网络安全防护对工业互联网的健康发展至关重要。我国除依托传统网络安全技术进行安全技术产品功能的拓展外，还着重基于新兴互联网技术，开展新一代网络安全技术产品的研发创新。当前，在网络安全防护方面，主要是采取纵深防御策略，遵循区域划分、边界隔离、链路防护、通信管控的原则，对工业互联网网络进行有针对性的安全防护，注重利用网络质量控制、故障分析、远程监控等手段来保障工业互联网的网络功能安全及性能，并积极开展工业大数据、人工智能等新技术的研究与应用。

工业互联网边缘端点的防护技术、工业防火墙技术、工业互联网漏洞挖掘技术、渗透测试技术、安全态势感知技术等。未来工业互联网网络安全的发展将致力于：①工业互联网网络安全技术从传统分析向智能感知发展。当前，网络安全技术与大数据、人工智能技术不断融合，增强了网络系统的安全检测和分析能力，推动了安全态势感知等一系列技术的发展。因而，工业互联网网络安全技术需要朝着智能感知方向发展，开展基于逻辑和知识的推理，根据已知威胁推演未知威胁，实现对安全威胁事件的预测和判断；借助人工智能、大数据分析等新兴技术，不断提升安全风险精确预警与准确处置的水平，实现网络攻击和重大网络威胁的可知化、可视化、可控化。②工业互联网网络安全防护理念从被动防护向主动前瞻防护转变。区块链、人工智能、大数据、可信计算等技术的发展，为工业互联网网络安全助力赋能，在网络威胁预警、恶意数据检测、加密攻击监测、通信传输保护等方面具有潜在优势。工业互联网网络安全技术应与这些新技术进行有机融合，定制适用的安全策略，快速发展基于大数据的工业互联网网络安全主动防御技术，可以在恶意入侵行为对工业互联网的网络信息系统产生影响之前来避免、降低或转移风险，体现一对多防御特征；结合流量分析、数据检索、设备指纹、可视回溯等技术，支持工业互联网的安全态势感知和风险预警，最终实现从被动安全防护向主动防御转变。

3. 工业运行状态评估技术及发展趋势分析

完整的工业过程是一个复杂的系统工程，涉及产品类（包括设计、生产、工艺、装配、仓储物流、销售等）、设备类（包括传感器、制造设备、产线、车间、工厂等）、相关类（包括运维、售后、市场、排放、能耗、环境等）等方面的生产、决策和服务。综合工业大数据和制造系统运行中的知识经验机理，利用人工智能技术，通过自感知、自比较、自预测、自优化和自适应，在质量检测与过程质量控制、能源管理与能效优化、供应链与智能物流、设备预测性维护等方面具有较大的突破，最终实现制造过程的优质、高效、安全、可靠和低耗的多目标优化运行。工业大数据分析主要关注工业生产过程和工业设备的实时运行的异常检测与未来的发展趋势预测，通过准确实时的检测和预测，制定有效的调控和运维方案，提高设备的运行时间，降低故障率和次品率。

制造机械装备作为工业生产运行的主体，正朝着复杂化、集成化、系统化、模块化方向发展。数控机床、航空发动机、城轨列车等机械设备的运行可靠性与它的关键部件性能有着密不可分的关系，一旦发生故障，轻则导致设备停工停运，重则将导致严重的财产损失和人员伤亡，如何利用异常检测技术和剩余寿命预测进行智能运维，给出合理的维护策略成了迫切需要解决的问题。

随着人工智能在工业生产领域的飞速发展，基于机器视觉和深度学习的方法在生产制造过程与工业设备的异常检测及趋势预测中获得广泛的应用，成为当前工业大数据分析的核心部分，工业大数据的发展趋势如下。

（1）健康监测技术。生产过程和工业设备的异常检测与趋势预测方法主要关注三个方面：①轻量化网络设计，轻量化网络设计在减少计算量的同时，还能降低对硬件设备的需求，降低在实际应用中的成本；②小样本/半监督学习，实时监测和预测任务面临的是常常无监督的环境，连所用样本是否属于正常样本也不可预知，此时训练样本中存在的少量异常样本就会对模型的训练产生性能上的影响，采用半监督的训练方式，对少量正常和异常样本进行标注，可以有效提升模型对潜在异常样本的检测能力；③迁移学习，工业生产复杂多样，如果对每一种场景都定制一种模型将会耗费大量的资源，阻碍大数据技术的推广，因此迁移学习能力变得极为重要。

（2）预测性的决策方案。决策是大数据分析的目的，决策的依据是实时高效的健康监测信息，传统的决策主要根据设备或产线定制时的使用说明，按照经验和规则进行决策。决策理念从单一的"故障诊断"向"诊断与预测"逐步过渡，同时将预测等研究加入其中，丰富了了"健康管理"技术；研究对象从原来的简单结构向大型复杂设备过渡，随着设备和产线的模块复杂程度的增加，相应的预测与决策方法也在逐步更新；决策方式由离线转变成在线实时；研究方向逐渐多元化，结合多学科、多领域的知识，融汇了数据挖掘、信息融合、多传感器融合等方法。

4. 工业大数据隐私保护技术的发展趋势分析

随着工业数字化和工业互联网的发展，工业中采集的数据量急剧增加，包含工业机理和核心技术的关键信息是企业的核心资源、宝贵财富，其隐私安全性尤为重要。目前，为了保护企业的关键信息，工业产生的关键数据在各个用户中独立存储、独立维护，彼此间互不沟通，形成了一座座无法联通的数据孤岛。随着 5G 乃至 6G 时代的到来，万物互联成为趋势，这也将带来海量的数据信息。如果这些数据依然彼此独立、无法联通，那么数据本身的价值将得不到体现，也会严重影响企业效益甚至社会发展。2020 年，工业和信息化部在《关于工业大数据发展的指导意见》中指出，为挖掘工业中的各类数据资源要素的潜力，推动企业的转型升级，促进工业大数据的产业发展，其关键策略是促进工业数据的融合与共享，鼓励优势产业中全产业链的企业合作与数据开放，创建安全可信的工业企业数据共享空间，设立公平、开放、透明的数据交易规则，激发工业大数据的市场活力。传统的数据加密手段和安全检测机制很难有效解决此类问题，且传统的互联网工业主要采用集中式系统来处理大量数据，但是这种系统结构复杂、扩展性差、容错率低、不易维护，因此难以满足互联网技术的需求。随着各制造企业对数据的依赖越来越重，数据的价值也不断提升，数据的交换、交易行为以及相关市场应运而生，如何确保这些行为的安全，进而维护好国家、组织、个人的合法权益，同样是一个巨大的挑战。为了解决这种隐私保护难题，促进数据安全流通，可采用以下两种技术。

（1）区块链技术。基于区块链的去中心化，分布式系统越来越受到工业界和学术界的广泛关注。区块链技术的出现使得解决广域网计算机节点之间的信任问题成为可能。在区块链技术中，不存在中心节点，每个节点都是完全平等的，所有节点通过加密协议共同维护着公共数据库。区块链技术将密码学技术应用于去中心化网络中，其中存储的数据具有不可篡改、可溯源的特性，是一个非常有效的解决去中心化网络信任问题的方案。因此，区块链技术能够为新的工业大数据分析提供有效的解决方案，实现可伸缩、灵活和分布式的网络，以避免在集中式系统架构中所出现的问题。此外，基于区块链技术中先进的数据加密算法，可以解决安全性和身份问题。

（2）联邦学习技术。联邦学习是一种满足隐私保护和数据安全的可行方案，联邦学习通过源数据不出本地而仅交互模型参数更新的方式来保护用户的敏感数据，开创了数据安全的新范式。理想情况下，在联邦学习中，客户端通过训练源数据上传本地模型，服务器仅负责聚合和分发每轮迭代形成的全局模型。然而，在真实的网络环境中，模型反演攻击、成员推理攻击、模型推理攻击层出不穷，参与训练的客户端动机难以判断，中心服务器的可信程度难以保证，因而仅通过模型更新来保护用户隐私的方式显然是不够的。未来的联邦学习主要关注：①机器学习和隐私保护技术结合。联邦学习框架主要包含恶意客户端修改模型更新来破坏全局模型聚合，恶意分析者通过对模型更新信息的分析推测源数据隐私信息，以及恶意服务器企图获得客户端的源数据等 3 种主要架构。为了增强数据的隐私安全性，可将机器学习新技术与隐私保护技术（包括差分隐私、同态加密等技术）相结合。②联邦学习中的通信效率提升技术。在联邦学习中，设备与服务器之间的通信问题是影响联邦学习效率的主要因素。由于工业互联网中的边缘网络层与云服务器之间的距离较远，而联邦学习需要进行多轮训练，这带来了较多的通信时间与成本。此外，设备的信号与能量状态也会影响与服务器的通信，导致产生网络延迟，消耗更多的通信成本。③联邦学习收敛性。在模型训练与收敛方面，如果模型具有较快的收敛速率，则在联邦学习过程中可以节省参与设备训练所需的时间和资源消耗，能够极大地提高联邦学习的效率。实际设备大都处于正常运转阶段或生产出的产品大都是符合要求的合格产品，设备的故障阶段时间和残次产品数量较少，存在严重的类不平衡情况。传统的联邦学习算法难以在类不平衡的局部节点中识别出高质量的局部模型，导致训练模型质量差、训练速度慢。

总之，区块链和联邦学习是解决工业大数据隐私保护的两个关键技术，目前还存在许多问题需要解决，结合机器学习算法和人工智能相关的理论，以这两个技术为主发展起来的隐私保护框架，将有效去除企业的安全隐患，破除数据孤岛，真正实现工业互联网的四项功能，赋能智能制造。

（三）发展目标与思路

1. 柔性制造新模式

近年来，伴随越来越多的企业进行产业升级，"中国制造"正逐步向"中国智造"转变。柔性化生产、柔性制造等新型方式及模式开始备受关注，除大批量的刚性生产产品外，众多企业纷纷尝试柔性制造，包括三一重工股份有限公司、东风汽车股份有限公司等企业，已经建立了自己的柔性生产线。随着"工业 4.0"的到来，"互联网 +"为制造业带来了更多可能，工业互联网、数字化、人工智能等技术正改变着传统工业的产销形式，个性定制、小批量生产成为现实。工业互联网加工制造的发展思路可以从柔性制造的产供落地出发。一方面，生产线想要实现柔性生产，就离不开数字化驱动，而生产的基础，就是数据。这就需要制造业企业，在 5G 以及工业互联网的背景下，介入目前的人工智能、物联网、大数据、边缘计算等技术，与机器生产形成互联互通，提升柔性生产的效率。在产品生产环节，通过数字化智能评估实现"以需定产"，促进生产端迈向数字化；利用目前的 5G 技术以及工业互联网平台，通过大数据进行分析处理，人工智能进行智能决策，制定出最佳的生产方案。另一方面，提升供应链及物流的柔性化程度，形成生产资源的协同关系，物流路径的柔性可以实现资源的动态协同，通过精益的排产与调度可以大幅提高设备的使用率和生产的柔性；供应链的柔性化则是不断改良生产工艺、优化生产流程，在流程中提高人效，精准化生产以达到零库存，在降低库存成本的同时，快速触达消费者的个性化需求。

2. 主动安全防护

工业互联网平台设计过程中要建立健全的工业生产网络护盾，构建平台安全、网络安全，最重要的是保障企业生产安全，打造多层次全方位的安全保障体系。同时，未来将会大力推动工业互联网平台设计的网络、数据、设备、标识解析体系等重点领域安全标准的研究制定，形成工业互联网安全标准体系。增强工业互联网安全防护能力。加快建设工业互联网安全基础资源库以及建立安全测试验证环境，打造覆盖国家、地方、企业三级，涵盖网络安全、平台和工业软件安全、设备和控制安全、数据安全的工业互联网全方位、多层次安全保障体系。强化工业互联网企业落实安全主体责任，加大安全防护投入力度。依托产业联盟、行业协会等第三方机构为工业互联网企业提供安全评估认证服务。对于工业互联网网络安全性：一是从国家层面完善工业互联网网络安全准入机制研究，制定工业互联网网络安全相关管理办法，颁布工业互联网网络安全强制标准和行业规范，为网络安防产品的开发、认证和部署运行提供依据；二是工业互联网网络安全技术应结合实际的工业场景和具体的行业特点，在遵循行业安全防护原则的基础上，借鉴传统互联网安全技术的相关方法，融合 5G、区块链、人工智能、大数据、可信计算等新兴技术，制定适合工业互联网防护对象的网络安全技术，实现工业场景自适应、技术融合多兼容、安全服务定制化；三是强化工业互联网网络安全风险的态势感知,通过分析网络的当前运行状态、对安全风险和威胁进行量化与可视化、预判未来安全走势,为管理员的科学决策提供依据,实现对网络安全的全局掌控。

3. 生产状态评估

基于人工智能、机器学习和深度学习的最新进展,开展工业系统的运行状态估计、异常检测和溯源、发展趋势预测等方面的研究。由于当前处于工业数字化的初始阶段,数据质量和数据类型都存在大量的问题,数据驱动的工业生产系统的状态分析,要解决数据缺失和失效过程不确定两大问题,而扩展数据、改进模型和数据融合是其重要方面。工业系统的健康管理基于工业系统的实时状态、演化模型而实施的决策,将与工业互联网平台信息结合,进行人财物的联合优化,寻找全局最优策略是健康管理决策的核心。目前,许多关于健康管理的研究都是以降低费用为目的的,然而在工程应用中,安全性、人力成本等因素也十分重要,从根本上对此类多目标联合决策问题进行建模优化是今后的潜在发展方向。数据驱动的预测方法具有许多优势,但并非所有情况下都是仅数据驱动的预测方法才能取得更好的结果。决策者关心选择的预测模型过去表现如何、预测是否准确以及能够在多大程度上相信得到的预测结果,然后根据工程实际调整预测模型。工业生产过程的异常检测、柔性寿命预测和健康管理技术在工业生产中的重要作用,随着工业互联网的发展和工业数字化的深入,将取得更多有效的科技成果,促进工业生产的降本提质增效。

4. 数据隐私保护

工业数据的保护难点在于其多样性,要解决数据安全保护问题,首先要考虑对数据进行分类分级,以降低保护难度。区块链的出现建立了一种全新的共识共信机制,区块链具有的去中心化、去信任、分布式共享、真实记录交易历史、一切资产可编程等特点可以帮助数据溯源和保证数据的隐私与安全性。在区块链中,基于时间戳等技术,一切交易信息都会被完整地记录下来,所有信息都有迹可循。由于分布式共享的特点,信息在进入区块链时就不可被篡改、全程留痕,可以进行追溯。因此,在工业互联网中使用区块链技术可以加强数据溯源能力,从而提高数据防护能力。在联邦框架安全性方面，将差分隐私、同态密码系统和安全多方聚合方法与联邦学习相结合，可以保证用户训练数据的安全性和私密性。同时考虑安全机制在联邦学习过程产生的负面影响如差分隐私的隐私开销、加密系统的计算复杂度、多方聚合的通信开销等因素。针对通信效率的改进，开发适合处理数据非独立同分布和非平衡分布数据的模型训练算法，减少用于传输的模型数据大小，加快模型训练的收敛速度；压缩能够有效降低通信数据大小，但对数据的压缩会导致部分信息的丢失，此类方法需要在模型精度和通信效率之间寻找最佳的平衡；将联邦学习框架分层分级，降低中心服务器的通信负担。在模型的收敛性上，合适的设备选择方法会使模型聚合效果得以提升且聚合时间会大大减少。

十、数字孪生使能的智能车间与智能工厂

（一）国家产业发展与战略需求

在新一代人工智能技术与先进制造业的深度融合下，基于信息物理系统的智能工厂等智能制造技术正在引领现代工业的深刻变革。我国航空航天、汽车制造、电子信息、轨道交通、食品饮料、生物制药等诸多领域的企业，为了提高生产效率和产品质量、降低生产成本，对生产制造智能化改造的需求十分旺盛。智能车间，是能够实现自动决策和精确执行命令的自组织生产数字化车间，能够提高产品整体生产水平；智能工厂，在智能车间的基础上利用物联网、大数据等技术加强信息管理服务，提高生产过程可控性与工厂整体运营管理水平。发展智能车间与智能工厂有助于满足用户的个性化需求、优化生产过程，推动生产方式向柔性化、智能化、精细化转变，促进整个制造业朝高端、智能、绿色、服务方向发展。

为建设制造强国，强化工业基础能力，实现我国制造业由大变强的跨越，国务院 2015 年发布的"制造强国"战略第一个十年行动纲领提出，首先要在重点领域试点建设智能工厂／数字化车间，加快人机智能交互、工业机器人、智能物流管理等技术和装备在生产过程中的应用，到 2025 年制造业重点领域全面实现智能化规划蓝图。2019 年，国家发展和改革委员会等 15 部门联合

印发的《关于推动先进制造业和现代服务业深度融合发展的实施意见》进一步提出，推进建设智能工厂，大力发展智能化解决方案服务，深化新一代信息技术等应用，实现数据的跨系统采集、传输、分析与应用，优化生产流程。2021 年，工业和信息化部等部委发布的《"十四五"智能制造发展规划》指出，以数据为基础，依托制造单元、车间、工厂、供应链和产业集群等载体，构建虚实融合、知识驱动、动态优化、安全高效的智能制造系统。

　　智能制造的发展对建模与仿真技术的需求十分迫切。建模与仿真技术已被广泛地应用于各行各业，在如今高度个性化的生产制造需求和高度柔性化的生产制造系统背景之下，仿真建模技术成为高科技产业复杂系统中不可替代的分析、研究、设计、评价、决策、训练等重要手段。制造系统建模技术为制造型企业认知生产过程、分析生产系统提供了强有力的支撑。面向制造全生命周期的智能建模、面向大数据的仿真、云环境下的智能仿真都是该领域的关键技术。结合新一代人工智能技术，制造系统建模能够利用系统的历史数据和实时数据对数理模型进行更新、修正、连接、补充和分析，实现机理模型和数据模型的融合，使模型与真实车间运行高度吻合，从而真正实现智能车间从物理走向虚拟的第一步。

　　车间和工厂的生产运作中，会产生海量、多源、异构信息。同时，在实际车间调度过程中，生产系统将面临不确定因素干扰。此外，在制造全球化背景下，多数企业逐渐从传统单车间、大批量生产模式发展到分布式车间、工厂协同生产模式。随着工业互联网、物联网、5G 等新一代信息技术和人工智能技术的发展，车间调度模式发生了革命性的变化。车间和工厂使用智能传感设备、边缘计算技术实时感知生产过程中的动态数据，利用物联网和 5G 实现分布式车间、工厂之间的互联互通，通过人工智能、大数据等技术驱动数据对生产调度进行智能管控，实现生产资源优化配置、生产任务和物流实时优化调度、生产过程精细化管理，提高生产效率，降低生产成本。

　　如何融合和使用新一代信息技术（如云计算、物联网、大数据、移动互联、人工智能等），建设智能工厂和智能车间，开展智能生产，满足社会化、个性化、服务化、智能化、绿色化等制造发展需求和趋势，从而实现真正的智能制造，是当前各国提出的先进制造战略或制造模式（如"工业 4.0"、工业互联网、基于信息物理融合的赛博制造、"互联网＋制造"、面向服务的制造或服务型制造、云制造等）共同追求的目标之一。实现该目标的瓶颈之一是如何实现制造的物理世界和信息世界之间的交互与共融。车间是制造活动的执行载体，数字孪生使能的智能车间将是上述问题的解决新途径。

受我国智能制造起步较晚等因素影响，相比世界制造强国，我国服务型制造与社群化制造发展较慢，并且存在较多问题。因此，系统分析当前制造环境与市场特征，深入探索制造与服务的协同发展机制，对推动我国制造业智能化具有重要意义。"制造强国"战略第一个十年行动纲领明确提出"加快制造与服务的协同发展，推动商业模式创新和业态创新，促进生产型制造向服务型制造转变"，我国制造业逐渐开始向服务化转型。2021 年发布的《中华人民共和国国民经济和社会发展第十四个五年规划和 2035 年远景目标纲要》再次强调"发展服务型制造新模式，推动制造业高端化智能化绿色化"，我国将迈入全面推进服务型制造模式的新阶段。

绿色低碳制造系统能够实现对环境负面影响最小化，是一个能够减少制造业环境影响并提高经济绩效的综合策略。发展绿色低碳制造系统有助于提高企业的能源利用效率、降低碳排放、促进我国制造业向绿色制造发展。"制造强国"战略第一个十年行动纲领还将绿色制造列为五大工程之一，为绿色制造指明了方向和目标，提出坚持把可持续发展作为建设制造强国的重要着力点，加强节能环保技术、工艺、装备推广应用，全面推行清洁生产，发展循环经济，提高资源回收利用效率，构建绿色制造体系，走生态文明的发展道路，推动能源清洁低碳安全高效利用。

（二）未来 5～15 年发展趋势

1. 制造系统建模与分析技术的发展趋势分析

制造系统是一种多环节、多层次的系统，系统建模的目的是数字化、结构化地描述和处理生产系统中各环节的信息，即依据实际制造系统中的组织划分规则、业务协同规则、数据统计规则、物料流动规则等系列原则将生产制造信息与物理世界联系起来，从人、机、物等方面实现生产制造环节数字化融合，通过业务组织建模、物理实体建模和产品工艺建模三个部分，综合评价并分析生产系统效能。业务组织模型是生产组织架构、岗位人员和工作制度等基础信息的体现，同时也是评价业务绩效的主体责任单元，可以从组织的维度洞察业务流程性能和制造过程绩效。物理实体模型是对生产线、生产单元、生产节点等物理生产资源的抽象和描述，可以结合如下两点综合评价、分析制造系统效能，并设计复杂制造系统结构：①以企业资源计划为代表，从生产组织和业务管理的角度，"自上而下"地建立计划排产、生产统计和成本归集等基本业务单元；②以制造执行系统为代表，从实际物理生产场景的角度，"自下而上"地将生产资源结构化并逐级向上归并，形成制造系统物理模型。工艺模型是产品付诸生产的具体行动方案和路线图，用于定义产品生产的工序和步骤，是产品从原料到中间产品到最终产品的形态变化过程，是生产、能源、物料等一系列产品要素的统计模型和工程模型。以三个层次关键技术为导向，通过各个层次模型和模型间的相互引用关系，定义和构建完整的制造系统和智能工厂，从而建立起智能工厂的数字化模型，这是智能工厂建模及分析的发展趋势。

目前，制造系统的建模与分析技术正朝着与新一代人工智能技术、大数据技术、云计算技术相结合的方向发展，通过人工智能技术为模型赋予"智能"，使模型具有解决不确定性、复杂性问题的能力，并使解决问题的方式从强调"因果关系"的传统模式转向强调"关联关系"的创新模式，进而向两种模式交互融合的先进模式发展，从而构成模型能自优化、自校准的智能建模技术。

2. 基于物联网实时数据的智能生产调度的发展趋势分析

基于物联网实时数据的智能生产调度包括：生产调度自进化自决策理论，车间不确定信息分析与精确预测，分布式生产调度理论与方法。目前生产调度研究以传统车间为研究对象，研究重点为调度算法改进和调度规则选择，能够在规定时间内找到较满意的近优解，属于静态作业车间调度问题。在实际生产调度中，系统经常出现随机性干扰事件，如机器故障、紧急工件到达、订单取消等，需要采用动态调度方法来解决这类问题。动态调度以变化的视角，针对生产中出现的干扰，结合系统状态与当前调度方案确定新方案，保证生产持续进行。

随着企业竞争加剧，产品需求种类增加、生产规模减小等因素使得车间生产的不确定性越来越显著。按照生产过程不确定因素是否可以预测，将不确定因素分为以下三类。①完全未知的不确定性。发生前完全无法预测，无法通过生成预测调度的方法考虑此种不确定性因素，情况发生时只能被动反应。②基于对未来的猜测的不确定性。决策者根据工作经验和掌握的信息猜测不确定因素发生的时间与位置，但是很难对这种猜测进行量化。③可知的不确定性。相关信息可以通过对历史数据的统计得到，在建模时可以将不确定信息量化到算法中。对于不可知的不确定性研究以及不确定因素的获取、传输、建模等方面的研究较少。在不确定信息精准预测方面，基于大数据、知识、人工智能算法等研究是其发展趋势。

随着科技的发展，多数企业从单车间、大批量生产模式发展成分布式车间的协同生产模式。分布式调度是构建大规模分布式多工厂智能制造系统的基础，也是实现制造过程智能协同的途径。分布式调度比单工厂调度更贴近实际，往往存在异质工厂、多种机器及多种工件、复杂工艺流程约束的情况。目前的研究主要包括：针对分布式工厂生产与调度的一般过程，设计多智能体的投标合作网络模型，以实现车间生产计划与调度协调优化过程；根据上下游车间作业模式，对生产线协调生产过程建立有限缓冲区的生产计划模型；从批量生产、运输集成与调度的角度分别设计相应的集成问题规划模型，考虑到生产任务和运输任务的协同调度模式，设计不同的优化算法进行协同优化研究；针对地理位置分散分布的多车间，设计适用于中小型生产的批量、多品种的生产计划与调度模型；采用面向服务的体系结构方法，基于时间窗的规划服务和规划调度启发式算法的调度服务，以保证分布式系统的协同优化等。针对协同车间或企业间的信息交互、关系建模、实时状态更新、动态生产计划与调度研究等将会成为发展趋势。

3. 大数据驱动的智能车间运行分析与决策的发展趋势分析

随着车间数字化的发展，大多数智能车间的运行分析与决策技术研究围绕人工智能算法展开，形成了"分析＋调控"的决策模式。通过对历史数据的学习，提取某些特定的知识，对车间运行状态进行分析，进而实现如工艺规划、故障诊断、质量检测、智能调度等功能，调控和优化整个制造过程，提高制造系统生产效率，提升生产质量。主要算法包括深度学习（卷积神经网络、自编码器、循环神经网络等）、智能计算（遗传算法、人工蜂群算法等）等。短期内，如何实现更加精准可靠的分析仍是目前的研究重点。现有研究大多为数据驱动，研究方法大多来自通用模型算法，并在此基础上加以微调，对制造系统缺乏有效分析；问题背景考虑不足，无法为人工智能方法提供有效的先验知识，导致模型的构造、优化和部署更加复杂。最终导致算法在制造系统中的表现与其在通用算法领域的表现存在较大差异。随着生产系统日益复杂，基于数学模型的传统决策方法虽然难以满足复杂的生产法问题，但数学模型所蕴含的知识依然可以为人工智能模型提供有效的支撑。因此，想要获得更加高效准确的智能优化决策方法，需要结合现有数学模型、研究决策模型的知识化抽象表达，使其为人工智能模型的建立、优化和部署提供先验知识，由人工智能单核驱动，变为数据和数学模型混合驱动。利用数学模型的抽象知识表达为人工智能提供充足的先验知识，并通过人工智能的学习有效地修正数学模型的不足，从而实现更高效、更准确的智能化决策。

从长期来看，仅仅通过分析来实现调控存在一定的滞后性。在精准可靠分析基础之上，如何针对未来某个时间段内的车间运行状态，利用大数据进行预测，并基于预测结果进行预判式调控，从而消除生产过程中的不确定因素（如设备故障）对制造效率的影响，是未来研究的重要趋势。通过预测的方式，可以将被动的决策模式转化为"预测＋调控"的主动模式，进一步发挥大数据在制造过程中的价值，也有助于避免主观因素干扰，降低决策成本。

4. 数字孪生使能的智能车间的发展趋势分析

数字孪生使能的制造车间具有以下特点：①同步交互，物理车间与虚拟车间之间的映射是双向、同步、真实的；②数据驱动，物理车间和虚拟车间通过数据实现自身的运行及交互；③全要素、全流程、全业务集成与融合，为数字孪生车间的运行提供了全面的数据支持与高质量的信息服务；④迭代优化，物理车间、虚拟车间之间可不断交互运行、迭代优化。

目前数字孪生使能的智能车间在实际应用中存在一些问题：①应用层缺乏系统的数字孪生理论／技术支撑，以及应用准则指导。目前在数字孪生模型构建、信息物理数据融合、交互与协同等方面的理论与技术深度不足，导致数字孪生应用过程中缺乏相应的理论和技术支撑。②数字孪生技术在智能车间产生的优势尚不明确。目前数字孪生应用基本处于起步阶段，且其技术发展路线较为宽泛，在制造车间领域所带来的比较优势尚不明确，同时应用过程中所需攻克的核心技术尚不清楚。③目前数字孪生在制造车间中的应用主要集中在产品的运维和健康管理等产后阶段，针对产品的产前阶段（如产品设计、再设计、优化设计等）和产中阶段（如装配、测试／检测、车间调度与物流等）的研究探索尚不充分，从而无法达到对产品全生命周期的整体优化。

预计未来 5 年，数字孪生技术将在工艺规划、设备与过程控制、装配过程控制、生产调度等车间制造环节中大量应用，相关理论及技术将被充分提出并发展。预计未来 15 年，基于产品、生产和性能的数字孪生应用模型将进入市场，数字孪生使能的制造车间将在产品设计、产品加工、产品分析等全生命周期阶段提供技术支持，并被广泛应用。

5. 服务型制造与社群化制造的发展趋势分析

近年来，在大数据、人工智能、工业互联网快速发展的背景下，我国制造业飞速发展，正全面进入生产制造服务化、社会化、智能化新阶段。目前，国内部分生产企业已不再仅仅关注企业内制造系统的运行与管理，而是逐渐将目光聚焦于产业链前端的供应与支持以及产业链后端的服务。聚焦于产品的前端设计与后端运行服务，形成一种以外包驱动的、面向服务的社群化制造新模式，以提高服务增值与响应能力。

当前，受国内外经济形势以及相关政策因素影响，我国服务型制造业转型面临巨大的挑战，存在的问题主要包括以下几个方面。①核心技术相对落后。在服务型制造新模式下，将产生具有海量、多源、异构等特点的生产型与服务型数据信息，以及面临复杂生产环境与多变市场需求等随机、动态不确定性因素的影响。因此，需要大数据分析与处理技术的支撑。然而，国内相关领域技术相对落后，人才储备不足，阻碍了我国服务型制造的发展。②各产业链间协同能力不足。服务型制造要求生产制造与服务环节之间相互延伸且协同发展，然而，一方面，国内许多典型制造业生产链企业间的技术能力、文化理念、服务意识、运营状况等都存在较大差异，另一方面，缺乏高质量、高效率的沟通模式，这些都导致制造企业间难以形成有效的协同体系。③缺乏完善的体制机制。由于我国服务型制造起步较晚，典型的核心制造业中缺乏完善、成熟、创新的产业体系与服务机制，同时，政府部门也缺乏完善的鼓励、准入、监管机制，这些因素减缓了企业向服务型制造发展的进程。

为进一步提高我国服务型制造与社群化制造的发展速度与质量，在核心技术层面，需要深入研究复杂多变生产环境下的数据信息智能感知、分析处理、服务规划、决策控制等关键技术，加强相关领域人才的培养，为我国制造业服务化提供强有力的技术支撑；在产业链层面，要求进一步提高制造企业自身的运营能力与服务意识，同时建立成熟的制造与服务云平台，增强各企业间的互联互通，促进产业资源的自组织、共享与协作，形成网络化、社群化的制造模式；在国家层面，形成完善、有效的体制机制，通过合理的鼓励、准入、监管机制，促进更多的新兴企业向服务型制造与社区化制造模式转变。

6. 绿色低碳制造系统的发展趋势分析

随着环境问题的凸显，世界各国对环境保护问题尤其关注，发展绿色低碳制造系统是助力"双碳"目标实现的重要环节。国际上对绿色低碳制造系统的概念尚未有统一的认识，相关的概念包括绿色制造、环境意识制造、环境友好制造、可持续制造等。广义的绿色低碳制造可视为能够系统减少制造业环境不良影响并具有良好经济效益的综合模式。狭义的绿色低碳制造是一种以环境负面影响最小化为目标，通过新工艺、新技术、新方法，把材料转化为产品的生产方式。美国商务部则将绿色低碳制造定义为"使用负面环境影响最小化的材料和加工流程，节省能源和自然资源，对雇员、社会、消费者安全，用经济上合理的方式创造制造品"。目前，绿色低碳制造已经成为制造领域的研究热点，主要包括基于全生命周期的绿色产品创新设计、绿色加工工艺与节能管控以及绿色回收利用与再制造。

未来，绿色低碳制造系统的发展趋势主要体现在三个方面。①绿色低碳制造系统将形成比较系统的绿色评价、绿色设计工具及软件工具，软件工具将实现与物联网、大数据、云计算、区块链、5G 等新兴技术融合，绿色评价将更加高效、准确、安全、及时，绿色设计工具将被广泛商业化应用，设计出高品质、节能、节材、低噪、零排放、零污染的绿色产品；②高附加值、技术颠覆性的绿色新工艺、新装备将不断涌现，智慧化的绿色工厂关键技术及系统得到研发、推广应用，实现对生产线、产品、工厂及工业园区等的资源消耗及其排放实时定量监测与智能优化管理，有效提升产品全生命周期的资源、能源效率，提高对工厂资源、能源、环境排放的智能化精益管控能力；③资源化和再制造技术将会朝自动化、数字化、网络化、智能化方向发展，支撑高附加值循环经济产业发展，生产责任延伸制和工业生态将成为未来我国制造业的基本发展模式，制造业单品能耗、资源循环利用效率达到发达国家水平，甚至在部分行业实现领先。

（三）发展目标与思路

1. 面向大数据的制造系统建模

在现有建模手段基础上，将各类产品全生命周期中的研发、生产、销售、服务、管理等所有环节系统性集成，突破面向制造全生命周期的智能建模理论，构成面向更复杂、生命周期更长、高度异构性、可信度极难评估、更高可重用性的智能建模方法和技术。基于大数据和云计算技术，实现制造现场的智能建模、智能分析、智能优化、智能决策。预计到 2025 年，构建完成智能工厂多层次一体化建模方法，形成面向制造过程全生命周期的通用性智能建模平台。预计到 2030 年，建成集云端建模、云端分析的实时性仿真建模云平台，构成制造企业生产管理集成平台，形成制造系统分析及运维综合性平台。为实现面向制造过程全生命周期的智能建模平台，首先，针对制造系统的多层次和异构类型，应构建统一化制造过程数据字典，提升制造系统各个层次的数据、模型的可重用性和可扩展性，使面向制造过程全生命周期建模成为可能；其次，研究基于数据驱动的建模技术，利用制造过程的历史数据和实时数据，对数理模型进行更新、修正和优化，实现自适应、智能化的制造系统建模方法；最后，研究云环境下的仿真技术，将智能建模与仿真技术运用到云平台，搭建实时仿真分析和运维控制智能集成平台。

2. 分布式生产调度的自进化自决策理论与方法

在车间设备数字化的基础上，获取运行数据，对产品、工艺和资源信息进行描述、集成和分析。基于物联网和 5G，实现资源集成、共享与协同。基于集成的数据进行智能分析和决策，实现制造车间管理、控制与决策的智能化。

针对大型复杂产品的生产，实现分布式协同智能工厂，利用产品全生命周期数据主线，实现供应链内及跨供应链间的高效协作。预计到 2025 年，构建基于物联网的分布式工厂互联互通体系，形成面向跨部门跨车间的大数据集成平台。预计到 2030 年，研发面向供应链管理需求的异地协同制造技术，重点形成生产资源配置协同优化、产品质量全流程追溯以及运维服务高效管理能力。为了实现分布式制造系统的自组织自进化生产，需做到以下几方面。首先，提升加工设备的自主决策能力，各设备通过物联网平台实现信息实时传输，根据系统状态实时调整调度方案；其次，针对生产系统的边缘计算节点，开发实时数据描述、集成和分析技术，实现智能感知和互连；再次，研究可根据动态生产任务进行快速自组织生产的信息物理系统，实现生产调度策略自适应、智能化调整；最后，研究基于人工智能技术的生产调度实时交互策略，通过不断积累知识，学习最优策略，提升生产调度系统的智能性。

3. 大数据驱动的智能车间主动调控机制

大数据驱动的智能车间运行与决策技术的最终目标是实现制造系统的自主决策，变传统的"被动发生 + 滞后调整"的被动决策模式为"提前预测 + 主动调控"的主动决策模式，从而有效消除异常事件对制造系统的影响，确保制造系统处于高效稳定的运行状态。为了实现这一目标，需做到以下几方面。首先，研究高效、可靠、准确的数据分析方法，构建各个生产要素之间的关系网络模型，实现复杂生产要素关系的解耦与车间运行状态的精准预测；其次，基于预测结果以及各个生产要素关系网络，建立考虑生产工艺等因素的智能车间主动调控模型，充分挖掘其中的有效信息并将其作为先验知识，进一步提升模型可用性；最后，设计高效的优化求解算法，通过齐次空间裁剪、混合算子等方法，实现调控方案的高效求解。

4. 数字孪生使能的制造车间一体化建模

针对当前智能车间建设中存在的数据不完整、模型不充分、运行过程仿真不精准、运行决策不智能等问题，基于数字孪生车间先进理念，在新一代信息技术和制造技术驱动下，攻克智能车间构建和运行中异构生产要素互联与实时数据采集、动态多维模型构建与融合、制造过程实时仿真与管控、模型和数据双驱动的车间智能决策与优化等共性关键技术，研究物理车间"人 -

机 - 物 - 环境"异构要素的智能感知、互联与多模态数据融合技术;研究虚拟车间孪生模型构建与融合方法,建立孪生模型的时变动态更新机制,为车间自组织运行提供模型基础;研究车间孪生数据构建及管理技术,形成基于多物理域信息多模式融合与深度学习的动态生产环境自主感知理论与方法,基于仿真、历史、测试等多源数据,结合数字孪生车间的需求,打造制造过程的数字孪生模型以保证产品质量稳定;研究数据和模型双驱动的数字孪生车间运行技术,构建孪生数据驱动的主动/反应自组织调度模型和"改进 - 学习"的自适应机制。

5. 面向服务型与社群化制造的智能化网络协同理论与技术

为推进我国制造业向服务型制造与社群化制造的方向发展,需针对目前社会化制造资源特点,研究智能化网络协同理论与技术,构建开放式、交互式、社群化、网络化云平台,为实现服务型制造与社群化制造模式下制造资源与服务资源信息的交互与共享提供理论基础与技术支撑。具体思路为:设计面向制造与服务全生命周期的智能化资源协同框架,采用数据驱动方式对企业生产与服务需求进行系统分析,研究基于多智能体的社会化制造与服务资源配置,挖掘制造资源与服务资源之间的内在关联,构建基于交叉理论的协同网络结构,探索面向服务型制造与社群化制造的制造协同机制与服务决策技术,开发面向海量社会化制造资源的开放式、交互式、社群化、网络化制造服务平台,实现多企业间的无缝社交、协同生产与服务支持,促进相关行业制造与服务的集成与共享。

6. 绿色低碳制造系统

绿色低碳制造系统的最终目标是构建清洁、高效、低碳、循环的制造系统,最大化地减少能源消耗,优化方法从现有的以最小化能耗为目标转变为以精准控制碳排放为目标,从而实现对碳排放的合理控制,对能源的消耗进行标准化处理,确保制造系统处于绿色低碳的健康状态。为了实现这一目标,首先,需要构建能源的消耗与碳排放之间的关系模型,实现能源消耗与碳排放之间的合理映射;其次,需要研究高效、准确的数据处理方法,对各生产要素的碳排放进行精确建模,充分挖掘模型的有效信息,根据问题特性来设计有效的优化方法;最后,需要采用人工智能、大数据方法,收集并处理车间生产所产生的碳排放信息，对不同生产状况下的碳排放进行合理预测，以对后期的生产提供合理有效的建议，实现绿色低碳制造系统的闭环控制，确保制造系统在合理的碳排放范围内执行生产任务。

十一、机器人化智能制造

（一）国家产业发展与战略需求

当前制造模式正向极端尺寸（极大构件和极小特征）、极端性能（服役性能、复合功能）加工方向发展，受限于加工机床、加工模式和加工工艺等因素，在追求极大构件加工的同时不得已降低了加工精度和性能，难以有效应对构件尺寸、制造精度、服役性能之间的制造挑战。未来，制造业不断向大型复杂构件－器件集成、形性一体化制造方向发展，对大型复杂构/部件的制造精度、功能和性能提出了更高要求。

1. 机器人化复杂曲面制造

复杂零件（如航空结构件、燃气轮机叶片和船舰螺旋桨等），在航空、能源和国防等行业有着广泛应用。这些产品直接关系着国民经济和国防安全，反映了国家重大战略需求，其制造水平代表着国家制造业的核心竞争力。《国家自然科学基金委员会"十三五"学科发展战略报告》将大型复杂零件设计－制造的新原理列入优先资助方向。复杂零件包括复杂结构和复杂曲面类零件。该类零件通常具有如下特征：结构形状复杂（如具有多种形式的槽腔结构、下陷、加强筋及凸缘，具有变斜角、空间复杂曲面等特征）、薄壁结构（如壁板、整体框、肋、进排气边等）、难加工材料多（如钛合金、高温合金等）、材料去除率高（部分零件可达 90% 以上）、尺寸及位置精度要求高、零件表面质量要求高、零件品种规格多但批量较小等。掌握大型复杂零件的高效高精制造技术是当前我国制造业面临的严峻挑战。

2. 机器人化大型构件制造

飞机蒙皮、太空舱体和高铁车身等大型复杂构件是大型飞机、航天装备、高速列车的核心部件，也是航空航天、轨道交通产业发展的根基。大型复杂构件通常具有尺寸超大、工位繁多、长厚比高、型面复杂等特点，形位精度与表面质量要求极高。大型复杂构件特殊的结构形态与严苛的工艺要求对加工装备和工艺技术均提出了严峻挑战。国内大型复杂构件的加工目前均以人工为主，辅以大型专用多轴数控机床的自动化加工方式。然而，人工作业效率低、劳动强度大、技术要求高，且产品质量及其一致性均难以保证；大型专用机床则存在造价高昂、加工对象单一、行程与精度难以兼顾、难以覆盖全部加工区域等问题，现有制造模式严重制约着相关行业的发展。因此，亟待创新加工手段，提出变革性制造模式，构建新型加工系统，融合并突破现有工艺技术。

3. 机器人化功能结构制造

随着现有航空航天装配对传感的需求增大，制造需要更多地考虑装备的功能性。例如，新一代飞行器雷达罩/智能蒙皮在保证飞行器气动外形和承载力的同时，还需在曲面结构上集成数千颗芯片，以及柔性传感、共形天线、T/R 组件、多层互连、电磁防护等功能部件，实现介质雷达、高隐身、带内透波、带外屏蔽等功能，要求突破加工空间尺度（跨尺度 $>10^7$）和维度（二维、三维）限制，并从几何精度拓展到功能增强、性能保障，保证光、电、热等物理特性要求以及抗辐射、抗腐蚀、高灵敏等功能要求。现有的"人工辅助+专用机床"制造模式无法满足跨尺度、多工艺加工需求。大型复杂功能构件控形控性制造为机器人化智能制造带来了前所未有的机遇，如何充分利用机器人的结构灵巧性和工艺集成性优势，在大型复杂构件上进行高精度、多工艺、高性能制造，关键是通过工艺复合 – 时空变换 – 模型演进机制实现大型复杂构件形性构筑与调控的机器人化智能制造。

（二）未来 5～15 年发展趋势

1. 机器人化复杂曲面制造的发展趋势分析

20 世纪 90 年代，德国夏罗登（Schalod）工业科技（SHL）公司因其发展的自动化砂带磨削设备，可实现不同材质零件的精密磨削，现已成为机器人磨削解决方案的最大生产商之一。柏林大学相关学者采用机器人砂带磨削系统对碳纤维增强塑料进行光整加工，研究了磨削方向对该材料工件边缘的影响。新加坡制造技术研究所设计了 SMART 机器人系统来修磨涡轮叶片型面和进排气边，解决了叶片个体间由形变和扭曲造成的几何差异和磨削过程的动力学问题，并利用带有主/被动柔顺控制的砂带磨削机实现恒力接触。

作为智能制造发展的一个重要突破口，机器人加工已引起世界各国关注。在研究方面，德国弗劳恩霍夫陶瓷技术和系统研究所、德国多特蒙德工业大学、意大利摩德纳大学、加拿大魁北克大学，以及中国北京航空航天大学、清华大学、东北大学、智通机器人系统有限公司等在机器人铣削和磨抛方面从不同角度开展了理论研究和技术开发工作。

相对于多轴数控机床，现有的机器人加工仍存在先天制约：低精度（低于 1 mm，补偿后可达 0.3 mm）、低刚度（低于 1 N/μm，机床刚度可达 50 N/μm）和编程复杂（缺乏标准编程语言和通用的后置处理软件）。围绕以上问题，上述研究单位的工作主要集中在以下几个方面：①机器人运动学和动力学分析；②机器人加工路径自适应生成，误差离线与在线补偿；③基于力控制的柔顺加工和振动抑制等。然而，针对大型复杂零件机器人加工，上述工作还极不完善。仍以大型航空结构件、燃气轮机叶片为例，大型航空结构件具有如下特点：形状复杂，多连接面，且通常具有薄壳结构，铣削加工过程中极易发生变形和振动。对于燃气轮机叶片，进排气边磨抛加工是公认的难题，它具有如下特点：进排气边不仅有粗糙度要求，而且有形位精度要求；具有复杂曲面和薄壁结构特征，最薄处小于 1 mm；加工余量非均匀。综上所述，大型复杂零件的机器人加工尚且存在如下问题：①目前的研究主要考虑关节轴机电模型或者操作臂动力学，缺乏对加工过程的动力学分析，对于大型复杂零件机器人加工中极易出现的颤振、工件变形等问题缺乏系统的解决方案，缺乏类似于"机床-工艺"交互作用理论体系的支撑；②机器人轨迹生成缺乏基于关节轴机电模型和切削力模型的变进给速度规划，后置处理缺乏衡量机器人动态特性和工作精度的度量指标，以及以此为依据的逆运动学最优构态求解；③受限于商业机器人的开放性，考虑操作臂动力学模型的力位混合控制尚且较少地用于机器人磨抛等实际作业场合，缺乏针对高速高精铣削加工多轴强耦合下的轮廓跟踪控制研究。如何在采用商用标准工业机器人基础上，解决机器人低精度、低刚度、编程复杂与大型复杂零件高效高精加工之间的矛盾，是目前机器人加工领域亟待解决的难题。

2. 机器人化大型构件制造的发展趋势分析

以航空航天和轨道交通为代表的高端制造业体现着国家科学技术的核心竞争力，是国家安全和国民经济的重要保障，体现了国家重大需求。《国家中长期科学和技术发展规划纲要（2006—2020年）》将大型飞机、载人航天与探月工程等项目列为重大专项，《中长期铁路网规划》提出"八纵八横"发展战略，对大型飞机、太空舱体、高速列车等战略产品的制造能力提出了迫切要求。在民用航空领域，预测到2030年我国大约还需要新增干线、支线客机超3000架，在军用航空领域，未来10年需换装以歼-20、运-20等为代表的先进战机及运输机千余架；在航天领域，计划到2030年初步迈入世界航天强国序列；在轨道交通领域，预计到2030年建成高速铁路总量达4.5万km，未来十年仍需新建高速铁路1.5万km，每年仍需新增高速列车达500列。我国航空航天和轨道交通产业核心产品的高品质制造能力正面临前所未有的发展机遇与挑战。

随着德国"工业4.0"、美国"再工业化"等国家级制造业战略目标的提出，加工自动化和智能化受到了空前的关注，而大型复杂构件（如航空结构件、高铁车体、飞机蒙皮），代表国家科学技术的核心竞争力，并具有巨大的经济价值。大型复杂构件由于尺寸超大且型面曲率分布不规则，目前仍以人工加工为主，不仅劳动强度大、生产效率低，而且产品质量严重依赖于工人的技术水平，产品的一致性难以得到保证。随着多轴联动数控加工技术的发展，龙门式制造系统逐渐应用于风电叶片等大型结构件复杂型面加工，如意大利西曼斯（CMS）公司研发的龙门机床、西班牙达诺巴特（DANOBAT）集团开发的龙门机床等，加工质量和效率较人工方式均有较大提升。但是，大型机床造价高昂，且加工成本高、生产柔性差、工件转运困难，难以满足相关行业的快速发展需求。相比于机床结构，机器人具有运动灵活度高、工作空间大、环境适应性和并行协调能力强等优势。利用机器人技术，德国弗劳恩霍夫协会研制出大型构件移动机器人加工单元，能够完成测量、焊接、钻孔、铣削等作业任务；德国库卡公司也研发出基于omniMove移动平台的机器人加工系统。在国内，华中科技大学联合华中科技大学无锡研究院研制出用于大型风电叶片和高铁白车身打磨的移动式串联机器人系统；浙江大学开发出面向飞机钻铆作业应用的移动机器人加工单元；北京卫星制造厂开发出用于大型卫星舱体原位制造的机器人柔性加工系统。移动机器人加工的技术方案具有以下优势：①系统造价低、可重构性强，可以根据加工对象和任务需求合理配置，形成多机协作柔性制造系统；②机器人与灵巧末端执行器相结合，便于快速调整加工位姿，对大曲率面型的加工适应性更强；③机器人运动灵活性高，适于狭小空间作业，且利用多机器人协同作业，可显著提升加工效率。然而，机器人虽然在灵巧性、生产柔性化和功能集成能力等方面存在明显的技术优势，但其性能与位形高度耦合、静动态刚度存在各向异性，这使得机器人在加工精度和表面质量等方面与机床相比还存在一定差距。因此，为进一步提升机器人的高品质加工能力，迫切需要结合大型复杂构件加工工艺，突破机构、控制、感知、规划等机器人核心技术，建立多机器人自律加工新原理和理论技术体系，为大型复杂构件的机器人自主加工提供新思路。

3. 机器人化功能结构制造的发展趋势分析

随着功能性微结构的制造品质要求不断推向新的高度，机器人化功能结构制造面临新的挑战，如更高的加工效率、跨尺度加工、选择性加工及可控性加工等。新兴应用，如机器人触觉、飞机智能蒙皮、结构健康监测和半球电子相机，对大面积、三维曲面电子产品的需求不断增加。这些电子产品提供传统二维平面集成电路技术的电气功能，并同时贴合复杂的表面。目前的电子产品是在二维平面的刚性和脆性基板上制造的，如硅晶圆和玻璃板。但是，它们本质上与大面积的三维曲面不相容。此外，集成了柔性传感器、刚性芯片和大规模互连电路的曲面电子产品已经彻底改变了微加工，从"小面积"到"大面积"，从"平面"到"曲面"，从"刚性"到"柔性"。然而，二维表面的图案化、沉积和蚀刻的固有特性面临重大挑战。

功能结构制造方案大致可以分为三类：机器人装配、机器人微接触印刷和通过机器人的喷墨印刷。通过二维微加工和转运印刷制造可将电子元器件安装或贴合到平面、刚性曲面或者可变形曲面上。这些方法已成为功能结构制造（如曲面电子产品、柔性电子产品）的常见策略。但是，该方法也受到工艺、电子元件尺寸、曲面特性的限制。喷墨打印直接将功能材料沉积在复杂的表面上，代表了曲面电子产品的未来技术。尽管它们经常用于二维平面图案化制造，但对三维曲面的制造仍然存在挑战。当喷墨打印结合机器人系统时，它在制造复杂的曲面电子产品时更加灵活，包括几何拓扑、特征尺寸、功能/材料和工艺顺序。这为曲面电子产品的制造提供了一个有前途的解决方案。机器人喷墨打印可以扩展到制造组件，如互连、嵌入式传感器和结构电子设备。然而，图案化分辨率和复杂表面上的液滴滑动是喷墨打印长期存在的两个问题。目前的分辨率难以突破 20 μm，喷墨产生的超低黏度液滴不可避免地在曲面上滑动。

对于上述情况，提出新一代机器人化的功能性制造具有重要意义。通过将编程和模块化的方式将转印与电流体动力学打印相结合，有望缓解二维平面微细加工工艺和传统喷墨打印的低分辨率的限制，直接在任意表面上形成大面积和高性能的曲面电子产品。它采用类似机器人的系统来集成测量、规划和执行系统，以监控打印机、电路和工具状态，并通过测量数据和过程知识来自主控制相关参数。采用转移印刷，通过拾取放置或激光升空方法从二维平面基板上剥离小刚性芯片或超薄（约 1 μm）柔性电子元件。然后通过灵巧机器人末端执行器，将它们转移到三维曲面上。上述方法可以适用于飞机智能蒙皮、雷达罩保形天线等功能化构件的制造。与现有的可选方法相比，该方法提供了一种强大的曲面电子产品组装新方法，特别是对于集设计、测试、制造于一体的研发型生产，显著缩短了生产周期。

第五节　未来 5～15 年重点和优先发展领域

一、人－机－环境自然交互的共融机器人

人－机－环境自然交互的共融机器人方向未来 5～15 年的重点和优先发展领域建议如下。

（一）刚－柔－软耦合柔顺机构设计与性能保障机制

揭示人－机－环境交互动力学特性与顺应机制，建立刚－柔－软体机器人系统一体化创新设计理论。当前以仿生为主要特征的刚柔软体耦合机器人对任务和环境的适应性强，其快速发展在一定程度上将加快机器人研究的步伐。同时，在结构驱动控制一体化设计、高效驱动传动机理、非线性动力学与控制方面均存在较大的挑战。把握这些挑战背后的机遇，将能够占领机器人研究的制高点，引领研究方法的变革。重点探索：将软体机器人与柔性传感器的多功能、强适应特性融合到作业机器人中，既为极端环境作业提供有效的解决方案，又面向实际需求将软体机器人从创新概念推向重大应用。重点突破解决刚柔软机器人构型设计及其力学行为，一是探究刚－柔－软机构单元组成原理，揭示多体耦合机构在自身驱动力和环境约束力作用下的变形制动机理、承受外力时的变形协调机理等；二是研究人－机－环境交互动力学与刚度调控机制，发展刚－柔－软机器人系统动力学建模和高效求解方法，探究适应环境的机器人结构变刚度设计，建立人－机－环境柔顺交互理论，探索交互过程的主动顺应与协调控制原理。研究刚－柔－软融合机器人及柔性多模态感知系统的分析和设计方法，并在实际极端作业任务中进行演示验证。解决刚－柔－软机器人机构耦合驱动与系统分析设计原理、极端环境下柔性多模态感知与控制系统设计制造方法、复杂工况下融合型机器人强适应与高效率作业机制等关键问题。

（二）人－机－环境多模态环境主动感知与意图理解

发展多模态信息融合感知与行为意图理解方法，建立人－机－环境自然交互理论。主动感知与自然交互是未来机器人的核心问题，其面临的主要挑战包括：多传感信息获取与融合处理、行为意图的学习与准确判读，即人机交互协作决策与规划控制。开展机器人对复杂动态环境和任务的主动感知理解与自主学习的相关研究，使得机器人能实时理解人的行为意图，实现机器人融入人的正常生产、生活环境及与人合作交互，具备人类移动能力与灵巧作业以及智能决策能力，是解决机器人与人－环境共融的主要途径。探索无创神经双向接口实现运动意图解码。人体运动意图识别在人与机器人融合中起着至关重要的作用，也是联系下行主线和上行主线的关键点。运动意图解码的最终目的是在复杂的实际环境中准确地感知、解码人神经中枢的意图信息，并依据此信息来控制机器人，实现人机融合系统在复杂环境中流畅、安全地运动。研究内容应包括：人机耦合系统动力学建模及下肢自然运动构成规律定量揭示、人体运动意图识别、无创神经双向交互接口。

（三）群体智能协同组织机理与群体机器人自主分布控制

创新机器人行为协同与集群控制理论和方法，构建基于分布式体系架构的机器人多态操作系统。瞄准自主控制与群体智能的国际发展方向，扩展机器人面向复杂场景的自主适应和操作能力，奠定未来集群机器人智能性自主性的基础。以破解群体机器智能结构性与自连接机理、群体机器智能适应性与自嵌入机理、群体机器智能涌现性与自组织机理等科学问题为牵引，研究并集成联合感知、学习、抽象和推理等群体机器智能算法，复杂场景下的群体机器人目标识别与跟踪技术、集群可扩展编队与自主协同、群体自组织网络与实时通信等面向领域的群体机器智能关键技术，以及群体智能机器人硬件平台。面向救援、安保、国防等群体机器人重点应用领域的核心任务，构建多域异构群体智能机器人系统，开展复杂任务协同实验验证。在仿生智能方面，构建机器人个体自主运动模态、群体协同跟随和模态切换的群体智能涌现模式；提出群体机器智能研究方向，探索群体机器智能的内涵机理，突破群体机器智能的结构性、适应性和涌现性等性质和机理。突破面向陆海空天等领域机器人的多源异构资源的管控技术；创新可扩展多态分布体系架构，构建支持基于"观察－判断－决定－行动"模型的群体行为管理和群体协同任务管理；从仿生群体智能、类脑智能到群体机器智能，开展个体自主与群体智能涌现基础理论创新，提升机－机共融和与环境共融的群体智能水平。研制群体智能机器人操作系统的软件，开发面向无人系统集群的模拟仿真调试测试环境，并开展规模化应用验证。

二、新材料构件高效智能化加工新原理与控形控性制造

新材料构件高效智能化加工新原理与控形控性制造方向，未来 5～15 年的重点和优先发展领域建议如下。

智能数控加工的优先发展领域方向包括：①自主学习进化与工艺决策的智能化高档数控装备。研究基于大数据和深度学习的智能加工技术，通过实时工况感知，结合大数据和工艺知识积累，对多轴加工过程进行动态建模，通过自主学习、自主决策和反馈控制，实现高性能复杂零件的高质高效加工。②高效高质多轴切削加工新技术。建立加工装备动态精度设计理论、误差传递规律及新型工具制备技术，探究装备高精度多轴联动轨迹精度生成与稳定性保持理论方法，揭示零部件特征与装备系统精度的相互制约机制，探索高性能加工过程的影响因素与规律并实现智能控制，研究复杂曲面/薄壁零件加工动力学与稳定性、表面完整性、高效低损伤加工工艺。

精密与超精密加工的优先发展领域方向包括：①多能场辅助超精密加工。为研发多能场辅助超精密加工方法，需阐明高精度能场诱发与调控机理、能场辅助超精密制造材料去除机理、能场作用下材料失效机理以及高质量表面成形机理，解决能场形态的自由控制、材料纳米级去除、低损伤高品质表面成形等超精密制造领域的前沿科学问题。②基于量子力学的原子迁移与操纵，探索原子级基本制造单元能量作用机理，提出原子尺度制造装备新原理与原子尺度结构设计新方法。探索原子及近原子尺度下的测量新特征，提出原子尺度测量方法与手段，认识和了解测量对原子级器件的影响规律，建立符合原子及近原子尺度规律的低损伤测量理论，明确不同工艺方法和制造参数对原子级器件最终使用性能的影响规律，确定运行中多因素（包括环境因素）对原子级器件的影响。

特种能场制造的优先发展领域方向包括：①超高功率/超快速度下的智能激光加工技术。研发高性能自主可控的超高功率/超快速度激光加工智能制造装备，搭建贯穿激光加工过程的智能化监控系统，基于多传感器和智能数据分析算法实现实时监测与缺陷识别–工艺参数实时优化的自适应闭环反馈控制，达到减少加工缺陷、提高加工过程稳定性的目的。②高可靠高精准节能脉冲电源控制的自动柔性加工方法。由于放电过程本身的复杂性、随机性以及研究手段缺乏创新性，在基础理论研究领域尚未取得突破性进展，需进一步探索。同时，电火花成形加工应注意与其他特种加工技术或传统加工技术的复合应用，充分发挥各种加工方法在难加工材料加工中的优势，取得联合增值效应。③高精度、多尺度电子束/离子束加工的束源品质特征调控。通过电子束与离子束可实现三维复杂结构的加工，具有高灵活性、可设计、高精度、可控等优点，同时基于在线检测系统实时成像的能力，可原位检测整个工艺流程，实现辐照形变过程的实时控制，确保复杂结构加工的准确性。

智能成形制造的优先发展领域方向包括：①轻量化高性能材料的智能成形，主要包括轻质金属材料（铝、镁、钛合金，金属间化合物，高强钢等）成分设计与组织、性能、形状耦合关系探索，复杂构件成形工艺、组织和性能调控的基础理论研究，零件性能与材料成形工艺的一体化设计。②成形中的新一代智能化技术，主要包括成形制造过程与信息技术、智能技术的深度融合机制，多尺度、多场、工艺/组织/性能耦合的建模理论，从宏观模拟深入介微观领域，从普通成形发展到特种成形、极端/极限成形领域；研发高精度、高效率数值计算方法，材料多尺度物性参数的表征与获取技术，材料微观组织结构与性能的在线精确感知技术，以及自主可控的全流程数值模拟软件系统与数字孪生系统，建立成形过程工况、加工能场、材料演变过程的精确感知模型。

三、智能化绿色化精准复合成形制造理论与技术

智能化绿色化精准复合成形制造理论与技术方向未来 5～15 年的研究重点和优先发展领域建议如下。

（一）多材料/复合材料复杂构件的智能成形

研究材料微观结构的多尺度集成计算方法，建立微观结构与材料性能的关系，提出考虑非均匀性能分布的构件宏观结构的拓扑优化方法，实现材料与构件微宏观结构的耦合建模。揭示微宏观结构的尺度效应、耦合效应及其对构件性能与服役行为的影响规律，综合开发最优匹配设计方法与集成优化软件。研究多材料/复合材料构件成形建模、多工艺复合堆积成形机理、连续碳纤维增强树脂基复合材料成形基础，实现多材料/复合材料大型构件高品质精确成形技术与复合能场调控大型多材料/复合材料构件微观组织与宏观结构的精确控制。研究材料微观结构、宏观拓扑结构双重非均匀构件的跨尺度制造方法，发展逐点/逐层/逐域控制的成形制造原理、工艺与装备，实现材料

与构件微宏观结构的跨尺度制造。

（二）绿色化复合化的智能精准成形

多工艺、多材料、多能场复合成形制造理论与新方法、新装备，解决多工艺形性协同精准调控理论、多能量场下组织/性能的传递机制与演变规律、多材质/非均质材料协同形变理论、多能场耦合不均匀变形主动调控方法、复合成形流程制造机理等关键科学问题，开展伺服节能技术、加热节能技术、快速固化技术等成形绿色技术及工艺研发；针对成形制造装备能场辅助局部形/性调控理论，以及再制造局部成形精准调控方法等关键科学问题，发展铸造与锻造联合、增材制造与锻造联合、粉末冶金与锻造联合、冲压与锻造复合等成形技术，既能充分发挥铸造、增材制造、粉末冶金和压力加工在成形复杂形状方面的优势，又能利用模具完成精确成形和提高力学性能，显著缩短成形制造过程。

四、大型/超大型空天装备高性能装配基础理论与技术

代表国际科技实力的大口径空间望远镜、超大型通信卫星天线、超大型太空发电站及地外基地等大型空间平台和基础设施是未来空间资源利用、宇宙奥秘探索、长期在轨居住的重大战略性装备，由于其重量和尺寸巨大，需通过多次发射和空间在轨装配的方式进行建造。以空间太阳能电站为例，该电站由巨型太阳电池阵和大型发射天线组成，面积可达数百万平方米，重量可达上千吨。对于结构复杂、体积巨大、安装环境恶劣、精度要求高的大型/超大型空间结构在轨装配任务，在空间结构模块化设计、多机器人在轨协同操作与控制、地面装配仿真测试与验证、在轨制造与自主运维等方面仍存在诸多亟待解决的基础理论与技术难题，是未来空间技术的重点发展领域。未来5～15年的重点和优先发展领域建议如下。

（一）大型/超大型空间结构模块化设计和系统优化理论

在轨装配的顶层系统设计对任务的成功至关重要，大型空间结构的模块化设计一方面可以降低制造成本和发射成本，另一方面可以降低装配任务的

规划难度，使空间结构更有可能向大规模扩展。为在尽量减少空间结构发射质量的情况下使其具备足够的结构强度，需要解决大型/超大型空间结构创新构型设计、拓扑优化、结构轻量化、刚度增强等理论难题，突破大型空间结构模块化系统设计技术、空间结构网格划分与拓扑优化技术、模块单元构型设计与优化技术、即插即用接口设计技术和大型桁架模块化装配序列生成等关键技术。同时，基于数字孪生系统开展面向全生命周期的空间结构系统设计与优化也是重要的研究方向。

（二）空间装配机器人分布式协同操作与智能控制技术

空间机器人在轨装配是推动大型高性能航天器发展的重要途径，其自主化、智能化直接影响在轨装配的成功率、效率和安全性等多个方面。大型空间结构复杂，在其中开展搬运、固定、安装、拆卸等任务作业，需要机器人具备认知、学习、精细/柔顺操作及大范围移动等能力，亟须攻克多功能/高灵巧度的末端执行器设计与快速更换技术、融合视/力/位姿等多模态信息的状态测量与环境感知技术、基于数据驱动的装配技能学习技术、在轨自主高精度柔顺装配以及智能化控制技术等。研制具有爬行/飞行等特殊移动能力的机器人，组建空间多机器人智能装配系统，充分发挥群体智能，还需解决多智能体协作任务动态分配、多机协同控制策略及分布式群体智能调度与规划方法等问题，以全面提升在轨装配效率。

（三）基于数字孪生的地面装配仿真测试与验证技术

地面装配仿真技术主要用于完成对在轨装配的方案评估、任务仿真、性能评估及生命周期的健康管理。随着数字孪生技术的进步，将其用于在轨装配来进行装配对象和机器人的过程、状态和行为仿真与监控是未来发展的前沿方向之一。空间环境具有微重力、高真空、温度交变等特点，需要在空间结构中集成具有抗高/低温、柔性、轻量化等特性的新型材料，需要解决空间机器人在轨装配过程中的接触力学、振动力学及碰撞力学等精确建模的难题，从而构建基于高保真度动力学模型的大型/超大型空间结构数字孪生系统。进一步开展基于数字孪生的机器人移动与作业任务序列验证、装配机器人远程操控与协同训练、装配对象性能评估与健康管理、在轨装配与地面模拟平行验证等技术研究。

（四）面向空间装配的在轨制造与自主运维技术

空间在轨增材制造属于在轨制造的一种重要形式，具有设计自由度大、制造成本低、生产周期短的优势，可减少空间装配任务中运载火箭发射次数和装配工序的工作量；也可以实现大型/超大型空间结构系统在太空中的服务保障、翻新、重构以及再利用，降低运维成本。实现面向大型/超大型空间结构的在轨增材制造，需要保证空间环境下在轨制造结构原型逼真，解决构件成形过程中的精度控制、缺陷控制、性能控制等难题，突破增材制造的结构拓扑优化设计技术、空间微重力/低重力环境下的材料成形技术、三维打印对接技术与逆向工程技术等。同时，有必要加快开展空间机器人精细化在轨维护技术、多机器人系统协同自主在轨维护技术、非合作目标自主定位与捕获技术等方面的攻关工作。

五、大数据与数字孪生模型混合驱动的制造系统运行优化理论和方法

分布式制造旨在充分利用不同地理位置的多个企业/工厂/车间的生产资源，通过对资源的合理配置，以合理的成本快速实现产品的生产制造。该模式能够快速响应市场需求，降低生产成本和风险，同时提高企业集群竞争力，广泛存在于航空航天、通信、船舶等产品的制造过程中。随着经济全球化和互联网技术的飞速发展，公司之间的合作生产日益普遍，加之制造资源和市场分配的全球性与广泛性特点，由传统"单一车间"转向"多个分散车间"的分布式制造模式将会成为未来制造业的发展方向。

分布式车间调度以分布式制造为背景，研究工件在不同车间内的分配和各车间内的生产调度，以实现生产指标的最优化。其优化过程相比传统单一车间调度更加复杂。原因在于：①分布式车间调度涉及多个车间之间的工件分配和车间内部的生产排序，且往往存在较多机器和大量工件，特别是对于机器人化智能制造环境，所涉及的机器数量和工艺顺序均具备较高灵活性，导致求解空间规模巨大，计算困难，难以实现高效的全局优化；②工件的多

工厂分配和工厂内的调度优化等因素互相耦合，约束复杂，难以保证调度方案的可行性；③分散的生产车间导致车间多样化且具备多变性，难以保证生产信息的完整性。各车间内均有可能出现各种不确定因素而影响原有生产计划的顺利执行，大大增加了求解难度；④不同车间具备不同优化目标，且工厂的负荷均匀性难以衡量，如何从多目标的角度实现分布式车间调度问题的优化将更具现实意义。

针对上述挑战，需重点研究分布式制造系统中调度模型构建方法、基于数据和机理混合驱动的优化算法、多目标/众目标优化与决策方法、不确定和不完全信息下分布式调度优化方法及策略等内容，同时基于数字孪生车间的先进理念，研究虚拟车间与物理车间的双向映射及动态互联方法，实现分布式制造系统的优化及管控。

六、大型复杂构件机器人化智能制造

大型复杂构件机器人化智能制造是指以机器人或机器人化装备作为制造执行体，旨在利用机器人的灵巧、顺应和机智等特点，将人类智慧和知识经验融入制造过程，构建测量－建模－加工一体化大闭环反馈的智能制造系统，实现不确定性非结构化环境下自律制造。主要研究内容包括：挖掘机器人加工精度与多场调控的内在关联，促进大型构件形性构筑的机器人化智能制造工艺优化；研究测量－建模－加工一体化理论，达到机器人集群自律制造、多机器人集群加工等制造装备智能化；通过人机自然交互、学习与混合增强智能，赋予机器人化智能制造装备在线学习与知识进化能力，扩大、延伸和部分地取代人类专家在制造过程中的体力的脑力劳动，提高其适应性与自治性实现制造系统进化。

大型复杂构件机器人化智能制造方向，未来5～15年的重点和优先发展领域建议如下。

（一）超大型构件机器人化集群制造

大型复杂曲面零件，如飞机复材蒙皮、航天飞行器舱体等，直接关系我国航空航天战略领域安全，其高性能制造被公认为高端制造的痛点。复杂曲面零件尺寸大、多工序工艺的特征，决定了制造装备在空间布局上将由"固定母机，移动零件"向"固定零件，移动母机"的构型转变，这对机器人加工多模态感知与行为顺应提出了新的挑战。然而，在复杂构件高性能机器人加工中，多模态感知和行为顺应仍存在如下问题：大尺寸高精度作业空间中机器人感知系统全域智能程度低，测量精度、适应性和鲁棒性差；机器人-工件系统的协调顺应、双机耦合协作、多机多工艺并行协同控制方法较为缺乏。围绕以上问题，拟从多模态感知和多机器人行为顺应两方面开展研究：①构建全场景立体网络测量系统，探索基于视觉、力觉和触觉等多源信息的感知融合模式；②探索多机器人-环境多点接触交互对零件加工品质的影响规律，建立多机器人-工件系统协调顺应、多机多工序并行协同的控制方法。

（二）复杂功能结构机器人化智能制造

航天飞行器等大型复杂功能结构机器人化智能制造主要面临着两大科学挑战：①跨尺度功能结构的控形控性制造，保证大面积微纳结构尺寸和精度的一致，同时保证结构性能一致，才能实现传感器、隐身、微带天线的性能一致；②非结构化空间的自律制造，构建跨尺度功能结构的多种参数、全场景的多模态感知，提高大面积、非平面、受限、非结构化空间的装备顺应性能，实现复杂构件的自律制造。针对上述科学挑战，亟须进行以下研究。针对第一个科学挑战，提出大型构件微结构精细制造的高分辨率制造原理，采用激光扫描、机器视觉、计算机断层扫描（computed tomography，CT）、红外探测等实现加工过程检测、缺陷检测和性能表征，实现高服役性能跨尺度结构的机器人化控形控性制造。针对第二个科学挑战，研究机器人化智能制造的加工模型动态演化过程，设计高灵巧性机器人结构/机构，研究工艺复合-时空变换-模型演进对制造精度的影响机制，建立大型构件表面微观结构和尺寸的高精度、高一致性制造理论与技术，实现受限、非结构化空间中跨尺度微纳结构的机器人化自律制造。

第四章

机器人与智能制造前沿领域发展政策建议

"十三五"时期，我国始终坚持将智能制造作为主攻方向，通过一系列相关政策促进，在数字化、网络化、智能化建设方面取得了重要进展和显著成绩。然而，《智能制造发展指数报告（2020）》显示，全国 12 000 多家制造企业中，虽然 75% 的企业已开始部署智能制造，但只有 14% 的企业迈向了数字化阶段，只有 6% 的企业呈现出明显的网络化特征。此外，我国企业长期依靠低廉劳动力成本形成成本洼地，多数企业使用机器人替代人工的动力不足。可以看出，当前我国机器人与智能制造还处在从"有没有"逐步转向"好不好"的发展阶段，大而不强、多而不优的问题仍然存在。"十四五"时期，我国制造业必须继续坚持走提质增效、转型升级之路，聚焦基础研发能力，增强网络信息化建设，推动先进制造业和现代服务业深度融合发展，加速推进由制造大国向制造强国的转变。

机器人与智能制造是一个庞大的系统工程，需要从产品、生产、模式、基础等多个维度系统推进。发展智能制造，还必须遵循客观规律，立足我国国情、着眼长远，加强统筹谋划，积极应对挑战，抓住全球制造业分工调整和我国智能制造快速发展的战略机遇，全力补齐我国智能制造发展的短板，引导企业在智能制造方面走出一条具有中国特色的发展道路。为实现上述目标，本书从管理体制、实施路径、基础平台、人才培养、国际合作等方面提出如下建议。

一是强化"国家制造强国建设领导小组"对机器人与智能制造前沿领域发展的领导、顶层规划和统筹协调，统筹国家战略资源，做好机器人与智能制造前沿领域的国家重点实验室、国家工程研究中心、技术创新中心等国家级平台布局和优化重组。

我国需要构建完善的机器人与智能制造政策体系，从顶层规划战略到金融政策支持、财税政策扶持、智能制造人才培养、区域交流与合作、国际交流与合作机制等，全方位、多视角地构建智能制造的政策环境。强化机器人与智能制造国家战略科技力量，优化重组高校、研究所和企业机器人与智能制造现有的国家级平台（如国家重点实验室、国家工程研究中心、技术创新中心等），将其推动成为孕育重大原始创新、促进学科发展和解决国家战略重大科学技术问题的重要力量。

二是将机器人化智能制造作为发展国家智能制造战略的重要抓手，在航空航天、海洋工程、轨道交通、新能源等领域的国家基础性、战略性和新兴产业的骨干企业中推动机器人与智能制造协同研发，组建机器人化智能制造创新联合体，夯实机器人化智能制造技术、装备与工业软件的自主创新能力。

聚焦机器人与智能制造重点领域，依托国家重大工程项目，突破和发展智能制造基础共性技术和"卡脖子"技术，加快智能制造装备发展，针对标志性的重大智能制造成套装备，提高装备制造集成创新水平和企业核心竞争力，加速核心工业软件、智能制造装备、互联网、云计算、大数据、人工智能等基础共性和领域核心技术的攻关与产业化。为实现上述目标，第一，需要完善重大产业技术联合攻关机制，组织实施重大技术攻关专项工程，每年发布共性关键技术、基础工具、重大成套装备攻关导向目录，面向创新中心、制造业企业、科研院所等招标资助。第二，鼓励企业、科研院所等加大研发投入，积极参与重大技术攻关，切实构建以企业为主体的产业技术研发体系，提高企业集成和原始创新能力。第三，积极探索不同行业、不同模式的网络化、云服务等应用路径，注重总结与推广创新应用和服务模式。第四，推动具有核心自主知识产权的成果应用和产业化，提升智能制造装备、核心智能部件的技术水平和产业规模，夯实智能制造发展的基础，提升制造业总体创新水平（中国科协智能制造学会联合体，2020）。

三是建议以"共融机器人"为主题，设立国家 2030 重大专项，深化共融机器人在服务国家重大需求、服务国民经济主战场、服务人民生命健康等领域的作用，提升我国在机器人领域的影响力。

2016 年 7 月，自然科学基金委启动"共融机器人基础理论与关键技术研究"重大研究计划。共融机器人是指能与作业环境、人和其他机器人自然交互、自主适应复杂动态环境并协同作业的机器人。共融机器人计划是我国学者首次在国际上提出的，经过 6 年多时间的研究，目前已在国际和国内形成了广泛的认可与影响力，共融机器人技术可能会成为引领全球变革的颠覆性技术之一。因此，建议国家相关层面进一步加大对共融机器人的投入并进行持续支持，实现共融机器人从学术前沿研究进一步延伸到服务国家重大需求、服务国民经济主战场、服务人民生命健康，以产生更大的作用。

四是培育更多的制造业标杆工厂，搭建可扩展的工业互联网平台和可复制推广的生产模式，为中小企业产业升级，助力供给侧结构性改革提供解决方案，打造智能制造生态体系，构建智能制造服务平台，培育智能制造新模式。

中小企业量大面广，提供就业岗位多，吸纳就业人员多，是我国重要的市场主体，对保就业、保民生具有极其重要的意义。推动中小企业跨过数字化门槛，实现对传统工业生产、销售和服务等环节的数字化和智能化变革，对企业的技术应用、软硬件设备和专业人员提出了很高的要求。即使在德国这样的发达国家，也只有罗伯特·博世有限公司、巴伐利亚发动机制造厂股份有限公司这样的大企业才能做到。因此亟须依托高校、科研院所以及第三方咨询服务机构等资源，构建相关智能制造服务平台，完善产业体系发展机制，为企业提供智能制造诊断咨询、供需对接和方案设计。可借鉴德国弗劳恩霍夫研究所的智慧工厂理念，在数字化智能化实施过程中为中小企业提供测试环境，降低企业的试错成本。同时借鉴入选"灯塔工厂"企业的先进理念，以数字化生产为牵引，逐步实现研发、采购、制造、物流、供应链和客户服务的全价值链数字化；要有可复制模式，能在多个工厂进行复制推广，推动中小企业生产、管理、研发转型升级。

五是加强机器人与智能制造人才队伍建设，既要培养和选拔战略科学家、学术型领军人才等高端人才，也要培养技术型、技能型职业化的大国工匠，搭建多层次的人才培育体系。

机器人与智能制造的发展离不开人才的支持，需要搭建多层次的人才培育体系，形成人才优势，促进智能制造创新成果的形成和大力发展。因此，需要积极营造良好环境，培养一批具有国际领先水平的专家和学术带头人，培养和锻炼一批从事智能技术和装备研发的创新团队。围绕智能制造的硬件保障、软件支持和系统解决方案集成等方面的关键人才需求，加快制定智能制造人才储备计划，优化创新人才成长环境，健全科技人才激励机制，构建智能制造科研人才专家库，建设能够承担智能制造技术研发及产业化应用的创新人才队伍。具体建议包括：第一，鼓励各普通高校、职业技术学院开办智能制造相关专业，开展智能制造学历教育。第二，联合创新中心、高校或专业咨询服务机构等产学研机构打造多层次人才培养的实训基地，面向企业骨干技术人才，提供系统的智能制造理念与关键技术、实操培训课程，设立专项资金鼓励企业骨干技术人才参加培训，对于培训提供方给予一定的政策补贴。第三，利用企业聚集高端人才，通过创新园区聚集科研机构和企业，围绕重点产业的高端、智能技术的研发，吸引科技人才，并制定人才引进政策、人才服务保障策略，吸引国内外高端人才回归，对引才单位给予适当奖补，并从居住、教育、医疗、养老等方面制定留住人才的保障措施。

六是加强国际合作交流，积极参与机器人与智能制造前沿领域国际标准的建设，提升在行业联盟、学术机构和组织中的国际影响力，尽早实现从"跟跑"到"领跑"的转变。

建议进一步加强与世界顶级学术机构、顶级科学家的深度学术交流和实质性合作，鼓励、支持和培养我国科学家参与国际合作并在国际组织中任职。鼓励我国学者创办、组织高水平系列性国际学术会议、专题研讨会、暑期学校等，并给予持续支持。选择若干学术水平高、国际合作基础好的研究群体，资助其建设国际机器人与智能制造研究中心。通过吸纳优秀外籍科学家和海外华人学者，构建面向国际的科研格局。通过高水平国际合作开展学科前沿关键科学问题研究，在若干机器人与智能制造重点研究领域实现从"跟跑"到"领跑"的转变，促进我国机器人与智能制造实现跨越式发展。

参考文献

国家发展和改革委员会 . 2017. 发展改革委关于印发《增强制造业核心竞争力三年行动计划（2018—2020 年）》的 通 知 . https://www.gov.cn/xinwen/2017-11/29/content_5243125. htm[2023-11-13].

国家自然科学基金委员会工程与材料科学部 . 2021. 机械工程学科发展战略报告（2021～2035）. 北京：科学出版社 .

李伯虎 . 2018. 新一代人工智能技术引领中国智能制造加速发展 . 网信军民融合 , (12): 9-11.

李杰 . 2015. 工业大数据：工业 4.0 时代的工业转型与价值创造 . 北京：机械工业出版社 .

马志阳 , 高丽敏 , 徐吉峰 . 2021. 复合材料在大飞机主承力结构上的应用与发展趋势 . 航空制造技术 , 64(11):7.

美国国家科学技术委员会 . 2018. 美国先进制造业领导力战略 . https://www. manufacturing. gov/strategy-american-leadership-advanced-manufacturing [2023-12-11].

王政 . 2022-03-10. 中国制造业增加值连续 12 年世界第一 . 人民日报海外版，2 版 .

"我国激光技术与应用 2035 发展战略研究"项目综合组 . 2020. 我国激光技术与应用 2035 发展战略研究 . 中国工程科学 , 22(3): 1-6.

吴华 , 王向斌 , 潘建伟 . 2014. 量子通信现状与展望 . 中国科学：信息科学 , 44(3): 296-311.

新华社 . 2017. 习近平主持中共中央政治局第二次集体学习并讲话 . https://www.gov.cn/ xinwen/2017-12/09/content_5245520.htm[2023-12-25].

熊有伦 . 2013. 智能制造 . 科技导报 , 31(10): 3.

张琪 . 2021. 数字孪生在工程机械产品装配领域的应用 . 南方农机 , 52(3): 42-44.

中国机械工程学会 . 2016. 中国机械工程技术路线图 . 2 版 . 北京：中国科学技术出版社 .

中国科协智能制造学会联合体. 2020. 中国智能制造重点领域发展报告（2019—2020）. 北京：机械工业出版社.

中国模具工业协会. 2017. 数控伺服液压机是当前液压机的发展方向. http://www.cdmia.com.cn/news/detail/3742.html[2023-11-23].

中国智能制造绿皮书编委会. 2017. 中国智能制造绿皮书. 北京：电子工业出版社.

周济. 2018. 以创新为第一动力、以智能制造为主攻方向、扎实推进制造强国战略. 中国工业和信息化，(5): 16-25.

Ding H, Yang X J, Zheng N N, et al. 2018. Tri-Co Robot: a Chinese robotic research initiative for enhanced robot interaction capabilities. National Science Review, 5(6): 799-801.

Forschungsunion, acatech. 2013. Recommendations for Implementing the Strategic Initiative INDUSTRIE 4.0. Final Report of the Industrie 4.0 Working Group. https://en.acatech.de/publication/recommendations-for-implementing-the-strategic-initiative-industrie-4-0-final-report-of-the-industrie-4-0-working-group/[2023-11-13].

Goldberg K. 2019. Robots and the return to collaborative intelligence. Nature Machine Intelligence, 1(1): 2-4.

Gunning D, Stefik M, Choi J, et al. 2019. XAI-explainable artificial intelligence. Science Robotics, 4(37): eaay7120.

Kusiak A. 2017. Smart manufacturing must embrace big data. Nature, 544(7648): 23-25.

Manufacturing USA. 2019. Network Charter Manufacturing USA Program – Revised. https://www.manufacturingusa.com/reports/network-charter-manufacturing-usa-program-revised[2023-12-11].

METI. 2019. White Paper on International Economy and Trade 2019. . https://www.meti.go.jp/english/report/data/gIT2019maine.html[2023-12-11].

National Science and Technology Council. 2022. National Strategy for Advanced Manufacturing. https://www.whitehouse.gov/wp-content/uploads/2022/10/National-Strategy-for-Advanced-Manufacturing-10072022.pdf [2023-11-20].

Tao F, Qi QL. 2019. Make more digital twins. Nature, 573: 490-491.

UKRI. 2015. Innovate UK Materials and Manufacturing Vision 2050. https://www.ukri.org/publications/innovate-uk-materials-and-manufacturing-vision-2050/[2023-11-20].

Wright H. 2020. Robotics Roadmap for US Robotics: From Internet to Robotics, 2020 Edition https://www.cccblog.org/2020/09/09/robotics-roadmap-for-us-robotics-from-internet-to-robotics-

2020-edition/?utm_source=feedblitz&utm_medium=FeedBlitzRss&utm_campaign=cccblog
[2023-12-11].

关键词索引

B

闭环制造　79, 82

C

测量‑加工一体化　176, 179

产线重构　50, 88, 149, 151, 157

超精密制造　9, 29, 34, 36, 37, 38, 108, 109, 110, 111, 112, 113, 116, 211

超声加工　38, 40, 118, 122, 123

超声振动辅助加工　111, 112, 116

D

多场调控　216

多机协同　73, 78, 82, 214

多能场复合制造　74

F

泛在信息感知　84, 85

泛在制造　29, 30, 84, 85

非结构化环境　6, 79, 81, 86, 216

服务机器人　19, 22, 91

复合成形　131, 212, 213

复杂构件　3, 4, 5, 8, 14, 22, 23, 38, 69, 70, 71, 72, 77, 79, 85, 97, 98, 130, 131, 135, 177, 178, 181, 203, 204, 206, 207, 212, 216, 217

复杂曲面　3, 8, 12, 14, 31, 32, 33, 36, 37, 55, 70, 77, 79, 103, 104, 106, 113, 171, 176, 178, 203, 204, 205, 211, 216

G

高端制造装备　36

高端装备　9, 12, 29, 39, 51, 97, 99, 100, 111, 115, 118, 122, 125, 129, 138, 149, 156, 169

高性能制造　3, 5, 8, 22, 23, 71, 98, 164,

204, 216

工业 4.0　3, 5, 31, 60, 62, 64, 65, 67, 94, 99, 184, 189, 193, 206

工业互联网　3, 12, 13, 30, 31, 60, 61, 62, 63, 64, 65, 88, 89, 99, 101, 136, 158, 182, 183, 184, 185, 186, 187, 189, 190, 191, 193, 198, 220

共融机器人　3, 8, 14, 19, 30, 71, 79, 84, 90, 91, 95, 208, 220

轨道交通　23, 97, 98, 118, 119, 120, 125, 135, 192, 203, 206, 219

H

海洋工程　2, 118, 119, 120, 125, 219

航空航天　4, 8, 12, 14, 22, 23, 30, 31, 34, 40, 46, 48, 49, 50, 51, 53, 58, 70, 72, 85, 91, 98, 99, 104, 107, 110, 112, 114, 118, 119, 120, 122, 123, 125, 128, 129, 130, 131, 135, 136, 149, 151, 152, 159, 162, 165, 169, 192, 203, 204, 205, 206, 215, 216, 219

机器人　1, 3, 4, 5, 6, 7, 8, 13, 14, 15, 16, 18, 19, 20, 21, 22, 23, 24, 25, 26, 28, 29, 30, 36, 42, 47, 50, 52, 57, 65, 69, 70, 71, 72, 73, 74, 76, 77, 78, 79, 80, 81, 82, 83, 84, 85, 86, 88, 90, 91, 92, 93, 94, 95, 96, 97, 98, 133, 135, 145, 150, 151, 152, 155, 158, 165, 167, 172, 174, 178, 180, 183, 192, 203, 204, 205, 206, 207, 208, 209,

210, 213, 214, 215, 216, 217, 218, 219, 220, 221

机器人化智能制造　3, 4, 5, 6, 7, 8, 13, 14, 15, 69, 70, 71, 73, 78, 79, 80, 82, 83, 84, 85, 203, 204, 215, 216, 217, 219

机器人加工　4, 5, 23, 70, 71, 72, 77, 79, 85, 98, 205, 206, 207, 216, 217

机器学习　33, 45, 64, 75, 80, 89, 96, 188, 189, 191

激光加工　38, 39, 87, 117, 118, 119, 120, 121, 125, 126, 211

极端成形　130, 131, 136

集群制造　82, 86, 216

计算机视觉　95

精密制造　8, 9, 29, 34, 36, 37, 38, 40, 108, 109, 110, 111, 112, 113, 116, 138, 211

精准成形　132, 133, 136, 213

K

控形控性　14, 70, 71, 74, 127, 136, 204, 210, 217

跨尺度制造　11, 31, 51, 54, 84, 158, 160, 161, 173, 212, 213

L

绿色低碳制造　67, 194, 199, 202, 203

M

模态感知　4, 6, 8, 12, 22, 70, 71, 74,
78, 79, 81, 82, 84, 92, 181, 209, 217

N

能工巧匠　14, 18, 22, 84, 97, 98

Q

群体智能　21, 22, 24, 25, 45, 65, 74,
96, 97, 98, 168, 172, 210, 214

R

人工智能　3, 4, 6, 8, 10, 12, 13, 14, 15,
19, 30, 43, 45, 47, 53, 54, 61, 63, 64,
65, 66, 67, 68, 71, 76, 79, 80, 81, 83,
84, 88, 89, 92, 95, 96, 99, 102, 103,
133, 138, 139, 150, 151, 155, 158,
159, 160, 166, 167, 171, 183, 185,
186, 187, 189, 190, 191, 192, 193,
195, 196, 197, 198, 201, 202, 219

人机共融　7, 8, 12, 14, 21, 29, 30, 73,
80, 82, 84

人－机－环境共融　81, 82, 83

人机技能迁移　70, 71

人机协同　11, 21, 76, 77, 78, 155, 158

人机协同制造　76, 77, 78

柔顺控制　86, 96, 205

柔性微纳结构　11, 31, 51, 54, 158, 160,
161

柔性制造　6, 53, 54, 78, 88, 189, 207

S

神经网络　32, 33, 95, 106, 143, 169,
196

视觉伺服控制　96

数据驱动　13, 32, 33, 66, 68, 79, 80, 88,
106, 141, 142, 155, 156, 158, 178,
180, 183, 191, 196, 197, 200, 201,
202, 214

数控加工　8, 27, 31, 32, 33, 57, 99, 100,
101, 102, 103, 104, 105, 106, 107,
175, 177, 206, 211

数字孪生　13, 28, 29, 57, 66, 68, 80, 88,
105, 134, 141, 150, 151, 155, 156,
157, 158, 174, 181, 183, 184, 192,
194, 197, 198, 201, 202, 212, 214,
215, 216

T

特种机器人　19, 21, 22, 91, 97

特种能场　9, 10, 29, 31, 38, 74, 117, 211

特种能场制造　9, 10, 29, 211

W

网络化数控加工　101, 102

微激光辅助切削　110, 111, 115

微结构精细制造　71, 217

微纳功能结构　165, 167, 173

X

形性演变　74

Y

原子尺度制造　109, 162, 163, 164, 170, 211

运动增强　98

运行优化　75, 215

Z

增强学习　75, 95

制造大数据　12, 31, 60, 61, 63, 182

制造模式　3, 4, 7, 14, 23, 27, 29, 70, 78, 79, 85, 86, 88, 89, 137, 142, 184, 193, 194, 199, 202, 203, 204, 215

制造系统　4, 6, 7, 13, 23, 27, 28, 29, 30, 33, 38, 48, 49, 50, 56, 65, 67, 68, 70, 75, 76, 77, 78, 80, 81, 82, 83, 84, 86, 101, 142, 181, 184, 186, 193, 194, 195, 196, 197, 198, 199, 200, 201, 202, 203, 206, 207, 215, 216

智能车间　13, 31, 64, 65, 66, 68, 192, 193, 194, 196, 197, 201

智能成型制造　10, 31, 42

智能工厂　13, 16, 31, 64, 65, 67, 68, 94, 192, 193, 195, 200, 201

智能规划　11, 32, 149, 151, 155, 157

智能加工工艺　104

智能决策　8, 10, 14, 20, 33, 48, 50, 57, 80, 81, 136, 157, 179, 181, 183, 190, 200, 201, 209

智能制造　1, 3, 4, 5, 6, 7, 8, 12, 13, 14, 15, 16, 17, 18, 22, 23, 26, 27, 28, 29, 30, 31, 34, 36, 38, 44, 46, 47, 48, 49, 50, 51, 55, 57, 58, 60, 62, 64, 65, 67, 69, 70, 71, 73, 75, 76, 77, 78, 79, 80, 81, 82, 83, 84, 85, 87, 88, 89, 90, 91, 99, 107, 117, 135, 137, 138, 141, 157, 175, 176, 177, 180, 184, 189, 192, 193, 194, 196, 203, 204, 205, 211, 215, 216, 217, 218, 219, 220, 221

智能制造系统　4, 13, 23, 30, 48, 75, 77, 80, 82, 83, 193, 196, 216

智能装配　10, 11, 31, 46, 47, 48, 49, 50, 51, 137, 138, 144, 145, 156, 157, 158, 214

自律控制　8, 30, 78

自律制造　14, 70, 78, 79, 82, 85, 216, 217

自主感知　100, 102, 151, 155, 158, 162, 202

自主决策　5, 8, 31, 44, 70, 75, 77, 106, 157, 158, 180, 201, 211

自主控制　21, 95, 96, 97, 100, 102, 103, 208, 210

自主学习　8, 21, 33, 75, 82, 95, 100, 102, 103, 104, 106, 180, 209, 211